《大学物理学》编委会

普通高等学校省级规划教材

大学物理学 上册

University Physics

总 主 编 / 袁广宇

本册主编 / 尹新国　江贵生　江燕燕　徐士涛

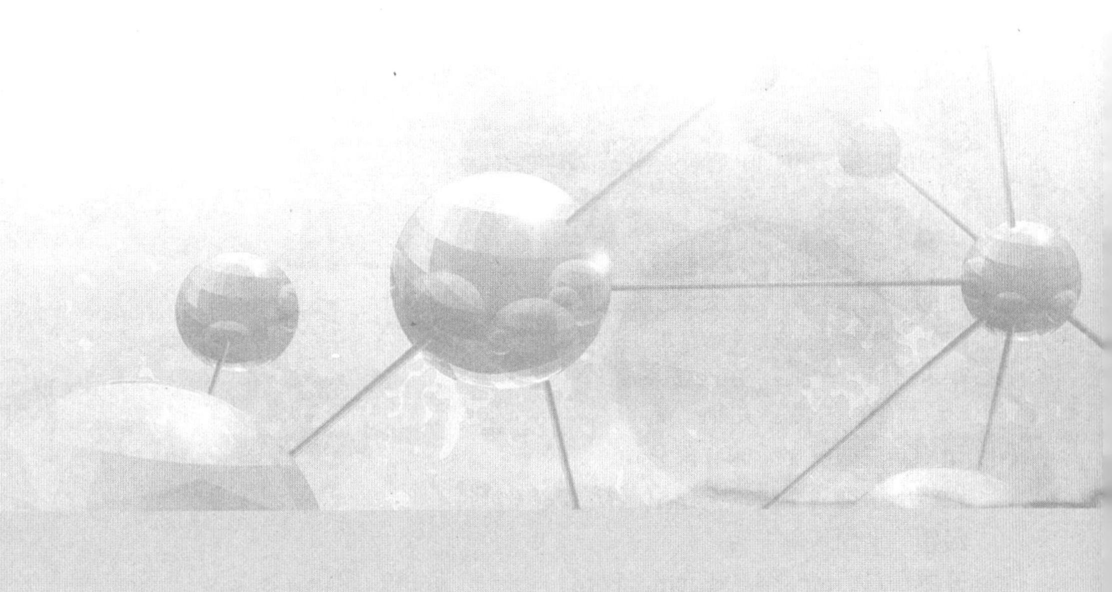

中国科学技术大学出版社

内 容 简 介

本书是根据教育部2006年颁发的《非物理类理工学科大学物理课程教学基本要求》，结合目前大学物理课程学时设置的实际情况编著的. 在编著过程中秉承了体系完整、结构合理、简明扼要、化难为易等原则，以利于学生理解接受.

《大学物理学》分上、下两册. 上册包括力学（1～5章）、气体动理论和热力学基础（6～7章），下册包括电磁学（8～13章）、光学（14～16章）和量子力学基础（17～19章）. 本书为上册，建议安排108～126学时.

本书可作为高等学校理工科非物理专业全日制大学生大学物理课程的教材，也可作为有关教师和相关技术人员的参考书.

图书在版编目(CIP)数据

大学物理学. 上册/尹新国等主编. —合肥：中国科学技术大学出版社，2018. 2（2024. 2重印）

ISBN 978-7-312-04289-8

Ⅰ. 大… Ⅱ. 尹… Ⅲ. 物理学—高等学校—教材 Ⅳ. O4

中国版本图书馆CIP数据核字(2017)第324564号

出版 中国科学技术大学出版社
安徽省合肥市金寨路96号，230026
http://press.ustc.edu.cn
https://zgkxjsdxcbs.tmall.com

印刷 安徽国文彩印有限公司

发行 中国科学技术大学出版社

经销 全国新华书店

开本 710 mm×1000 mm 1/16

印张 11.75

字数 237千

版次 2018年2月第1版

印次 2024年2月第4次印刷

定价 25.00元

前　　言

物理学是研究物质的基本结构、基本运动形式以及相互作用的自然科学，它的基本理论渗透到自然科学的各个领域，应用于生产技术的许多部门，是其他自然科学和工程技术的基础.以物理学基础为内容的大学物理课程，是高等学校理工科各专业一门重要的通识性必修基础课.

通过大学物理课程的教学，应使学生对物理学的基本概念、基本理论和基本方法有比较系统的认识和正确的理解，为学生进一步学习打下坚实的基础.在大学物理课程的各个教学环节中，都应在传授知识的同时，注重学生分析问题和解决问题能力的培养，注重学生探索精神和创新意识的培养，努力实现学生知识、能力、素质的协调发展.

本书编著者长期从事大学物理教学及其研究工作，熟悉大学物理的教学内容、教学体系和教学规律.本书借鉴了国内外近年出版的相关教材的优点，吸纳了编著者多年来的教学研究成果，既注重对基础理论的阐述，又注重对近现代物理学知识和观点的介绍.本书在保证理论体系完整的基础上，力求简明扼要，难度适中；在内容的阐述和分析上，将抽象演绎与定性归纳相结合，降低了数学计算难度，增加物理内涵分析，适当增加定性与半定量的分析；例题的选取注重代表性，习题的选取注重题型的多样性和知识点的覆盖面；节选的阅读材料有助于拓展学生的视野，激发学生的学习兴趣.

全书单位采用国际单位制，书中物理量的名称和符号尽量采用国家现行标准.

本书由淮北师范大学和安庆师范大学联合编著，具体编写分工如下：第1～4章由尹新国和徐士涛编著，第5章由江燕燕编著，第6～13章由江贵生和袁广宇编著，第14～16章由李娟编著，第17～19章由刘树龙编著.袁广宇、尹新国、江贵生共同审阅了全部书稿.

本书在出版过程中得到了淮北师范大学物理与电子信息学院、安庆师范大学物理与电气工程学院、中国科学技术大学出版社的大力支持与帮助，在此一并表示衷心的感谢.

由于编著者的学识水平有限，书中难免存在错误和不妥之处，敬请广大读者不吝赐教，以便再版时修改.

作者

2017年6月18日

目　　录

第二篇　气体动理论和热力学基础

绪　　论

——物理学的特点

1. 物理学是一门以实验为基础的科学

物理学是一种自然科学，注重于研究物质、能量、空间、时间，尤其是它们各自的性质以及彼此之间的相互关系. 物理学是关于大自然规律的知识. 更广义地说，物理学探索分析大自然所发生的现象，以了解其规则.

物理学是一门以实验为基础的科学，所有的物理概念、规律、定律等是在实验的基础上建立起来的. 德国著名物理学家普朗克指出：物理定律不能单靠"思维"来获得，还应致力于观察和实验. 美国实验物理学家丁肇中也说过：实验物理与理论物理密切相关，搞实验没有理论不行，但只停留于理论而不去实验科学是不会前进的. 这是因为，物理学研究的对象具有极大的普遍性. 它的基本理论渗透在自然科学的许多领域，应用于生产技术的各个部门，它是一切自然科学和工程技术的基础.

2. 物理学是一门逻辑严密的定量科学

物理学具有一个十分重要的本质特征：物理学的任何知识，不论是现象、事实、概念、物理量、定律、理论等，都必然涉及以下三个基本因素：实验、物理思想（或逻辑、方法）和数学（定量表述或数学公式）. 即使是描述一个简单的物理事实（例如传热），都涉及实验测试手段，物理观点（热质说还是热运动论），数学公式、数据或曲线. 这就是说，任何物理学内容无不具有实验基础、物理学的逻辑思想和数学表述这三个方面. 这里实验事实是基础，物理学的概念系统（基本定律与原理）是主干，而数学起着表述形式的作用. 物理学，其理论结构充分地运用数学作为自己的工作语言，以实验作为检验理论正确性的唯一标准，因此它是目前最精密的一门自然科学.

3. 物理学是自然科学的基础

物理学是研究自然界最一般的运动规律、相互作用以及物质的基本存在状态与结构层次的科学，是一门以实验为基础的自然科学. 物理学的一个永恒主题是寻找各种序、对称性和对称破缺、守恒律或不变性. 一切自然现象都不会与物理学的定律相违背，因此，物理学是其他自然科学及一切现代科技的基础. 物理学作为一门重要的自然科学的基础科学，今日已经是现代科学技术的中心学科之一. 无论是工农业生产和国防现代化，还是信息技术与纳米技术等先进科学技术，都离不开物理学的许多基础理论.每一个理工科学生,都必须具备一定的物理基础知识.

4. 物理学是一门具有方法论性质的科学

物理学是研究物质相互作用规律及其基本结构的科学,从物理学的性质特点看,物理学是一门具有方法论性质的科学,物理学研究探知物质世界的方法是我们认识自然的基本方法之一.物理学的发展丰富了哲学的内容,促进了哲学的发展.物理学方法有很多,如实验法、模型法、推理法、分析法、假设法、图像法、数学方法等等.

第一篇　力　　学

自然界中一切物体都在永不停息地运动着,运动形式多种多样,而在这些运动形式中,最简单、最普遍的一种运动形式是物体之间的位置变化,即一个物体相对于其他物体,或物体的一部分相对于其他部分的位置变化,这种形式的运动称为机械运动.力学是一门独立的基础学科,是专门研究物体机械运动规律的学科.

在力学中,研究物体运动的位置随时间变化关系的内容属于运动学,而研究物体在运动中和周围其他物体之间相互作用关系的内容则属于动力学.力学的内容体现了牛顿力学的两个显著特点:第一,牛顿力学是质点力学,处理质点系,需用隔离体法;第二,牛顿力学是用矢量表示的,描述质点运动的物理量如速度、加速度、动量以及力等都是矢量,因此,微积分和矢量是我们的两个最基本的数学工具,这就要求我们在学习过程中必须熟悉微积分和矢量运算的一些基本规则和方法.

本篇介绍经典力学中有关质点(组)运动的一些基本概念和规律,包括在物理学中有着广泛应用和重要作用的能量守恒定律、动量守恒定律和角动量守恒定律等,并介绍了狭义相对论力学的基本内容.

第1章　运　动　学

运动学是力学的一个重要分支学科，它是运用几何学的方法来研究物体的运动，通常不考虑力和质量等因素的影响．运动学在发展的初期从属于动力学，随着动力学的发展而发展．古代，人们通过对地面物体和天体运动的观察，逐渐形成了物体在空间中位置变化和时间变化的概念．我国战国时期，《墨经》中已有关于运动和时间先后的描述．古希腊时期，亚里士多德在《物理学》中讨论了落体运动和圆运动，已有了速度的概念．

用几何方法描述物体的运动必须先确定一个参考系，因此，单纯从运动学的观点看，对任何运动的描述都是相对的．这里，先引入有关运动学的一些基本概念，在此基础上定义描述质点运动的物理量，如速度、加速度，并讨论平面上的圆周运动等曲线运动和相对运动．

1.1　质点运动的描述

1.1.1　参考系

宇宙万物，大至日月星辰，小至原子内部的粒子，都在不停地运动着．自然界一切物体没有绝对静止的．这就是运动的绝对性．但是对运动的描述却是相对的．例如，坐在运动着的火车上的乘客看同车厢的乘客是“静止”的，看车外地面上的人却是运动的；反过来，在车外路面上的人看见车内乘客随车前进，而路边一同站着的人静止不动．这是因为车内乘客是以“车厢”为标准进行观察的，而路面上的人是以“地面”为标准来观察的．即选取不同的标准物对同一物体的运动进行描述时，所得到的结论是不同的．我们把相对于不同的标准物所描述物体运动情况不同的现象叫运动的相对性，而把被选为描述物体运动的标准物（或一组相对位置不改变的物体）叫参考系（或参照系）．参考系是可以任意选取的，同一个物体的确定的运动，对于不同的参考系可表现为不同的运动，选择合适的参考系可以简化对物体运动的描述，便于探索运动的规律．在研究地面上物体的运动时，人们通常选择地面或相对于地面静止的物体作为参考系.

1.1.2 质点模型

物体总有一定的大小和形状,它在运动时各部分的运动可能不一样.实际的运动往往是复杂的,有整体的运动,也有其内部各部分之间的相对运动.在研究物体运动规律的时候,为了便于研究,往往要突出问题中的主要矛盾,重点考虑主要因素,而有意识地忽略那些不重要的因素.如果物体的大小和形状不起作用,或者所起的作用并不显著而可以忽略不计时,我们可以近似地把该物体看作一个只具有质量而其体积、形状可以忽略不计的几何点,这种有质量、无大小和形状的点称为质点.

质点是从实际物体中抽象出来的简化模型,是运动物体的一个最基本的理想模型.一个物体能否看成质点,由所研究的物理问题来确定.研究行星围绕太阳的公转运动,半径数千千米的行星,跟它们绕太阳公转的轨道相比,完全可以看作空间中的质点.研究物体的平动运动时,物体内部各点的运动状态完全相同,故也可以把它看成质点.在研究物体的转动(如地球的自转)或形变时,物体的几何尺寸就不可忽略了,因而不能再把物体看作质点.

1.1.3 位置矢量

在选定参考系后,为了定量地描述物体的位置,位置随时间的变化以及质点运动的快慢、方向等,需要在参考系上建立适当的坐标系,该坐标系称为参考坐标系.坐标系的选取多种多样,如直角坐标系、极坐标系、自然坐标系、球坐标系以及柱坐标系等.本书中主要考虑直角坐标系.

取直角坐标系 $O-xyz$ 固连在参考系上,如图1.1所示,O 为坐标原点,P 为质点.定义由坐标原点到质点所在位置的矢量 $\overrightarrow{OP}$ 为位置矢量(简称位矢或径矢),用 $\boldsymbol{r}$ 表示.设质点在直角坐标系中的位置坐标为(x,y,z),以 $\boldsymbol{i}$、$\boldsymbol{j}$、$\boldsymbol{k}$ 分别表示沿 x、y、z 轴正方向的单位矢量,则 $\boldsymbol{r}$ 就可用沿三个坐标轴的分量的和矢量表示为

$$\boldsymbol{r} = x\boldsymbol{i} + y\boldsymbol{j} + z\boldsymbol{k} \tag{1.1.1}$$

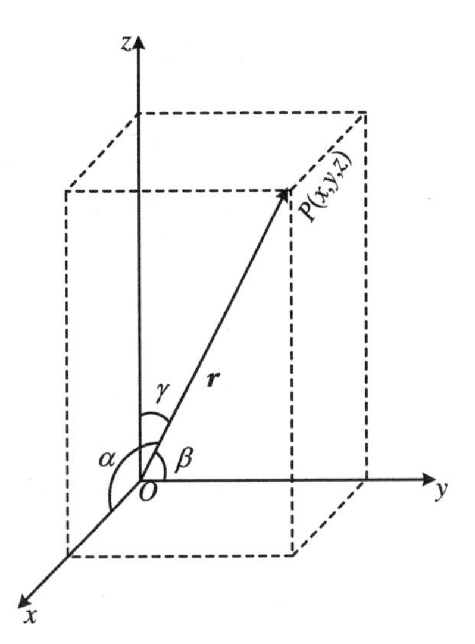

图1.1 位置矢量和坐标

位矢的大小即它的模为

$$r = |\boldsymbol{r}| = \sqrt{x^2 + y^2 + z^2} \tag{1.1.2}$$

位矢的方向余弦为

$$\cos\alpha = \frac{x}{r},\quad \cos\beta = \frac{y}{r},\quad \cos\gamma = \frac{z}{r} \tag{1.1.3}$$

其中 α、β、γ 分别为位矢与 x、y、z 轴的夹角，且 $\cos^2\alpha + \cos^2\beta + \cos^2\gamma = 1$.

1.1.4 运动学方程

由式(1.1.1)可知，若质点静止不动，则位矢 $\boldsymbol{r}$ 就是不变的常矢量，位置坐标 x、y、z 都是常数；当质点运动时，它的位置必然随时间变化，位置坐标 x、y、z 就是时间的函数，位矢 $\boldsymbol{r}$ 也是时间的函数，即

$$\boldsymbol{r} = \boldsymbol{r}(t) = x(t)\boldsymbol{i} + y(t)\boldsymbol{j} + z(t)\boldsymbol{k} \tag{1.1.4}$$

我们把这个表达式叫作质点的运动学方程. 这是矢量形式的运动学方程，在处理具体问题时，通常把矢量方程通过质点的位置坐标与时间的函数关系表示成标量形式：

$$x = x(t),\quad y = y(t),\quad z = z(t) \tag{1.1.5}$$

通常我们定义：从标量形式的运动学方程式(1.1.5)中消掉时间变量 t，得出的 x、y、z 之间的关系式叫作质点的运动轨迹(道)方程.

例 1.1 质点在 $z=0$ 平面上运动，矢量形式的运动学方程为

$$\boldsymbol{r} = \boldsymbol{r}(t) = t\boldsymbol{i} + t^2\boldsymbol{j}$$

运动学方程的标量形式是

$$x = t,\quad y = t^2,\quad z = 0$$

为了得到轨迹方程，消去时间变量 t，有

$$y = x^2,\quad z = 0$$

它是抛物面与平面 $z=0$ 的交线，也就是在 $z=0$ 平面上的抛物线.

事实上，运动学方程用位置-时间图像来表示，可以更简捷地得到直观的物理图像. 运动学方程本身就是以 t 为参量的表示质点运动的轨迹方程，并不需要消去时间变量，只是在质点轨迹(道)为平面上的曲线时，我们往往习惯于消去时间变量而得到两个坐标变量之间的关系式，并称这个关系式为质点的运动轨迹(道)方程.

例 1.2 示波器屏幕上一亮点的运动学方程为 $x = 3\sin(500t)$，$y = 2\cos(500t)$，试求亮点的轨迹方程，并画出图形，标出亮点的运动方向.

解 消去时间变量 t，得到轨迹方程为

$$\left(\frac{x}{3}\right)^2 + \left(\frac{y}{2}\right)^2 = 1$$

当 $t=0\ \text{s}$ 时，得到亮点 A 的坐标为

$$x_A = 0,\quad y_A = 2$$

当 $t=0.0001\ \text{s}$ 时，得到亮点 B 的坐标为

$$x_B = 0.15,\quad y_B \approx 2$$

亮点是随着时间移动的，且时间的改变很小，故亮点的运动是由 A 沿着短路径移到 B 的，因此其方向是顺时针方向．参见图1.2中的箭头标示．

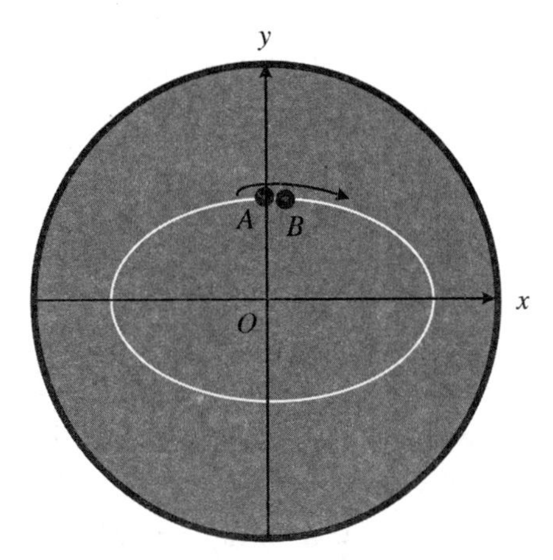

图1.2 屏幕上一亮点的轨迹

1.1.5 位移

给出质点的运动学方程 $\boldsymbol{r}=\boldsymbol{r}(t)$，设质点在 $t=t_1$ 时刻，其初始位置在 A 处，对应的位矢为 $\boldsymbol{r}_1=\boldsymbol{r}(t_1)$；质点在 $t=t_2$ 时刻，其末位置在 B 处，对应的位矢为 $\boldsymbol{r}_2=\boldsymbol{r}(t_2)$，定义质点的位移就是从 A 到 B 的有向线段 $\overrightarrow{AB}$（参见图1.3），其大小就是 $\overrightarrow{AB}$ 的长度，方向由 A 指向 B，这里位移 $\overrightarrow{AB}$ 与发生该位移的时间间隔 $\Delta t=t_2-t_1$ 相对应．一般来说，在不同的时间间隔内位移有不同的大小和方向，因此位移是不同的．由于 $\overrightarrow{AB}=\boldsymbol{r}_2-\boldsymbol{r}_1=\boldsymbol{r}(t_2)-\boldsymbol{r}(t_1)$，故位移就是位置矢量函数 $\boldsymbol{r}(t)$ 的增量，可以用 $\Delta\boldsymbol{r}$ 表示．

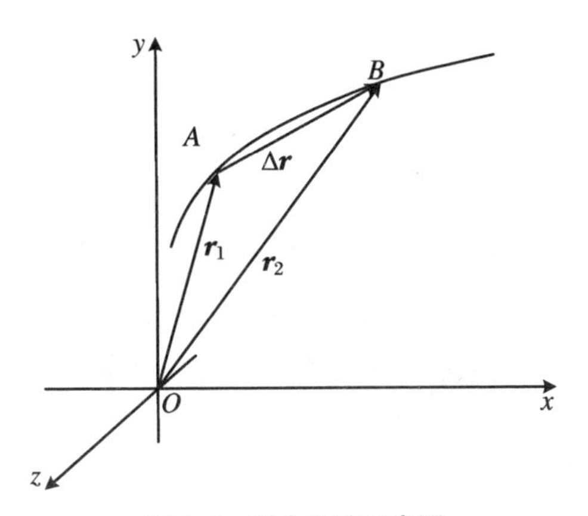

图1.3 质点位移示意图

设 $t_1 = t$ 时，质点位矢是 $\boldsymbol{r}(t)$，而 $t_2 = t + \Delta t$ 时，质点位矢是 $\boldsymbol{r}(t+\Delta t)$，则得到从 t 至 $t+\Delta t$ 时间间隔内质点的位移是

$$\Delta \boldsymbol{r} = \boldsymbol{r}(t+\Delta t) - \boldsymbol{r}(t) \tag{1.1.6}$$

位移就是位置矢量函数 $\boldsymbol{r}(t)$ 的增量，由于位置矢量 $\boldsymbol{r}(t)$ 与标量函数有关，则位移应与标量函数的增量有关. 在直角坐标系下，我们不难得到这个关系. 由式(1.1.4)，在 t 时刻，有

$$\boldsymbol{r}_1 = \boldsymbol{r}(t) = x_1\boldsymbol{i} + y_1\boldsymbol{j} + z_1\boldsymbol{k} = x(t)\boldsymbol{i} + y(t)\boldsymbol{j} + z(t)\boldsymbol{k}$$

在 $t+\Delta t$ 时刻，有

$$\boldsymbol{r}_2 = \boldsymbol{r}(t+\Delta t) = x_2\boldsymbol{i} + y_2\boldsymbol{j} + z_2\boldsymbol{k} = x(t+\Delta t)\boldsymbol{i} + y(t+\Delta t)\boldsymbol{j} + z(t+\Delta t)\boldsymbol{k}$$

将以上两式代入式(1.1.6)，得到在 $\Delta t = (t+\Delta t) - t$ 间隔内位矢的增量即位移为

$$\begin{aligned}\Delta \boldsymbol{r} &= \boldsymbol{r}_2 - \boldsymbol{r}_1 = (x_2 - x_1)\boldsymbol{i} + (y_2 - y_1)\boldsymbol{j} + (z_2 - z_1)\boldsymbol{k} \\ &= \Delta x\boldsymbol{i} + \Delta y\boldsymbol{j} + \Delta z\boldsymbol{k}\end{aligned} \tag{1.1.7}$$

式中 $\Delta x = x(t+\Delta t) - x(t)$，$\Delta y = y(t+\Delta t) - y(t)$，$\Delta z = z(t+\Delta t) - z(t)$；位移的大小为 $r = |\Delta \boldsymbol{r}| = \sqrt{(\Delta x)^2 + (\Delta y)^2 + (\Delta z)^2}$. 图 1.4 给出了当质点在 $z=0$ 平面上运动时位移与标量函数的增量的关系示意图.

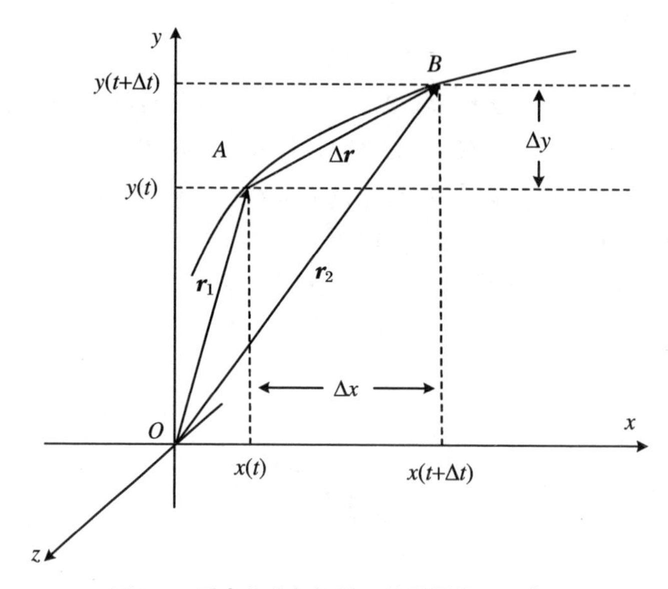

图 1.4　质点位移与标量函数增量关系示意图

位矢和位移虽然都是矢量，但二者是两个不同的概念. 位矢是在某一时刻，以坐标原点为起点，以运动质点所在位置为终点的有向线段；而位移是在一段时间间隔内，从质点的起始位置引向质点的终止位置的有向线段. 位矢描述的是某一时刻运动质点在空间中的位置，而位移描述的是某一时间间隔内运动质点位置变动的大小和方向. 位矢与时刻相对应，位移与时间间隔相对应.

例 1.3　写出例 1.2 中示波器屏幕上一亮点的运动学方程的矢量形式，并计算

亮点在 $t=0$ 到 $t=0.0001$ s 的时间间隔内的位移.

解　亮点矢量形式的运动学方程是

$$\boldsymbol{r}(t) = x(t)\boldsymbol{i} + y(t)\boldsymbol{j} = 3\sin(500t)\boldsymbol{i} + 2\cos(500t)\boldsymbol{j}$$

当 $t=0$ 时,得到亮点的位置矢量为

$$\boldsymbol{r}_A = \boldsymbol{r}(0) = x(0)\boldsymbol{i} + y(0)\boldsymbol{j} = 0\boldsymbol{i} + 2\boldsymbol{j}$$

当 $t=0.0001$ 时,得到亮点的位置矢量为

$$\boldsymbol{r}_B = \boldsymbol{r}(0.0001) = x(0.0001)\boldsymbol{i} + y(0.0001)\boldsymbol{j} \approx 0.14494\boldsymbol{i} + 1.9975\boldsymbol{j}$$

所求位移是

$$\Delta\boldsymbol{r} = \boldsymbol{r}_B - \boldsymbol{r}_A \approx 0.14494\boldsymbol{i} - 0.0025\boldsymbol{j}$$

前面介绍了位移,现在我们来讨论一下路程.如前所述,设质点由图 1.4 的初始位置 A 运动到 B 处,所经历的时间间隔为 Δt,定义质点在这段时间内所经历的轨道的长度大小为路程,记为 ΔS.显然,路程与相应的位移的大小是不相等的.但由高等数学知识可知,当 Δt 趋于零时,路程和位移的大小就趋于相等了.

位移与路程是两个不同性质的物理量,位移为矢量,有大小和方向,而路程是标量,即没有方向只有大小.在直线运动中,路程是直线轨迹的长度;在曲线运动中,路程是曲线轨迹的长度.当物体在运动过程中经过一段时间后回到原处,路程不为零,位移则等于零.位移与路程的区别和联系如表 1.1 所示.

表 1.1　位移与路程的区别和联系

		位　移	路　程
区别	物理定义	是一条有向线段,表示质点的位置变化	表示物体运动轨迹的长度
	大小和方向	(1) 是矢量,有大小和方向. (2) 由起始位置到末位置的方向为位移的方向. (3) 这一矢量线段的长为位移的大小. (4) 遵守平行四边形法则	(1) 是标量,只有大小,没有方向. (2) 物体运动轨迹的长短,即为路程的大小. (3) 遵从算术计算
联系		(1) 都是长度单位,国际单位都是米(m). (2) 都是描述质点运动的物理量. (3) 同一运动过程的路程大小,不小于位移大小;在单向直线运动中,位移大小等于路程	

1.1.6　速度

在某一运动过程中,物体通过的位移和所用时间的比值称为平均速度.它是物体位移跟发生这个位移所用的时间间隔之比,只能大体反映变速运动物体运动的

快慢,是对物体运动情况的一种粗略描述.选取直角坐标系,由式(1.1.6)和式(1.1.7),有

$$\bar{\boldsymbol{v}} = \frac{\Delta \boldsymbol{r}}{\Delta t} = \frac{\boldsymbol{r}(t+\Delta t)-\boldsymbol{r}(t)}{\Delta t} = \frac{\Delta x}{\Delta t}\boldsymbol{i} + \frac{\Delta y}{\Delta t}\boldsymbol{j} + \frac{\Delta z}{\Delta t}\boldsymbol{k} = \bar{v}_x\boldsymbol{i} + \bar{v}_y\boldsymbol{j} + \bar{v}_z\boldsymbol{k} \tag{1.1.8}$$

平均速度的三个分量分别是

$$\bar{v}_x = \frac{\Delta x}{\Delta t} = \frac{x(t+\Delta t)-x(t)}{\Delta t},\quad \bar{v}_y = \frac{\Delta y}{\Delta t} = \frac{y(t+\Delta t)-y(t)}{\Delta t},$$

$$\bar{v}_z = \frac{\Delta z}{\Delta t} = \frac{z(t+\Delta t)-z(t)}{\Delta t} \tag{1.1.9}$$

平均速度只能粗略地描述质点的运动情况,为了描述质点运动的细节,引进瞬时速度.瞬时速度是运动物体经过某一个位置或在某一个时刻的速度,也可以说是运动物体经过某一点或在某一瞬时的速度,它是对物体运动情况的一种细致描述.定义瞬时速度 $\boldsymbol{v}$ 如下:

$$\boldsymbol{v}(t) = \lim_{\Delta t\to 0}\bar{\boldsymbol{v}} = \lim_{\Delta t\to 0}\frac{\Delta \boldsymbol{r}}{\Delta t} = \lim_{\Delta t\to 0}\frac{\boldsymbol{r}(t+\Delta t)-\boldsymbol{r}(t)}{\Delta t} = \frac{\mathrm{d}\boldsymbol{r}}{\mathrm{d}t} \tag{1.1.10}$$

称 $\boldsymbol{v}(t)$为质点在 t 时刻的瞬时速度,简称速度.本质上讲,质点的速度等于位矢函数对时间的一阶导数,或者说瞬时速度 $\boldsymbol{v}(t)$是位矢函数 $\boldsymbol{r}(t)$的导函数.将式(1.1.8)、式(1.1.9)取极限,即令 $\Delta t\to 0$,得

$$\boldsymbol{v} = \frac{\mathrm{d}\boldsymbol{r}}{\mathrm{d}t} = \frac{\mathrm{d}x}{\mathrm{d}t}\boldsymbol{i} + \frac{\mathrm{d}y}{\mathrm{d}t}\boldsymbol{j} + \frac{\mathrm{d}z}{\mathrm{d}t}\boldsymbol{k} = v_x\boldsymbol{i} + v_y\boldsymbol{j} + v_z\boldsymbol{k} \tag{1.1.11}$$

$$v_x = \lim_{\Delta t\to 0}\bar{v}_x = \frac{\mathrm{d}x}{\mathrm{d}t},\quad v_y = \lim_{\Delta t\to 0}\bar{v}_y = \frac{\mathrm{d}y}{\mathrm{d}t},\quad v_z = \lim_{\Delta t\to 0}\bar{v}_z = \frac{\mathrm{d}z}{\mathrm{d}t} \tag{1.1.12}$$

其中 v_x、v_y、v_z 分别表示 $\boldsymbol{v}$ 沿 x、y、z 轴方向的速度分量. $\boldsymbol{v}$ 的大小是

$$v = |\boldsymbol{v}| = \left|\frac{\mathrm{d}\boldsymbol{r}}{\mathrm{d}t}\right| = \sqrt{v_x^2 + v_y^2 + v_z^2} = \sqrt{\left(\frac{\mathrm{d}x}{\mathrm{d}t}\right)^2 + \left(\frac{\mathrm{d}y}{\mathrm{d}t}\right)^2 + \left(\frac{\mathrm{d}z}{\mathrm{d}t}\right)^2} \tag{1.1.13}$$

v 称为质点的瞬时速率,$\boldsymbol{v}$ 的方向就是质点所在位置运动轨迹的切线方向.

现在我们来讨论一下平均速率与瞬时速率.定义物体运动的路程和通过这段路程所用时间的比值为物体经过这段路程的平均速率:

$$\bar{v} = \frac{\Delta S}{\Delta t} \tag{1.1.14}$$

平均速率取极限,即令 $\Delta t\to 0$,就得到瞬时速率:

$$v = \lim_{\Delta t\to 0}\bar{v} = \lim_{\Delta t\to 0}\frac{\Delta S}{\Delta t} = \frac{\mathrm{d}S}{\mathrm{d}t} \tag{1.1.15}$$

由于在极限 $\Delta t\to 0$ 下,$\mathrm{d}S = |\mathrm{d}\boldsymbol{r}| = \sqrt{(\mathrm{d}x)^2 + (\mathrm{d}y)^2 + (\mathrm{d}z)^2}$,所以瞬时速率就是速度矢量的大小,我们也用 v 表示,即有

$$v = |\boldsymbol{v}| = \frac{\sqrt{(\mathrm{d}x)^2 + (\mathrm{d}y)^2 + (\mathrm{d}z)^2}}{\mathrm{d}t} = \frac{\mathrm{d}S}{\mathrm{d}t} \tag{1.1.16}$$

速度(率)的量纲式为$[\mathrm{L}]\cdot[\mathrm{T}]^{-1}$,其中[L]和[T]分别表示长度和时间的量纲.在国际单位制(简记作 SI)中,速度的单位是“米/秒”,记作 m/s 或 $\mathrm{m}\cdot\mathrm{s}^{-1}$.

例 1.4 示波器屏幕上一亮点的运动学方程是 $\boldsymbol{r}(t) = 3\sin(500t)\boldsymbol{i} + 2\cos(500t)\boldsymbol{j}$,试计算:(1) 亮点在 $t=0$ 到 $t=0.0001$ s 的时间间隔内的平均速度.(2) 亮点在 $t=0$ 时的瞬时速度.

解 (1) 亮点在 $t=0$ 到 $t=0.0001$ s 的时间间隔内的位移是

$$\Delta\boldsymbol{r} = \boldsymbol{r}(0.0001) - \boldsymbol{r}(0) \approx 0.14494\boldsymbol{i} - 0.0025\boldsymbol{j}$$

在这段时间间隔内平均速度是

$$\bar{\boldsymbol{v}}(0 \sim 0.0001) = \frac{\Delta\boldsymbol{r}}{\Delta t} \approx \frac{0.14494\boldsymbol{i} - 0.0025\boldsymbol{j}}{0.0001} = 1449.4\boldsymbol{i} - 25\boldsymbol{j}$$

(2) 任意时刻的瞬时速度是 $\boldsymbol{v}(t) = \dfrac{\mathrm{d}\boldsymbol{r}(t)}{\mathrm{d}t} = 1500\cos(500t)\boldsymbol{i} - 1000\sin(500t)\boldsymbol{j}$,$t=0$ 时的瞬时速度是 $\boldsymbol{v}_0 = \boldsymbol{v}(0) = 1500\boldsymbol{i}$.

从本题的结果可以看出,速度 $\boldsymbol{v}_0$ 沿着水平向右的方向,也就是图 1.2 中亮点轨道在 A 点的切线方向.A、B 两点间的平均速度 $\bar{\boldsymbol{v}}(0\sim0.0001)$近似为 A 点处轨道的切线方向.

例 1.5 长为 l 的细棒,其一端连在固定点 O 处并绕该点在 $O-xy$ 平面内做匀角速度转动,棒的另一端点 P 在做匀速圆周运动.棒的角速度 ω(每秒钟转过的角度,单位为弧度/秒)为常量,棒与 x 轴正向的夹角 θ 随时间 t 的关系为 $\theta(t) = \omega t$.

(1) 求棒的端点 P 的运动学方程.

(2) 求棒的端点 P 从轴上的初始点 A 开始到任意时刻 t 为止所经历的路程 S 与时间 t 的关系.

(3) 计算在 t 到 $t+\Delta t$ 时间间隔内,P 点的平均速度和平均速率,并比较它们的大小.

(4) 计算任意时刻 P 点的瞬时速度和瞬时速率的大小.

(5) 证明 P 点的瞬时速度与棒垂直.

解 (1) 设点 P 的坐标为(x, y),由图 1.5 可知,有

$$x = l\cos(\omega t), \quad y = l\sin(\omega t)$$

这是运动学方程的标量形式,其矢量形式是

$$\boldsymbol{r}(t) = l\cos(\omega t)\boldsymbol{i} + l\sin(\omega t)\boldsymbol{j}$$

(2) 路程 S 与时间 t 的关系是

$$S(t) = l\theta(t) = l\omega t$$

(3) 平均速度是

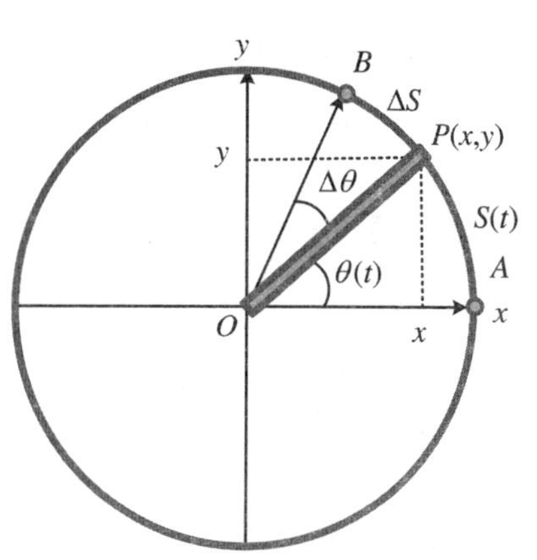

图 1.5 匀速圆周运动示意图

$$\overline{\boldsymbol{v}}(t \sim t+\Delta t)=\frac{\Delta \boldsymbol{r}}{\Delta t}=\frac{\boldsymbol{r}(t+\Delta t)-\boldsymbol{r}(t)}{\Delta t}$$
$$=\frac{l\cos[\omega(t+\Delta t)]-l\cos(\omega t)}{\Delta t}\boldsymbol{i}+\frac{l\sin[\omega(t+\Delta t)]-l\sin(\omega t)}{\Delta t}\boldsymbol{j}$$

平均速率是

$$\overline{v}(t \sim t+\Delta t)=\frac{\Delta S}{\Delta t}=\left|\frac{S(t+\Delta t)-S(t)}{\Delta t}\right|=\left|\frac{l\omega(t+\Delta t)-l\omega(t)}{\Delta t}\right|=l\omega$$

在匀速圆周运动中,平均速度的大小是时间和时间间隔的函数,平均速率的大小是常量,平均速度的大小与平均速率的大小是不相等的.

(4) 瞬时速度是

$$\boldsymbol{v}=\frac{\mathrm{d}\boldsymbol{r}}{\mathrm{d}t}=-l\omega\sin(\omega t)\boldsymbol{i}+l\omega\cos(\omega t)\boldsymbol{j}$$

其大小是

$$|\boldsymbol{v}|=\left|\frac{\mathrm{d}\boldsymbol{r}}{\mathrm{d}t}\right|=\sqrt{[-l\omega\sin(\omega t)]^2+[l\omega\cos(\omega t)]^2}=l\omega$$

瞬时速率是

$$v=\lim_{\Delta t\to 0}\overline{v}=\lim_{\Delta t\to 0}\frac{\Delta S}{\Delta t}=l\omega$$

由此可见瞬时速度的大小与瞬时速率的大小是相等的.

(5) 因为

$$\boldsymbol{v}(t)\cdot\boldsymbol{r}(t)=[-l\omega\sin(\omega t)\boldsymbol{i}+l\omega\cos(\omega t)\boldsymbol{j}]\cdot[l\cos(\omega t)\boldsymbol{i}+l\sin(\omega t)\boldsymbol{j}]=0$$

所以瞬时速度与棒垂直,这表明瞬时速度的方向是沿轨道的切线方向.

例 1.6 试就质点在 $O-xy$ 平面内的任意运动证明,瞬时速度的方向是沿轨道的切线方向.

证明 在 $O-xy$ 平面内,运动速度的表达式是

$$\boldsymbol{v}=\frac{\mathrm{d}\boldsymbol{r}}{\mathrm{d}t}=\frac{\mathrm{d}x}{\mathrm{d}t}\boldsymbol{i}+\frac{\mathrm{d}y}{\mathrm{d}t}\boldsymbol{j}=v_x\boldsymbol{i}+v_y\boldsymbol{j}$$

速度方向与 x 轴正向的夹角 θ 的正切是

$$\tan\theta=\frac{v_y}{v_x}=\frac{\mathrm{d}y}{\mathrm{d}t}\Big/\frac{\mathrm{d}x}{\mathrm{d}t}=\frac{\mathrm{d}y}{\mathrm{d}x}$$

而 $\frac{\mathrm{d}y}{\mathrm{d}x}$ 就是质点在轨道曲线上某处的切线斜率,因此,瞬时速度的方向一定是沿轨道的切线方向.

1.1.7 加速度

为了描述质点速度变化的快慢这一特征,引进加速度的概念.质点运动时,瞬时速度的大小和方向都可能变化,为了反映其变化的快慢和方向,可引入平均加速

度.设 t 时刻质点速度为 $\boldsymbol{v}(t)$,$t+\Delta t$ 时刻速度变为 $\boldsymbol{v}(t+\Delta t)$,则在时间间隔 Δt 内,速度的增量或改变量为 $\Delta\boldsymbol{v}=\boldsymbol{v}(t+\Delta t)-\boldsymbol{v}(t)$,定义一段时间内速度改变量 $\Delta\boldsymbol{v}$ 与这段时间 Δt 的比值为这段时间内质点的平均加速度.可以看到,平均加速度仅反映一段时间内质点速度变化的快慢.在直角坐标系下,从 t 时刻到 $t+\Delta t$ 时刻这段时间间隔内,质点的平均加速度是

$$\bar{\boldsymbol{a}}=\frac{\Delta\boldsymbol{v}}{\Delta t}=\frac{\boldsymbol{v}(t+\Delta t)-\boldsymbol{v}(t)}{\Delta t}=\frac{\Delta v_x}{\Delta t}\boldsymbol{i}+\frac{\Delta v_y}{\Delta t}\boldsymbol{j}+\frac{\Delta v_z}{\Delta t}\boldsymbol{k}=\bar{a}_x\boldsymbol{i}+\bar{a}_y\boldsymbol{j}+\bar{a}_z\boldsymbol{k} \tag{1.1.17}$$

平均加速度的三个分量分别是

$$\bar{a}_x=\frac{\Delta v_x}{\Delta t}=\frac{v_x(t+\Delta t)-v_x(t)}{\Delta t},\quad \bar{a}_y=\frac{\Delta v_y}{\Delta t}=\frac{v_y(t+\Delta t)-v_y(t)}{\Delta t},$$

$$\bar{a}_z=\frac{\Delta v_z}{\Delta t}=\frac{v_z(t+\Delta t)-v_z(t)}{\Delta t} \tag{1.1.18}$$

平均加速度只是对质点的速度在 Δt 这段时间间隔内的变化情况做出的粗略描述,时间越短平均加速度越能精细地反映速度变化的情况.类似瞬时速度的引入,我们定义瞬时加速度(简称加速度)为时间间隔 $\Delta t\to 0$ 时平均加速度的极限值.将式(1.1.17)、式(1.1.18)取极限,即令 $\Delta t\to 0$,得

$$\begin{aligned}\boldsymbol{a}(t)&=\frac{\mathrm{d}\boldsymbol{v}}{\mathrm{d}t}=\lim_{\Delta t\to 0}\frac{\Delta\boldsymbol{v}}{\Delta t}=\lim_{\Delta t\to 0}\frac{\boldsymbol{v}(t+\Delta t)-\boldsymbol{v}(t)}{\Delta t}\\&=\frac{\mathrm{d}v_x}{\mathrm{d}t}\boldsymbol{i}+\frac{\mathrm{d}v_y}{\mathrm{d}t}\boldsymbol{j}+\frac{\mathrm{d}v_z}{\mathrm{d}t}\boldsymbol{k}=a_x\boldsymbol{i}+a_y\boldsymbol{j}+a_z\boldsymbol{k}\end{aligned} \tag{1.1.19}$$

$$\begin{aligned}a_x&=\frac{\mathrm{d}v_x}{\mathrm{d}t}=\lim_{\Delta t\to 0}\frac{v_x(t+\Delta t)-v_x(t)}{\Delta t},\\a_y&=\frac{\mathrm{d}v_y}{\mathrm{d}t}=\lim_{\Delta t\to 0}\frac{v_y(t+\Delta t)-v_y(t)}{\Delta t},\\a_z&=\frac{\mathrm{d}v_z}{\mathrm{d}t}=\lim_{\Delta t\to 0}\frac{v_z(t+\Delta t)-v_z(t)}{\Delta t}\end{aligned} \tag{1.1.20}$$

由式(1.1.11)和式(1.1.19),得

$$\boldsymbol{a}(t)=\frac{\mathrm{d}\boldsymbol{v}}{\mathrm{d}t}=\frac{\mathrm{d}^2\boldsymbol{r}}{\mathrm{d}t^2} \tag{1.1.21}$$

由式(1.1.12)和式(1.1.20),得

$$a_x=\frac{\mathrm{d}v_x}{\mathrm{d}t}=\frac{\mathrm{d}^2x}{\mathrm{d}t^2},\quad a_y=\frac{\mathrm{d}v_y}{\mathrm{d}t}=\frac{\mathrm{d}^2y}{\mathrm{d}t^2},\quad a_z=\frac{\mathrm{d}v_z}{\mathrm{d}t}=\frac{\mathrm{d}^2z}{\mathrm{d}t^2} \tag{1.1.22}$$

其中 a_x、a_y、a_z 称为加速度在三个坐标轴上的分量.可以看到,加速度等于速度对时间的一阶导数或位矢对时间的二阶导数.

加速度的大小是

$$a=|\boldsymbol{a}|=\sqrt{a_x^2+a_y^2+a_z^2} \tag{1.1.23}$$

加速度的量纲为$[\mathrm{L}]\cdot[\mathrm{T}]^{-2}$,SI 制中的单位为 $\mathrm{m\cdot s^{-2}}$.

1.2 直线运动、圆周运动和一般曲线运动

直线运动、圆周运动和抛体运动是简单而常见的运动形式.本节先讨论直线运动,之后再讨论圆周运动和抛体运动,最后推广到一般曲线运动.通过对这些运动的分析,进一步了解和熟悉运动学问题的基本类型以及处理不同类型运动学问题所采用的基本方法.

1.2.1 直线运动

轨迹是直线的质点运动叫作直线运动.在质点做直线运动的情况下,只需要沿直线方向选择一个坐标轴如 x 轴即可.根据前一节的讨论,做直线运动的质点的运动学方程是

$$\boldsymbol{r} = \boldsymbol{r}(t) = x(t)\boldsymbol{i} \tag{1.2.1}$$

位移是

$$\Delta\boldsymbol{r}(t \sim t + \Delta t) = [x(t+\Delta t) - x(t)]\boldsymbol{i} = \Delta x\boldsymbol{i} \tag{1.2.2}$$

速度是

$$\boldsymbol{v}(t) = \frac{\mathrm{d}\boldsymbol{r}}{\mathrm{d}t} = \frac{\mathrm{d}x(t)}{\mathrm{d}t}\boldsymbol{i} = v_x(t)\boldsymbol{i}, \quad v_x(t) = \frac{\mathrm{d}x(t)}{\mathrm{d}t} \tag{1.2.3}$$

加速度是

$$\boldsymbol{a}(t) = \frac{\mathrm{d}\boldsymbol{v}(t)}{\mathrm{d}t} = \frac{\mathrm{d}v_x}{\mathrm{d}t}\boldsymbol{i} = \frac{\mathrm{d}^2\boldsymbol{r}(t)}{\mathrm{d}t^2} = \frac{\mathrm{d}^2x(t)}{\mathrm{d}t^2}\boldsymbol{i} = a_x(t)\boldsymbol{i},$$
$$a_x(t) = \frac{\mathrm{d}v_x}{\mathrm{d}t} = \frac{\mathrm{d}^2x(t)}{\mathrm{d}t^2} \tag{1.2.4}$$

一维运动情况下,由 Δx、v_x、a_x 的正、负就能分别判断位移、速度和加速度的方向,故对于一维运动可用标量式代替矢量式.

例 1.7 以竖直向上为 y 轴正方向,实验测得物体做竖直上抛运动的运动学方程是

$$\boldsymbol{r}(t) = y(t)\boldsymbol{j} = (-4.9t^2 + 11t + 7)\boldsymbol{j}$$

(坐标单位为米,时间单位为秒),试计算初始时刻物体的位置、速度和加速度.

解 任意 t 时刻的位置、速度和加速度分别是

$$\boldsymbol{r}(t) = y(t)\boldsymbol{j} = (-4.9t^2 + 11t + 7)\boldsymbol{j}$$

$$\boldsymbol{v}(t) = \frac{\mathrm{d}y(t)}{\mathrm{d}t}\boldsymbol{j} = (-9.8t + 11)\boldsymbol{j}$$

$$\boldsymbol{a}(t) = \frac{\mathrm{d}v(t)}{\mathrm{d}t}\boldsymbol{j} = -9.8\boldsymbol{j}$$

代入 $t=0$,得初始位置、速度和加速度分别是 $\boldsymbol{r}(0)=7\boldsymbol{j}$, $\boldsymbol{v}(0)=11\boldsymbol{j}$ 和 $\boldsymbol{a}(0)=-9.8\boldsymbol{j}$.

质点运动学所要解决的问题一般分为两类:一类是已知质点的运动学方程,求质点在任意时刻的速度和加速度,在数学处理上需用导数运算,称为微分问题,如例1.5所讨论的问题;另一类是已知质点的加速度及初始条件(即 $t=0$ 时的位矢 $\boldsymbol{r}(0)$ 及速度 $\boldsymbol{v}(0)$),求任意时刻的速度 $\boldsymbol{v}(t)$ 和位置矢量 $\boldsymbol{r}(t)$(或运动学方程),在数学上需用积分运算,称为积分问题. 下面以匀变速直线运动为例讨论第二类问题.

例1.8 设质点做匀变速直线运动,加速度 $a_x(t)=a$ 为常量,在 $t=0$ 时,其位置坐标和速度分别为 x_0 和 v_0,试计算:

(1) 质点的速度 v 随时间 t 的函数表达式.

(2) 质点的坐标 x 随时间 t 的函数表达式.

(3) 质点的速度与坐标的函数关系式.

解 (1) 由 $a_x(t)=\dfrac{\mathrm{d}v_x(t)}{\mathrm{d}t}$ 得 $\mathrm{d}v_x(t)=a_x(t)\mathrm{d}t$,做定积分

$$\int_{v_x(0)}^{v_x(t)}\mathrm{d}v_x(t)=\int_0^t a_x(t)\mathrm{d}t=\int_0^t a\mathrm{d}t$$

所以

$$v_x(t)-v_x(0)=at$$

即

$$v_x(t)=v_x(0)+at=v_0+at \qquad ①$$

上式就是确定质点在匀变速直线运动中速度的时间函数式.

(2) 由 $v_x(t)=\dfrac{\mathrm{d}x(t)}{\mathrm{d}t}$ 得 $\mathrm{d}x(t)=v_x(t)\mathrm{d}t$,做定积分

$$\int_{x(0)}^{x(t)}\mathrm{d}x(t)=\int_0^t v_x(t)\mathrm{d}t=\int_0^t(v_0+at)\mathrm{d}t$$

所以

$$x(t)-x(0)=v_0t+\frac{1}{2}at^2$$

即

$$x(t)=x(0)+v_0t+\frac{1}{2}at^2=x_0+v_0t+\frac{1}{2}at^2 \qquad ②$$

上式就是匀变速直线运动中确定质点位置的时间函数式,也就是质点的运动学方程. 顺便说一下,若令 $a=-9.8$, $v_0=11$, $x_0=7$,则式①、②与例1.5中的相关结果相同.

(3) 为了求质点的速度与坐标的函数关系式,只要在式①、②中消去时间变量 t 即可. 由式②可得

$$2ax(t)=2ax_0+2v_0at+(at)^2 \qquad ③$$

由式①有$at = v_x - v_0$,代入式③,得

$$2ax = 2ax_0 + 2v_0(v_x - v_0) + (v_x - v_0)^2$$

整理可得

$$v_x^2 - v_0^2 = 2a(x - x_0) \tag{④}$$

此外,如果把瞬时加速度改写成 $a = \frac{dv}{dt} = \frac{dv}{dx}\frac{dx}{dt} = \frac{dv}{dx}v$,即 $v dv = a dx$,两边积分就可得式④.

1.2.2 抛体运动

抛体运动是匀变速运动的典型实例.质点在做抛体运动过程中的加速度可以通过实验获得.在这里,根据前面我们说的两类问题也给出两个例子:一个是已知质点的运动学方程,求质点在任意时刻的速度和加速度;另一个是把抛体运动的加速度作为已知来求其运动学方程.

例1.9 抛体运动可看作匀速直线运动和匀变速直线运动合成的运动.已知水平方向运动学方程是 $x(t) = 7t$,竖直方向运动学方程是 $y(t) = 7t - 4.9t^2$.试求:

(1) 抛体的运动轨道方程和轨道切线斜率.

(2) 抛体的速度和速度与水平轴的夹角.

(3) 抛体的加速度.

解 (1) 从参数方程 $x(t)$和$y(t)$中消去t,得运动轨道方程为

$$y(x) = x - 0.1x^2$$

轨道切线斜率是

$$k = \frac{dy}{dx} = 1 - 0.2x$$

(2) 水平速度$v_x = \frac{dx}{dt} = 7$,竖直速度$v_y = \frac{dy}{dt} = 7 - 9.8t$.速度与水平轴的夹角$\theta$的正切是 $\tan\theta = \frac{v_y}{v_x} = \frac{7-9.8t}{7} = 1 - 0.2x$.

(3) 水平加速度$a_x = \frac{dv_x}{dt} = 0$,竖直加速度 $a_y = \frac{dv_y}{dt} = -9.8$,由此可见,加速度为常矢量 $\boldsymbol{a} = -9.8\boldsymbol{j}$.

例1.10 设抛体在 $O-xy$ 平面内运动.已知其加速度的两个分量值分别为$a_x = 0$和$a_y = -g$,且 $t_0 = 0$ 时刻在原点处将抛体以初速度 $\boldsymbol{v}_0$ 抛出,初速度 $\boldsymbol{v}_0$ 与水平方向的夹角为 θ_0.求:

(1) 质点的速度函数 $\boldsymbol{v}(t)$.

(2) 质点的运动学方程 $\boldsymbol{r}(t)$.

(3) 质点的运动轨道方程 $y(x)$.

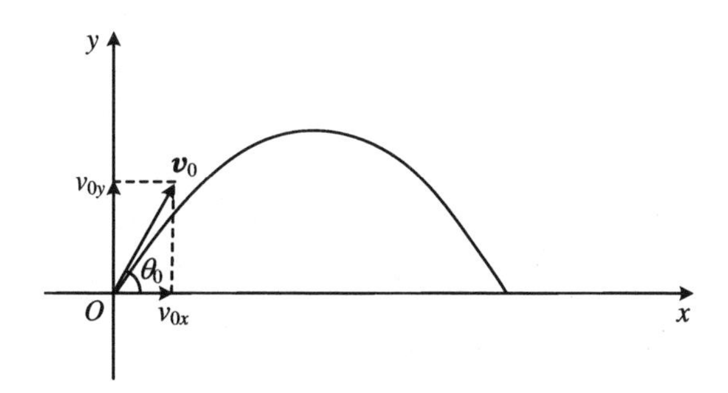

图 1.6 初速度为 v_0 的斜抛运动

解 (1) 在 $t_0=0$ 时刻,抛体初速度的两个分量值分别为

$$v_x(0)=v_{0x}=v_0\cos\theta_0,\quad v_y(0)=v_{0y}=v_0\sin\theta_0 \qquad ①$$

抛体初始位置矢量的两个分量值分别为

$$x(0)=x_0=0,\quad y(0)=y_0=0 \qquad ②$$

由 $a_x(t)=\dfrac{dv_x(t)}{dt}$ 得 $dv_x(t)=a_x(t)dt$,做定积分 $\int_{v_x(0)}^{v_x(t)}dv_x(t)=\int_0^t a_x(t)dt=0$,得

$$v_x(t)-v_x(0)=0$$

即速度在 x 坐标轴上的分量值为

$$v_x(t)=v_x(0)=v_0\cos\theta_0 \qquad ③$$

同理,由 $a_y(t)=\dfrac{dv_y(t)}{dt}$ 得 $dv_y(t)=a_y(t)dt$,做定积分 $\int_{v_y(0)}^{v_y(t)}dv_y(t)=\int_0^t a_y(t)dt=\int_0^t(-g)dt$,得

$$v_y(t)-v_y(0)=-gt$$

即速度在 y 坐标轴上的分量值为

$$v_y(t)=v_y(0)-gt=v_0\sin\theta_0-gt \qquad ④$$

故质点运动速度的矢量形式也就是质点的速度函数为

$$\boldsymbol{v}(t)=v_x(t)\boldsymbol{i}+v_y(t)\boldsymbol{j}=v_0\cos\theta_0\boldsymbol{i}+(v_0\sin\theta_0-gt)\boldsymbol{j}$$

(2) 质点运动学方程的矢量形式.

由 $v_x(t)=\dfrac{dx(t)}{dt}$ 得 $dx(t)=v_x(t)dt$,做定积分 $\int_{x(0)}^{x(t)}dx(t)=\int_0^t v_x(t)dt=\int_0^t v_{0x}dt$,得

$$x(t)-x(0)=v_{0x}t$$

即

$$x(t)=x(0)+v_{0x}t=v_{0x}t \qquad ⑤$$

上式是质点位置矢量的 x 分量值与时间的关系式，是质点的运动学方程的标量形式.

由 $v_y(t)=\dfrac{\mathrm{d}y(t)}{\mathrm{d}t}$ 得 $\mathrm{d}y(t)=v_y(t)\mathrm{d}t$，做定积分 $\int_{y(0)}^{y(t)}\mathrm{d}y(t)=\int_0^t v_y(t)\mathrm{d}t$ $=\int_0^t(v_{0y}-gt)\mathrm{d}t$，得

$$y(t)-y(0)=v_{0y}t-\frac{1}{2}gt^2$$

即

$$y(t)=y(0)+v_{0y}t-\frac{1}{2}gt^2=v_{0y}t-\frac{1}{2}gt^2 \qquad ⑥$$

上式是质点位置矢量的 y 分量与时间的关系式，是质点的运动学方程的标量形式.

运动学方程的矢量形式是

$$\boldsymbol{r}(t)=x(t)\boldsymbol{i}+y(t)\boldsymbol{j}=v_0\cos(\theta_0)t\boldsymbol{i}+\left(v_0\sin(\theta_0)t-\frac{1}{2}gt^2\right)\boldsymbol{j}$$

(3) 从式⑤、⑥中消去时间变量 t，可得质点的速度与坐标的函数关系式如下：

$$y(x)=\tan\theta_0 x-\frac{g}{2v_0^2\cos^2\theta_0}x^2$$

1.2.3 圆周运动

圆周运动是一般平面曲线运动的重要特例.掌握圆周运动的规律、特点和研究方法，是学习和讨论质点的一般曲线运动和刚体转动的基础.这里我们给出若干个例子来讨论圆周运动，首先是匀速圆周运动，其次讨论变速圆周运动，最后给出一般的圆周运动情况并推广到一般的曲线运动.

例 1.11 在例 1.5 中已经讨论了在 $O-xy$ 平面内绕固定点 O 做匀速转动的棒的端点 P 的运动，它做的是匀速圆周运动. P 点的运动学方程是

$$\boldsymbol{r}(t)=l\cos(\omega t)\boldsymbol{i}+l\sin(\omega t)\boldsymbol{j}$$

其中 ω 为角速度，是常量.

(1) 试求任意时刻 P 点的瞬时加速度 $\boldsymbol{a}$.

(2) 证明瞬时加速度 $\boldsymbol{a}$ 与瞬时速度 $\boldsymbol{v}$ 垂直且有关系式 $|\boldsymbol{a}|=|\boldsymbol{v}|^2/l$.

解 (1) P 点的瞬时速度为

$$\begin{aligned}\boldsymbol{v}&=\frac{\mathrm{d}\boldsymbol{r}(t)}{\mathrm{d}t}=-\omega l\sin(\omega t)\boldsymbol{i}+\omega l\cos(\omega t)\boldsymbol{j}\\&=\omega l[\cos(\omega t+\pi/2)\boldsymbol{i}+\sin(\omega t+\pi/2)\boldsymbol{j}]\end{aligned} \qquad ①$$

其大小为 $|\boldsymbol{v}|=\omega l$，方向沿切向方向.

瞬时加速度为

$$a = \frac{d^2 \boldsymbol{r}(t)}{dt^2} = -\omega^2 l[\cos(\omega t)\boldsymbol{i} + \sin(\omega t)\boldsymbol{j}]$$
$$= -\omega^2 \boldsymbol{r} = \omega^2 l[\cos(\omega t + \pi)\boldsymbol{i} + \sin(\omega t + \pi)\boldsymbol{j}] \quad ②$$

(2) 不难证明 $\boldsymbol{a} \cdot \boldsymbol{v} = 0$,故瞬时加速度与瞬时速度垂直.另外,由式①知速度 $\boldsymbol{v}$ 与 x 轴的夹角为 $\omega t + \pi/2$,由式②知加速度 $\boldsymbol{a}$ 与 x 轴的夹角为 $\omega t + \pi$,所以 $\boldsymbol{a}$ 与 $\boldsymbol{v}$ 的夹角为 $\pi/2$.又由式②知加速度的大小是 $\omega^2 l$,而 $v = |\boldsymbol{v}| = \omega l$,所以可得关系式 $|\boldsymbol{a}| = |\boldsymbol{v}|^2/l$.

通过例1.11可以看出,做匀速圆周运动的质点,虽然其速度的大小不变,但由于其方向在不断地改变,故加速度不为零,其大小是 $|\boldsymbol{v}|^2/l$,方向与速度方向垂直并指向圆心.这个结论可以推广到一般的曲线运动:任意曲线都可看作由无数个小圆弧组合而成,小圆弧的半径 ρ 随质点所在的位置改变而改变,若质点做常速率的曲线运动,则其加速度大小是 $|\boldsymbol{v}|^2/l$,方向与切向垂直并指向小圆弧的圆心,也就是指向曲线的凹侧.这好比我们开着小汽车在山区蜿蜒的公路上行驶,假设保持车速不变,在弯曲度高的地方,半径比较小,需要的向心加速度就大,在弯曲度低的地方,半径比较大,需要的向心加速度就小,若在平直的公路上行驶,由于半径为无限大,加速度就为零.在弯曲度高的地方,为了保证较小的加速度,必须减小速率,但速率大小的改变也会产生加速度,它的大小和方向是怎么样的呢?让我们还是以圆周运动为例来看看结果吧.

例1.12 考虑长为 l 的细棒在 $O-xy$ 平面内绕固定点 O 转动,棒的端点 P 的运动为圆周运动.P 点的运动学方程是 $\boldsymbol{r}(t) = \overrightarrow{OP} = l\cos\theta(t)\boldsymbol{i} + l\sin\theta(t)\boldsymbol{j}$.

(1) 计算任意时刻 P 点的瞬时速度 $\boldsymbol{v}$ 及其大小 $v = |\boldsymbol{v}|$.

(2) 计算任意时刻 P 点的瞬时加速度 $\boldsymbol{a}$.

(3) 计算加速度 $\boldsymbol{a}$ 在速度方向的投影 $a_t = \boldsymbol{a} \cdot (\boldsymbol{v}/v)$.

(4) 计算瞬时速率 $\frac{dS}{dt}$ 及其变化率 $\frac{d^2 S}{dt^2}$ 并与 a_t 比较.

(5) 计算加速度 $\boldsymbol{a}$ 沿细棒方向的投影 $-a_n = \boldsymbol{a} \cdot (\boldsymbol{r}/l)$.

解 (1) 任意时刻 P 点的瞬时速度为

$$\boldsymbol{v} = \frac{d\boldsymbol{r}(t)}{dt} = \frac{d\boldsymbol{r}(t)}{d\theta}\frac{d\theta}{dt} = [-l\sin\theta(t)\boldsymbol{i} + l\cos\theta(t)\boldsymbol{j}]\frac{d\theta}{dt}$$
$$= l[\cos(\theta + \pi/2)\boldsymbol{i} + \sin(\theta + \pi/2)\boldsymbol{j}]\omega \quad ①$$

其大小是 $v = |\boldsymbol{v}| = \omega l$,方向沿切线方向.其中 $\omega = \omega(t) = \frac{d\theta}{dt} = \lim\limits_{\Delta t \to 0}\frac{d\theta}{dt}$ 称瞬时角速度,$\bar{\omega} = \frac{\Delta\theta}{\Delta t}$ 称平均角速度.

(2) 任意时刻 P 点的瞬时加速度为

$$\boldsymbol{a} = \frac{d\boldsymbol{v}(t)}{dt} = \frac{d}{dt}[(-l\sin\theta\boldsymbol{i} + l\cos\theta\boldsymbol{j})\omega]$$

$$= \left[\frac{\mathrm{d}}{\mathrm{d}t}(-l\sin\theta\boldsymbol{i} + l\cos\theta\boldsymbol{j})\right]\omega + (-l\sin\theta\boldsymbol{i} + l\cos\theta\boldsymbol{j})\frac{\mathrm{d}\omega}{\mathrm{d}t}$$

$$= \left[\frac{\mathrm{d}}{\mathrm{d}\theta}(-l\sin\theta\boldsymbol{i} + l\cos\theta\boldsymbol{j})\right]\frac{\mathrm{d}\theta}{\mathrm{d}t}\omega + (-l\sin\theta\boldsymbol{i} + l\cos\theta\boldsymbol{j})\frac{\mathrm{d}\omega}{\mathrm{d}t}$$

$$= -(\cos\theta\boldsymbol{i} + \sin\theta\boldsymbol{j})l\omega^2 + (-l\sin\theta\boldsymbol{i} + l\cos\theta\boldsymbol{j})\alpha$$

其中 $\alpha = \frac{\mathrm{d}\omega}{\mathrm{d}t} = \frac{\mathrm{d}^2\theta}{\mathrm{d}t^2} = \lim\limits_{\Delta t\to 0}\frac{\Delta\omega}{\Delta t}$称瞬时角加速度，$\bar{\alpha} = \frac{\Delta\omega}{\Delta t}$称平均角加速度.

(3) 加速度 $\boldsymbol{a}$ 在速度方向的投影为

$$a_t = \boldsymbol{a}\cdot(\boldsymbol{v}/v) = \boldsymbol{a}\cdot[-\sin\theta(t)\boldsymbol{i} + \cos\theta(t)\boldsymbol{j}] = \alpha l$$

(4) 由 $S(t) = l\theta(t)$两边对时间求导，有 $v(t) = \frac{\mathrm{d}S(t)}{\mathrm{d}t} = l\frac{\mathrm{d}\theta}{\mathrm{d}t} = l\omega$，它的大小与瞬时速率相等，再求导得瞬时速率的变化率$\frac{\mathrm{d}v(t)}{\mathrm{d}t} = l\frac{\mathrm{d}\omega}{\mathrm{d}t} = l\alpha$，它就是加速度 $\boldsymbol{a}$ 的切向分量，可记为 a_t.

(5) $\boldsymbol{a}$ 沿细棒方向的投影为

$$-a_n = \boldsymbol{a}\cdot(\boldsymbol{r}/l) = \boldsymbol{a}\cdot[\cos\theta(t)\boldsymbol{i} + \sin\theta(t)\boldsymbol{j}] = -l\omega^2$$

这个投影与径向相反，其大小为 $l\omega^2 = v^2/l$，与匀速圆周运动的情况相同，记为 $a_n = l\omega^2 = v^2/l$.

现在，我们从两个方面总结一下本例的结果. 从圆周运动的角量描述 θ、$\frac{\mathrm{d}\theta}{\mathrm{d}f}$、$\frac{\mathrm{d}^2\theta}{\mathrm{d}t^2}$与线量 S、$\frac{\mathrm{d}S}{\mathrm{d}t}$、$\frac{\mathrm{d}^2S}{\mathrm{d}t^2}$的关系，有弧坐标与角坐标的关系：

$$S(t) = l\theta(t) \tag{1.2.5}$$

速度与角速度的关系是

$$v(t) = l\frac{\mathrm{d}\theta}{\mathrm{d}t} = l\omega \tag{1.2.6}$$

切向加速度与角加速度的关系是

$$a_t = \frac{\mathrm{d}v(t)}{\mathrm{d}t} = l\frac{\mathrm{d}\omega}{\mathrm{d}t} = l\alpha \tag{1.2.7}$$

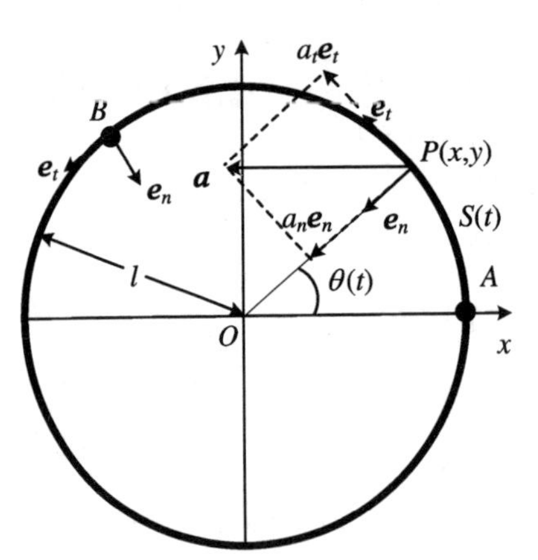

图 1.7　自然坐标系下的圆周运动

从自然坐标系的角度来看(参见图 1.7)，(1) 选 $S(t)$为描述质点位置的自然坐标，它是时间的函数，相当于运动学方程，原点就在圆上 A 处；(2) 取 P 点的圆轨道切向单位矢量 $\boldsymbol{e}_t$，它指向自然坐标 S 的增加方向；(3) 取与切线方向垂直并指向圆心的方向的单位矢量 $\boldsymbol{e}_n$，则瞬时速度为

$$\boldsymbol{v} = v\boldsymbol{e}_t,\quad v(t) = \frac{\mathrm{d}S(t)}{\mathrm{d}t} \tag{1.2.8}$$

瞬时加速度为

$$\boldsymbol{a} = a_t\boldsymbol{e}_t + a_n\boldsymbol{e}_n,\quad a_n = v^2/l,\quad a(t) = \frac{\mathrm{d}v(t)}{\mathrm{d}t} = \frac{\mathrm{d}^2S(t)}{\mathrm{d}t^2} \tag{1.2.9}$$

瞬时加速度的大小是

$$a = \sqrt{a_t^2 + a_n^2} \tag{1.2.10}$$

其中 a_n 是由于速度的方向变化而引起的，a_t 是由于速度的大小发生改变而引起的.一般质点的圆周运动的这些结论可以推广到任意曲线的运动，只需将棒长 l 换成曲率半径ρ 即可.

1.2.4 一般曲线运动

如果质点运动的轨迹是一条曲线，可在曲线上任取三点 A_0、A_1、A_2，则这三点可确定一个圆.若两侧的点 A_1 和 A_2 无限靠近中间的 A_0 点，则由它们确定的圆将无限接近一个极限圆，这个极限圆叫作曲线在 A 点的曲率圆.曲率圆的半径 ρ 叫作它在该点的曲率半径.如图 1.8 所示.这样，任意的曲线都可看作由无数个曲率圆的圆弧小段组合而成.质点在曲线上任意点 A 的加速度就是质点做半径为ρ 的圆周运动时的加速度，即

$$\boldsymbol{a} = a_t\boldsymbol{e}_t + a_n\boldsymbol{e}_n = \frac{\mathrm{d}v(t)}{\mathrm{d}t}\boldsymbol{e}_t + \frac{v^2}{\rho}\boldsymbol{e}_n \tag{1.2.11}$$

因此，质点所做的曲线运动就可看成是无数个连绵相继的半径不同的圆周运动，只要把 l 换成ρ，描述圆周运动的有关公式就可用来描述一般曲线运动.下面我们来看两个例子，分别为平面上的曲线和空间中的曲线.计算方法是：在直角坐标系下计算速度和加速度，在自然坐标系下计算轨道的曲率半径.

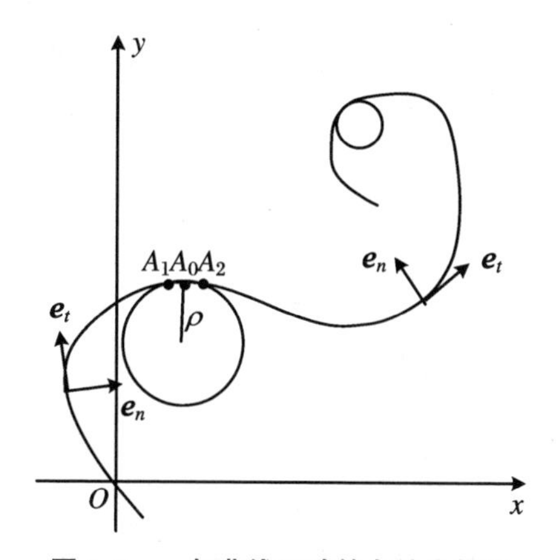

图 1.8 一般曲线运动的自然坐标系

例 1.13 如图 1.9 所示，已知抛体运动的运动学方程，水平方向是 $x(t)=7t$，竖直方向是$y(t)=7t-4.9t^2$.取初始速度方向为自然坐标的正方向.试求：

(1) 抛体在初始时刻位置 A 和落地位置C 处的轨道曲率半径.

(2) 抛体在最高点 B 处的轨道曲率半径.

(3) 讨论从 A 到 B、从 B 到 C 的运动过程中速率的变化情况.

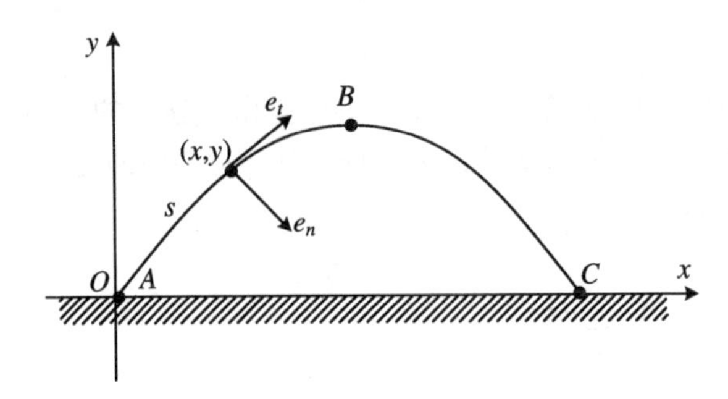

图 1.9 例 1.13 抛物运动示意图

解 (1) 物体的加速度为 $\boldsymbol{a}=-9.8\boldsymbol{j}$,在 A 处,轨道切线斜率 $k=1$,故加速度的法向分量是 $a_n=9.8/\sqrt{2}$,又在 A 处速率是 $v=7\sqrt{2}$,代入 $a_n=v^2/\rho_A$ 得

$$\rho_A = v^2/a_n = (7\sqrt{2})^2/(9.8/\sqrt{2}) = 10\sqrt{2}$$

同理或根据对称性知 C 处的曲率半径与 A 处相同.

(2) 在 B 处,轨道切线斜率是 $k=0$,速率是 $v=7$,加速度的法向分量是 $a_n=a=9.8$,由 $a_n=v^2/\rho_B$,得

$$\rho_B = v^2/a_n = \frac{7^2}{9.8} = 5 < 10\sqrt{2}$$

(3) 加速度的切向分量分别是:在 A 处 $a_{At}=-9.8/\sqrt{2}$,在 B 处 $a_{Bt}=0$,在 C 处 $a_{Ct}=9.8/\sqrt{2}$,根据 $a_t=\dfrac{\mathrm{d}v(t)}{\mathrm{d}t}$不难得出结论:从 A 到 B 的运动过程中速率在不断减小,在 B 处速率达到最小,从 B 到 C 的运动过程中速率逐渐增加.

例 1.14 如图 1.10 所示,已知质点 P 在空间做螺旋曲线运动,取直角坐标系,质点的运动学方程是

$$\boldsymbol{r}(t) = \overrightarrow{OP} = l\cos(\omega t)\boldsymbol{i} + l\sin(\omega t)\boldsymbol{j} + ct\boldsymbol{k}$$

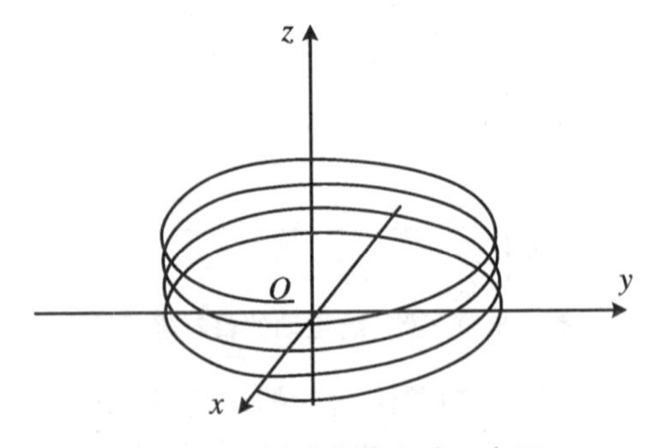

图 1.10 螺旋曲线运动示意图

其中 l、ω、c 皆为常量.求质点 P 在任意时刻的速度、加速度和曲率半径.

解 P 点的瞬时速度是

$$\boldsymbol{v} = \frac{\mathrm{d}\boldsymbol{r}(t)}{\mathrm{d}t} = -\omega l\sin(\omega t)\boldsymbol{i} + \omega l\cos(\omega t)\boldsymbol{j} + c\boldsymbol{k}$$

其大小是 $v = \sqrt{\omega^2 l^2 + c^2}$,为常量,故切向加速度 $a_t = \dfrac{\mathrm{d}v(t)}{\mathrm{d}t} = 0$.

瞬时加速度是

$$\boldsymbol{a}(t) = \frac{\mathrm{d}^2\boldsymbol{r}(t)}{\mathrm{d}t^2} = -\omega^2 l\cos(\omega t)\boldsymbol{i} - \omega^2 l\sin(\omega t)\boldsymbol{j}$$

其大小是 $a = \omega^2 l$.

由 $a = \sqrt{a_t^2 + a_n^2}$,得 $a_n = \sqrt{a^2 - a_t^2} = a = \omega^2 l$,最后由 $a_n = v^2/\rho$,得曲率半径为

$$\rho = v^2/a_n = (\sqrt{\omega^2 l^2 + c^2})^2/(\omega^2 l) = l + c^2/(l\omega^2)$$

讨论 质点速度的 z 分量是 $v_z = c$,若 $c = 0$,则质点在 $O-xy$ 平面做匀速圆周运动,曲率半径为圆半径 l;当 $c \neq 0$ 时,曲率半径 ρ 大于圆半径 l,且 $|c|$ 越大,曲线拉得越直,曲线的弯曲度就越小,曲率半径 ρ 就越大.

1.3 相对运动

在平直的铁路上行驶的火车,假设速度不变,在火车上相对火车静止的观察者 A 做了一个自由落体实验,他观察的物体在做初速为零的匀加速直线运动,然而在地面上的观察者 B 观察到的物体的运动是平抛运动.由此可见,不同的观察者观察同一个物体的运动情况可以是不同的结果,其运动轨迹、速度甚至加速度都可能不同,这就是运动的相对性.那么我们会问,两个不同的参考系下观察同一个物体的运动所得到的速度和加速度有什么关系呢?这就是我们在本节所要讨论的内容.

1.3.1 平动参考(照)坐标系

我们要解决的问题是分别在两个不同的参考系(如参考物体 A 和 B)下观察同一个物体 P 的运动,所得到的速度(或加速度)之间的关系,这必然要涉及用两个不同的物体作为参考系,设这两个参考系之间的相对运动是平动(特别强调本节讨论的是平动,不是转动,有关转动参考系的内容不在本书的讨论之列).将参考坐标系 $O-xyz$ 固定在物体 A 上,将 $O'-x'y'z'$ 固定在物体 B 上,由于两物体间做平动(所谓平动指的是由 A 看 B,B 上所有点的运动情况都相同,反过来由 B 看 A,亦是如此),故可选 x、y、z 轴分别与 x'、y'、z' 轴平行,这样,x 轴方向的单位向量 $\boldsymbol{i}$ 就与 x' 轴方向的单位向量 $\boldsymbol{i}'$ 相等,同理有 $\boldsymbol{j} = \boldsymbol{j}'$,$\boldsymbol{k} = \boldsymbol{k}'$.为统一起见,选 $O-xyz$ 为基

本参考系或静止参考系，简称 S 系，选 $O'-x'y'z'$ 为运动参考系或平动参考系，简称 S'系，如图 1.11 所示. 相应地称 P 对 O 的位矢 $\boldsymbol{r}$ 为绝对位矢，P 对 O'的位矢 $\boldsymbol{r}'$ 为相对位矢. 而 S'系的原点 O' 相对于 S 系的原点 O 的位置矢量为 $\boldsymbol{r}_0$，这个矢量称为牵连矢量. 根据矢量的计算法则，有

$$\boldsymbol{r} = \boldsymbol{r}_0 + \boldsymbol{r}' \tag{1.3.1}$$

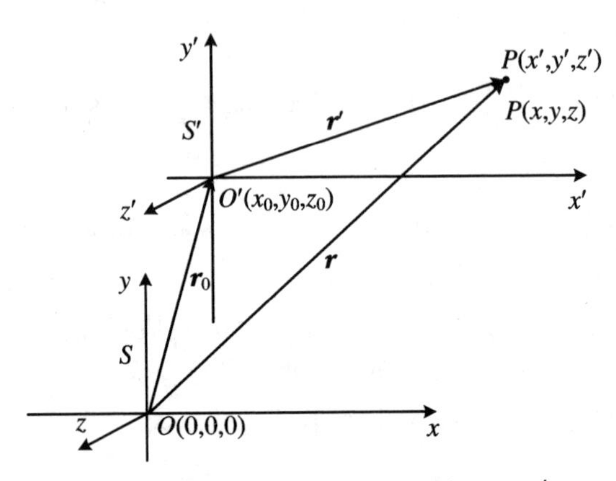

图 1.11　基本参考系 S 与运动参考系 S'

1.3.2　绝对速度、牵连速度和相对速度

在直角坐标系下，$\boldsymbol{r} = x\boldsymbol{i} + y\boldsymbol{j} + z\boldsymbol{k}$，$\boldsymbol{r}_0 = x_0\boldsymbol{i} + y_0\boldsymbol{j} + z_0\boldsymbol{k}$，$\boldsymbol{r}' = x'\boldsymbol{i}' + y'\boldsymbol{j}' + z'\boldsymbol{k}'$，代入式(1.3.1)，并利用 $\boldsymbol{i} = \boldsymbol{i}'$，$\boldsymbol{j} = \boldsymbol{j}'$，$\boldsymbol{k} = \boldsymbol{k}'$，得

$$x\boldsymbol{i} + y\boldsymbol{j} + z\boldsymbol{k} = (x_0 + x')\boldsymbol{i} + (y_0 + y')\boldsymbol{j} + (z_0 + z')\boldsymbol{k}$$

即

$$x = x_0 + x', \quad y = y_0 + y', \quad z = z_0 + z' \tag{1.3.2}$$

将式(1.3.2)中各式对时间求导，得

$$\frac{\mathrm{d}x}{\mathrm{d}t} = \frac{\mathrm{d}x_0}{\mathrm{d}t} + \frac{\mathrm{d}x'}{\mathrm{d}t}, \quad \frac{\mathrm{d}y}{\mathrm{d}t} = \frac{\mathrm{d}y_0}{\mathrm{d}t} + \frac{\mathrm{d}y'}{\mathrm{d}t}, \quad \frac{\mathrm{d}z}{\mathrm{d}t} = \frac{\mathrm{d}z_0}{\mathrm{d}t} + \frac{\mathrm{d}z'}{\mathrm{d}t} \tag{1.3.3}$$

即

$$v_x = v_{0x} + v'_x, \quad v_y = v_{0y} + v'_y, \quad v_z = v_{0z} + v'_z \tag{1.3.4}$$

由此可得

$$\boldsymbol{v} = \boldsymbol{v}_0 + \boldsymbol{v}' \tag{1.3.5}$$

其中 $\boldsymbol{v} = \dfrac{\mathrm{d}\boldsymbol{r}}{\mathrm{d}t} = v_x\boldsymbol{i} + v_y\boldsymbol{j} + v_z\boldsymbol{k}$ 是在基本参考系下观测的物体的速度，叫绝对速度；$\boldsymbol{v}' = \dfrac{\mathrm{d}\boldsymbol{r}'}{\mathrm{d}t} = v'_x\boldsymbol{i} + v'_y\boldsymbol{j} + v'_zk$ 是在运动参考系下观测的物体的速度，叫相对速度；$\boldsymbol{v}_0 = \dfrac{\mathrm{d}\boldsymbol{r}_0}{\mathrm{d}t} = v_{0x}\boldsymbol{i} + v_{0y}\boldsymbol{j} + v_{0z}\boldsymbol{k}$ 是在基本参考系下观测的运动参考系的速度，叫牵连

速度.式(1.3.5)的意义是:绝对速度等于牵连速度与相对速度的矢量和.

例 1.15 在图 1.12 中,A 舰自北向南以速率 v_1 行驶,B 舰自西向东以速率 v_2 行驶,C 舰自南向北以速率 v_3 行驶.试计算:(1) B 舰相对于 A 舰的速度;(2) C 舰相对于 A 舰的速度.

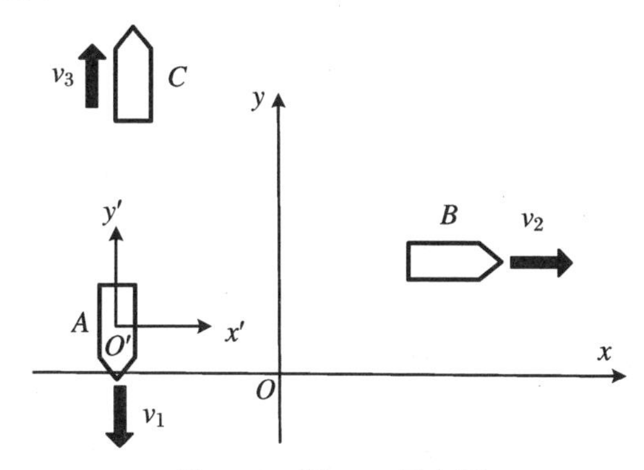

图 1.12 例 1.15 示意图

解 (1) 取水面为基本参考系,A 舰为运动参考系,B 舰为研究对象,可视为质点.建立如图 1.12 所示的坐标系.A 舰的速度为牵连速度 $\boldsymbol{v}_{A0}=-v_1\boldsymbol{j}$,$B$ 舰的速度为绝对速度 $\boldsymbol{v}_B=v_2\boldsymbol{i}$,$B$ 舰相对于 A 舰的速度为相对速度 $\boldsymbol{v}'_B$,它是未知量.根据式(1.3.5),得 $\boldsymbol{v}_B=\boldsymbol{v}_{A0}+\boldsymbol{v}'_B$,从而有

$$\boldsymbol{v}'_B=\boldsymbol{v}_B-\boldsymbol{v}_{A0}=v_2\boldsymbol{i}-(-v_1\boldsymbol{j})=v_2\boldsymbol{i}+v_1\boldsymbol{j}$$

(2) 取水面为基本参考系,A 舰为运动参考系,C 舰为研究对象,可得

$$\boldsymbol{v}'_C=\boldsymbol{v}_C-\boldsymbol{v}_{A0}=v_3\boldsymbol{j}-(-v_1\boldsymbol{j})=(v_3+v_1)\boldsymbol{j}$$

例 1.16 在图 1.13 中,一个小朋友在玩滚铁环游戏,已知铁环在平直的直线道上滚动,滚动速度(也就是环心的速度或人的速度)为 $2\ \mathrm{m\cdot s^{-1}}$,而环的最高点 B 的速度是 $4\ \mathrm{m\cdot s^{-1}}$,方向向前.以环心为原点建立运动参考系 $O'-x'y'$,试求铁环上最前端 A 点的绝对速度.

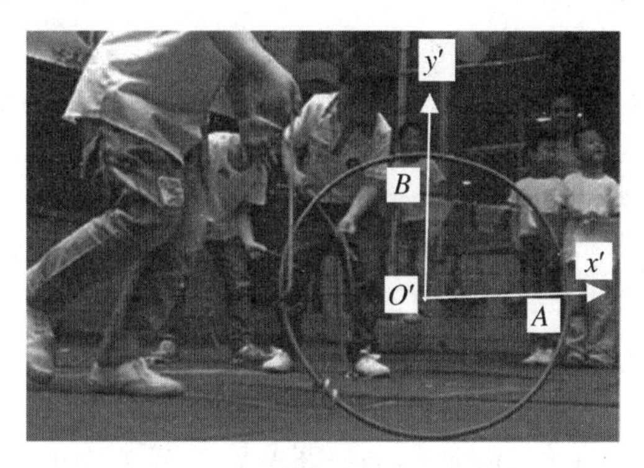

图 1.13 滚铁环游戏示意图

解 取地面为基本参考系,$O'-x'y'$ 为运动参考系.以环的最高点为研究对

象,其速度为绝对速度 $\boldsymbol{v}_B=4\boldsymbol{i}$,环心的速度是运动参考系的速度 $\boldsymbol{v}_0=2\boldsymbol{i}$,故为牵连速度.根据式(1.3.5),得 $\boldsymbol{v}_B=\boldsymbol{v}_0+\boldsymbol{v}'_B$,求得 B 的相对速度为 $\boldsymbol{v}'_B=\boldsymbol{v}_B-\boldsymbol{v}_0=2\boldsymbol{i}$,由于在运动参考系下铁环上所有点的运动都是圆周运动,且速率相等,故得 A 点的相对速度为 $\boldsymbol{v}'_A=-2\boldsymbol{j}$,再由 A 点的绝对速度等于牵连速度与相对速度的矢量和,求得 $\boldsymbol{v}_A=\boldsymbol{v}_0+\boldsymbol{v}'_A=2\boldsymbol{i}-2\boldsymbol{j}$.

1.3.3 伽利略变换

下面让我们来计算两个相互做平动的参考系的加速度间的关系.将式(1.3.4)两边对时间求导,得

$$a_x=a_{0x}+a'_x,\quad a_y=a_{0y}+a'_y,\quad a_z=a_{0z}+a'_z \tag{1.3.6}$$

由此可得

$$\boldsymbol{a}=\boldsymbol{a}_0+\boldsymbol{a}' \tag{1.3.7}$$

其中 $\boldsymbol{a}=\dfrac{\mathrm{d}\boldsymbol{v}}{\mathrm{d}t}=a_x\boldsymbol{i}+a_y\boldsymbol{j}+a_z\boldsymbol{k}$ 是在基本参考系下观测的物体的加速度,叫绝对加速度;$\boldsymbol{a}'=\dfrac{\mathrm{d}\boldsymbol{v}'}{\mathrm{d}t}=a'_x\boldsymbol{i}+a'_y\boldsymbol{j}+a'_z\boldsymbol{k}$ 是在运动参考系下观测的物体的加速度,叫相对加速度;$\boldsymbol{a}_0=\dfrac{\mathrm{d}\boldsymbol{v}_0}{\mathrm{d}t}=a_{0x}\boldsymbol{i}+a_{0y}\boldsymbol{j}+a_{0z}\boldsymbol{k}$ 是在基本参考系下观测的运动参考系的加速度,叫牵连加速度.式(1.3.7)的意义就是:绝对加速度等于牵连加速度与相对加速度的矢量和.

现在考虑牵连速度 $\boldsymbol{v}_0$ 为常矢量的特殊情形.此时 $\boldsymbol{a}_0=\dfrac{\mathrm{d}\boldsymbol{v}_0}{\mathrm{d}t}=\boldsymbol{0}$,由式(1.3.6)知 $\boldsymbol{a}=\boldsymbol{a}'$,也就是说,在两个相对做匀速直线运动的参考系下观测的同一个物体的加速度相同.若令 $\boldsymbol{v}_0=v_0\boldsymbol{i}$,并且选初始时刻两坐标系重合,则由式(1.3.1)和式(1.3.2)可得到伽利略变换:

$$\boldsymbol{r}=v_0t\boldsymbol{i}+\boldsymbol{r}'\quad 或\quad \boldsymbol{r}'=\boldsymbol{r}-v_0t\boldsymbol{i} \tag{1.3.8}$$

注意到 $\boldsymbol{v}$ 平行于 Ox 轴的事实,上述矢量方程可写成坐标表示的形式:

$$\begin{cases}x=x'+v_0t\\y=y'\\z=z'\\t=t'\end{cases}\quad 或\quad \begin{cases}x'=x-v_0t\\y'=y\\z'=z\\t'=t\end{cases} \tag{1.3.9}$$

在这里我们增加了关于时间的方程 $t'=t$,这就是认为两个惯性系中的观测者可以用同一个"钟"对时间进行测量,因而获得相同的时间.换言之,时间的测量与观测者的运动无关,与坐标和参考系的运动无关.这个假定表面上看来似乎是合理的,但在第4章的相对论力学中我们将看到,在高速运动情形下这个假定是不正确的.式(1.3.9)给出了同一个物体在两个相互做平动运动的匀速直线运动参考系中

的时间、空间坐标间的变换关系式.为纪念意大利科学家伽利略最先阐明相对运动的概念,人们把上述变换称为伽利略变换.

习 题 1

1.1 质点的运动学方程是 $x=2+3t-4t^3$,则该质点做( ).

A. 匀加速直线运动,加速度为正值

B. 匀加速直线运动,加速度为负值

C. 变加速直线运动,加速度为正值

D. 变加速直线运动,加速度为负值

1.2 一物体以与水平面夹角为 θ 的初速度 v_0 斜向上抛出,θ 为多大时,该抛体沿水平方向距离最远?( )

A. 45° B. 30° C. 60° D. 15°

1.3 一物体以与水平面夹角为 θ 的初速度 v_0 斜向上抛出,则物体所能达到的最大高度为( ).

A. $\dfrac{v_0^2\sin(2\theta)}{2g}$ B. $\dfrac{v_0^2\sin^2\theta}{2g}$ C. $\dfrac{v_0^2\cos^2\theta}{2g}$ D. $\dfrac{v_0^2\sin^2\theta}{g}$

1.4 椭圆规尺 AB 的端点 A 与 B 分别沿直线导槽 Ox 及 Oy 滑动(图 1.14),设 $MA=a$,$Mb=b$,$\angle OBA=\theta$.求椭圆规尺上 M 点的轨道方程.

1.5 一质点沿 x 方向做直线运动,运动方程为 $x(t)=2.5t^2-0.5t^3$,其中 x 以 m 为单位,t 以 s 为单位.求 $t=3$ s 至 $t=4$ s 间隔内质点的位移和平均速度.

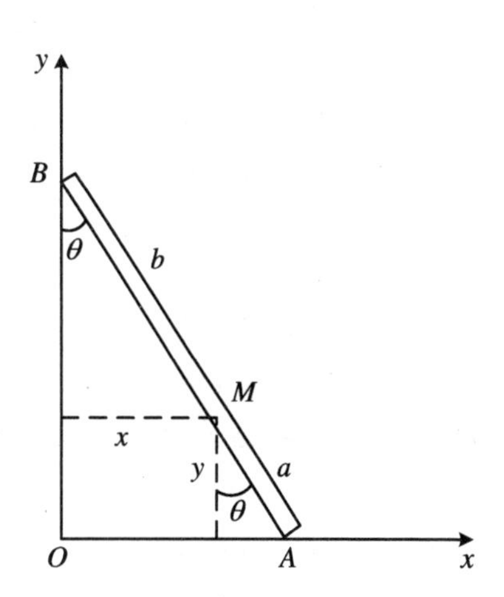

图 1.14 题 1.4 椭圆规尺示意图

1.6 一质点的运动方程为 $\boldsymbol{r}(t)=\boldsymbol{i}+4t^2\boldsymbol{j}+t\boldsymbol{k}$,式中 r、t 分别以 m、s 为单位.试求:(1) 质点的速度与加速度;(2) 质点的轨迹方程.

1.7 质点做直线运动,运动方程为 $x(t)=12t-6t^2$,其中 t 以 s 为单位,x 以 m 为单位.求:(1) $t=4$ s 时,质点的位置、速度和加速度;(2) 质点通过原点时的速度;(3) 质点速度为零时的位置.

1.8 在离水面高度为 3 m 的岸边,有人用绳子拉船靠岸,人以 $4\ \mathrm{m\cdot s^{-1}}$ 的恒定速率收绳,试求船在离岸边 4 m 处时的速率.

1.9 一弹性小球，在光滑水平面上以 5 m·s^{-1}的速度垂直撞到墙上，碰撞后小球沿相反方向运动，反弹后的速度大小与碰撞前相同，设碰撞过程所经历的时间为$\frac{1}{500}$秒，试求小球在碰撞过程中的平均加速度.

1.10 做直线运动的质点的运动学方程是 $x=6+5t+At^2+Bt^3$，其中 t 以 s 为单位，x 以 m 为单位.已知 $t=2$ s 时质点的加速度等于零，且此时它的速度是 17 m·s^{-1}.求 A、B 的值.

1.11 质点 P 沿半径为 l 的圆周运动，其运动规律为 $\theta(t)=3+2t^2$(rad)，如图 1.15 所示.求质点在 t 时刻的法向加速度 a_n 的大小和角加速度 α 的大小.

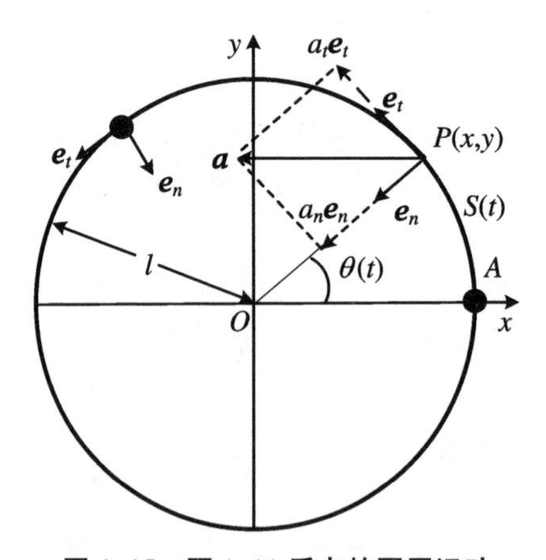

图 1.15 题 1.11 质点的圆周运动

1.12 质点 P 在水平面内沿一半径为 $l=1$ m 的圆形轨道转动，转动的角速度 ω 与时间 t 的函数关系为 $\omega(t)=kt^2$(k 为常量)，已知 $t=2$ s 时质点 P 的速度为 16 m·s^{-1}，试求 $t=1$ s 时，质点 P 的速度大小和加速度大小.

1.13 一抛体以初速度 $v_0=600$ m·s^{-1}沿与水平方向成60°角的方向发射.计算：

(1) 抛体可达到的最大水平距离和最大高度.

(2) 射出 30 s 时的速度和高度.

1.14 某人以 4 m·s^{-1}的速度向正东方向行走，当时正在刮正北风，风速也为 4 m·s^{-1}，则此人感觉到的风向和风速大小为(　　).

A. 西北风，4 m·s^{-1}　　B. 西北风，$4\sqrt{2}$ m·s^{-1}

C. 东北风，4 m·s^{-1}　　D. 东北风，$4\sqrt{2}$ m·s^{-1}

1.15 当人以 $v_1=2$ m·s^{-1}的速率向东运动时，感觉到风从正南方吹来，如果此人以 $v_2=3$ m·s^{-1}的速率向东运动，他感觉到风从正东南方吹来.求风的绝对速度.

第2章　质点(系)动力学

前一章我们讨论了质点运动的描述方法以及确定质点运动所要解决的两类问题:一类是已知质点的运动学方程,求质点的速度和加速度;另一类是已知质点的加速度及初始条件,求任意时刻的速度和运动学方程.这里并没有涉及运动的原因和运动的本质规律,也就是没有说明质点的运动学方程或质点的加速度到底是由什么因素来决定的,以及按照什么原理或规律来确定的.经典力学告诉我们,质点的加速度主要由力来决定,并满足牛顿基本定律.本章先介绍常见的力,然后论述牛顿运动三定律,最后推广到质点系并推导出相关的定律.

2.1　牛顿运动定律

2.1.1　常见的力

当我们踢足球时,球由静止到具有一定速度的过程中,可以感觉到脚对球的推动作用,球的运动状态发生改变,球的形状也有被压缩的变化,同时球对脚也有明显的反作用,这就是力.物体间存在着各种各样的相互作用,我们把物体间的这种相互作用叫作"力".力的作用有两个方面:一是改变物体的形状,二是改变物体的运动状态.在日常生活中,常见的力有万有引力、弹力、摩擦力和重力等,现做简要的讨论和概括.

1. 万有引力

万有引力是存在于任意两个物体之间的相互吸引力,力的作用线约在两物体质心的连线上,其大小与两物体的质量成正比,与两物体的距离平方成反比.万有引力定律是胡克和牛顿等发现的.以 m_1、m_2 表示两物体的质量,r 表示两者之间的距离,则两物体间万有引力 F 的大小为

$$F = G_0 \frac{m_1 m_2}{r^2} \tag{2.1.1}$$

式中 G_0 是引力常量,在SI制中,$G_0 = 6.67 \times 10^{-11}\ \mathrm{N \cdot m^2 \cdot kg^{-2}}$.人们把式

(2.1.1)称为万有引力定律.

m_1、m_2 是反映相互吸引的引力性质的质量,称为引力质量.它和反映物体惯性的惯性质量的意义是不同的,但适当地选择比例系数,同一物体的引力质量和惯性质量的量值是可以相等的,故可以认为它们是等价的,从而不再加以区分,以后统称为质量.

严格地说,式(2.1.1)是对两质点而言的,因为“两个物体之间的距离”指的是两个质点的距离.如果一个是质点,另一个是有限体,则可把有限体分割成许多质点,然后求出它们引力的矢量和,就能得到整个有限体对质点的作用力.可以证明:一个密度均匀的球体对球外一质点的引力,与整个球体质量集中在球心的情况无异.牛顿用万有引力定律证明了开普勒定律以及月球绕地球的运动、潮汐、地球两极较扁等自然现象.牛顿的万有引力定律是天体力学的基础.

地球表面附近的所有物体,都要受到一个向下的作用,反映这种作用特征的力叫作重力.在重力作用下,物体产生的加速度称为重力加速度 $\boldsymbol{g}$.重力的方向和重力加速度方向相同.

重力主要是由于地球的吸引而产生的,若忽略地球的自转,重力就是地球对物体的吸引力,即万有引力.在这种情况下,让我们来计算一下重力加速度的值.

按照万有引力定律,地球与地球表面附近的物体之间存在着万有引力.设地球的质量为 M,物体到地心的距离为 R,质量为 m,则物体受到的万有引力 F 的大小为

$$F = G_0 \frac{Mm}{R^2} \tag{2.1.2}$$

忽略地球自转的影响,物体的重力就等于地球对它的引力,故有

$$mg = G_0 Mm/R^2$$

于是得到物体的重力加速度的值为

$$g = G_0 M/R^2 \tag{2.1.3}$$

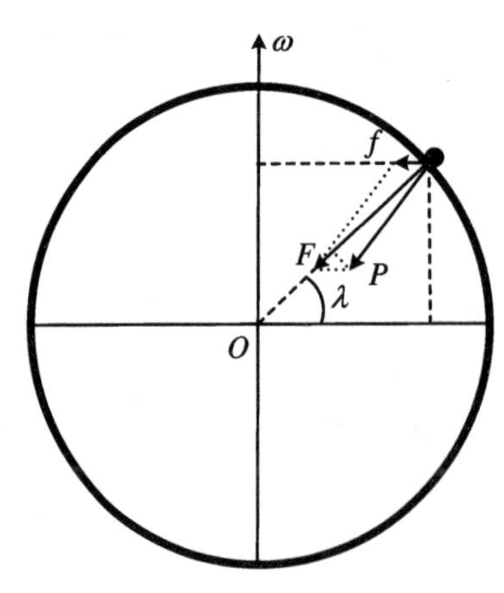

图 2.1　物体的重力与万有引力

若考虑地球自转,则重力并不等于地球的引力,其方向也略偏离地球球心,如图 2.1 所示.将地球对物体的引力 F 分解为两个分力 f 和 P,分力 $f = ma_n$ 使得物体做匀速圆周运动,向心加速度是 $a_n = \omega^2 R\cos\lambda$($\lambda$ 为物体所处位置的纬度值,ω 为地球的自转角速度),分力 P 就是重力,在 $f \ll P$ 的情况下(读者可以自己验证),有

$$P \approx F - f\cos\lambda = m(g_0 - \omega^2 R\cos^2\lambda) \tag{2.1.4}$$

显然,物体的重力加速度 $g \approx g_0 - \omega^2 R\cos^2\lambda$ 是地球表面物体所处纬度的函数.

2. 弹力

弹性物体因外力产生形变后,同时存在的恢复原状或者说是反抗形变的恢复力叫弹性力,简称弹力.形变也存在于物体内部,因此物体内部的各部分间都有弹性力的相互作用.弹力是由直接接触的物体间的弹性形变引起的.物体的形变一般都很小,不易被察觉,有时要根据牛顿运动定律或其他的物理定律来判断是否有弹力存在.比如,两个相互接触的物体在光滑的水平面上前进时,很难从形变上判断它们之间是否有弹力作用.弹力有各种形式和相应的名称:物体相互挤压而压缩时,称压力,方向沿物体表面的法线方向,故称法向压力,如放在桌面上的书本与桌面间、放在斜面上的物体与斜面间的法向作用力;轻绳、琴弦被拉长时内部产生的张紧的作用力,称张力或拉力;物体给平面或斜面的法向压力的反作用力,称支持力或反力或正压力,简称压力.

一定范围内弹性力和形变程度成正比,这个范围称弹性限度.在弹性限度内,撤去外力,物体能恢复原状;超过这一限度,变形程度不再和外力成正比,撤去外力后物体也不能恢复原状.对弹簧来说,在弹性限度内,弹性力的大小 F 与弹簧长度的改变量(伸长量或压缩量)ΔL 成正比,即 $F = k\Delta L$,这个关系通常称作胡克定律.比例系数 k 是常量,被称为弹簧的劲度系数,单位是 $\mathrm{N \cdot m^{-1}}$.

3. 摩擦力

当一物体在另一物体表面上滑动或有滑动的趋势时,在接触面上有一种阻碍它们相对滑动的力,这种力称为摩擦力.摩擦力的方向与物体相对运动(或相对运动趋势)的方向相反.

当一个物体在另一个物体的表面上滑动时,受到的另一个物体阻碍它滑动的力叫滑动摩擦力.大量实验表明,滑动摩擦力的大小只跟接触面所受的压力大小、接触面的粗糙程度相关.压力越大,滑动摩擦力越大;接触面越粗糙,滑动摩擦力越大.以 N 表示正压力,f_k 表示滑动摩擦力,有

$$f_k = \mu_k N \tag{2.1.5}$$

μ_k 称作滑动摩擦系数,它与接触面的材料性质、相对运动的速度和表面情况等多种因素有关.多数情况下,μ_k 随运动速度的增大而减小,为使问题简化,通常认为 μ_k 与相对运动速度无关.滑动摩擦力是阻碍相互接触物体间相对运动的力,不一定是阻碍物体运动的力.即摩擦力不一定是阻力,它也可能是使物体运动的动力,“相对运动”是以相互接触的物体作为参照物的,而“物体运动”可能是以其他物体作为参照物的.例如,生活中,传送带把货物从低处传送到高处,就是靠传送带对货物斜向上的摩擦力来实现的.

两相互接触且相互挤压,而又相对静止的物体,在外力作用下有相对滑动趋势,但并未发生相对滑动,它们接触面之间出现的阻碍发生相对滑动的力,称为静摩擦力.静摩擦力随外力的变化而变化,当静摩擦力增大到最大静摩擦力时,物体就会运动起来.静止在粗糙斜面上的滑块,由于重力作用,有沿斜面向下的运动趋

势,因而受到阻止它向下发生滑动的力.汽车启动时,车轮在与地面的接触处有向后运动的趋势,会受到向前的静摩擦力.以 N 表示正压力,f_s 表示最大静摩擦力,实验证明,f_s 与 N 成正比,即有

$$f_s = \mu_s N \tag{2.1.6}$$

μ_s 称作静摩擦系数,它与接触面的材料性质和表面情况等多种因素有关.对于同一接触面而言,一般有 $\mu_s > \mu_k$,而且都小于 1.在我们目前所讨论的问题中,为使问题简化,通常认为 μ_k 与运动速度无关,且 μ_s 与 μ_k 近似相等.

2.1.2 四种基本力

力是物理学中使用最广泛的基本概念之一.自然界有四种基本力,即万有引力、电磁力、强力和弱力.后两种力只在原子核内部或基本粒子之间起作用.

1. 电磁力

物质之间通过电磁场相互作用时存在的力,叫作电磁力.电磁相互作用是目前了解得最清楚的一种相互作用.电磁相互作用是一种长程力,作用于所有微观和宏观带电或带磁矩的物体之间,大到天体,小到10^{-18} m 范围,理论计算都跟实验事实符合得很好.

由于分子和原子都是由一定的电荷组成的系统,它们之间的相互作用力基本上就是电荷之间的电磁力.前面所述的弹力、摩擦力等,其本质都属于电磁力.

2. 强力

在微观领域,人们发现核子之间存在一种新的相互作用,这种力能够克服核子之间的静电斥力,将质子和中子紧紧地束缚在一起,形成原子核,其作用强度约为电磁相互作用的10^2 倍,这种存在于强子之间的基本相互作用力就称为强相互作用力,简称强力.强力的作用范围大约在10^{-15} m 以内,当微观粒子间距离超过10^{-15} m 时,强力就小到可以忽略的程度,这类强相互作用力归属于短程力.

3. 弱力

在微观领域中,人们还发现了一种短程力,其作用范围比强相互作用还要短,作用强度约为强相互作用的10^{-12}倍,由于它的强度比电磁力还要弱得多,故被称为弱相互作用力,简称弱力.弱力在原子核 β 衰变的过程中起着重要的作用.

4. 万有引力

引力相互作用支配着宏观物体的运动与变化,如天体运动规律就是万有引力作用的一种体现,是一种长程力.在微观领域里,引力相互作用远远弱于其他三种相互作用,以致实际上无法检验在微观领域里万有引力定律是否仍然正确.根据万有引力定律计算的两个质子间的引力相互作用与它们间的强相互作用的强度之比仅为10^{-38}.

把各种各样的相互作用归结为以上四种基本相互作用,这是20世纪物理学的一大成就.在这个基础上,人们一直试图探索这四种相互作用的联系.爱因斯坦一生最大的愿望就是追求世界的和谐、简洁、统一,他试图把万有引力和电磁力统一起来,但没有成功.20世纪60年代,A. Salam等人提出了弱力与电磁力相统一的理论,并在后来得到了实验的证实.人们已经提出了若干种关于"弱""电""强"三种基本相互作用相统一的"大统一"理论,并正在努力创立四种基本相互作用相统一的"超统一"理论.

2.1.3　牛顿运动定律

牛顿运动定律由艾萨克·牛顿在1687年于《自然哲学的数学原理》一书中总结提出.其中,第一定律说明了力的含义:力是改变物体运动状态的原因.第二定律指出了力的作用效果:力使物体获得加速度.第三定律揭示出力的本质:力是物体间的相互作用.

牛顿运动定律中的各定律互相独立,且内在逻辑具有自洽一致性.其适用范围是经典力学范围,适用条件是质点,惯性参考系以及宏观、低速运动问题.牛顿运动定律阐释了牛顿力学的完整体系,阐述了经典力学中基本的运动规律,在各领域中应用广泛.这里将牛顿运动三定律简要表述如下:

牛顿第一运动定律　每个物体都会保持它的静止状态或者沿着直线做匀速运动的状态,除非对它施加外力迫使它改变这种状态.

牛顿第一运动定律,简称牛顿第一定律.牛顿第一定律的中心内容就是建立了惯性概念,指出了任何物体都具有惯性,即保持静止或者沿着直线做匀速运动的状态,故又称惯性定律、惰性定律.这是牛顿第一定律的第一层含义.也可表述为:任何物体都会保持匀速直线运动或静止状态,直到外力迫使它改变运动状态为止.牛顿第一定律的第二层含义是揭示出了力的概念,力使物体的运动状态发生变化,力是物体运动状态改变的原因.牛顿第一定律的第三层含义是给出了惯性系的概念,确定了惯性参考系.所谓惯性参考系的意义是:在这个参考系中观测,一个不受力的物体会保持匀速直线运动或静止状态.根据相对运动的理论或牛顿第一定律的内容,可以得出推论:惯性参考系不是一个,而是无数个,即相对于某一个惯性参考系做匀速直线运动或静止的所有平动参考系都是惯性参考系.牛顿第一定律与牛顿第二、第三定律构成了牛顿力学的完整体系,因此,牛顿第一定律是不可缺少的,是完全独立的一条重要的力学定律.牛顿第一、第二、第三定律以及由牛顿运动定律建立起来的质点力学体系只对惯性系成立.

牛顿第二运动定律　对于给定的物体,当受到外力的作用时,物体获得的加速度 $\boldsymbol{a}$ 的大小与它所受的合外力 $\boldsymbol{F}$ 的大小成正比,跟物体的质量 m 成反比.加速度 $\boldsymbol{a}$ 的方向跟合外力矢量 $\boldsymbol{F}$ 的方向相同.

牛顿第二运动定律简称牛顿第二定律，其内容可以表示为 $\boldsymbol{F} \propto m\boldsymbol{a}$ 或 $\boldsymbol{F} = km\boldsymbol{a}$，其中 k 为比例系数；质量 m 是物体惯性大小的量度，故称为惯性质量，它与引力质量是有区别的．我们选择惯性质量与引力质量的量值相等，并选择适当的力、质量、速度和时间的单位，可使比例系数 $k=1$，这样，牛顿第二定律就可以用公式表示为

$$\boldsymbol{F} = m\boldsymbol{a} \tag{2.1.7}$$

另外，作用在质点上的力可以不是一个而是多个，如 $\boldsymbol{F}_1, \boldsymbol{F}_2, \boldsymbol{F}_3, \cdots$，此时式(2.1.7)中的力 $\boldsymbol{F}$ 是多个力的合力：

$$\boldsymbol{F} = \boldsymbol{F}_1 + \boldsymbol{F}_2 + \boldsymbol{F}_3 + \cdots \tag{2.1.8}$$

考虑到动量的定义 $\boldsymbol{p} = m\boldsymbol{v}$，牛顿第二定律的表达式(2.1.7)式又可写成

$$\boldsymbol{F} = \frac{\mathrm{d}\boldsymbol{p}}{\mathrm{d}t} \tag{2.1.9}$$

即牛顿第二定律也可以表述为：作用在质点上的力，等于该质点的动量的变化率．

牛顿第三运动定律　当两个质点相互作用时，作用在一个质点上的力与它反作用于另一个质点上的力，大小相等而方向相反．通常简称为牛顿第三定律．

牛顿在他所著的《自然哲学的数学原理》一书中对这一定律的陈述是：“每个作用总有一个大小相等而方向相反的反作用，或者说，两个物体的相互作用总是大小相等而方向相反．”这里的“作用”和“反作用”指的是两个物体间相互作用的力，即一个物体对另一个物体施加作用力，受力物体也必然对施力物体施加反作用力．因此第三定律也可以称为作用力和反作用力定律．用数学式子，牛顿第三定律可表示为

$$\boldsymbol{F}_{12} = -\boldsymbol{F}_{21} \tag{2.1.10}$$

式中 $\boldsymbol{F}_{12}$ 表示第二个物体对第一个物体的作用力，$\boldsymbol{F}_{21}$ 表示第一个物体对第二个物体的作用力．

第三定律跟第一、第二定律的不同之处在于：前两个定律是描述单个质点运动规律的，第三定律则不是描述质点运动的，而是有关两个(或两个以上)质点或物体之间相互作用力的规律．第三定律是研究质点系力学的基础．

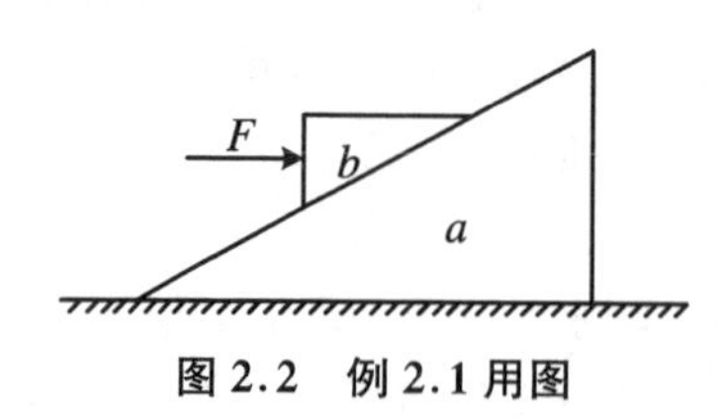

图 2.2　例 2.1 用图

例 2.1　如图 2.2 所示，粗糙水平面上有三角形木块 a，a 的斜面倾角为 θ，用水平力 F 推其上的另一个小三角形木块 b，已知 a、b 都处于静止状态，且 a、b 的接触面之间以及 b 与水平地面之间的静摩擦系数皆为 μ，a 和 b 的质量分别为 m_a 和 m_b．现将 F 增大 ΔF，a、b 仍都处于静止状态，求地面的支持力 N 的改变量 ΔN 和 a 与水平地面之间的摩擦力 f 的变化量 Δf．

解　将三角形木块 a 和 b 看成是一个整体，质量为 $m_a + m_b$，分析其受力，在

竖直方向重力$(m_a+m_b)g$与地面的支持力N平衡:

$$N-(m_a+m_b)g=0 \quad ①$$

在水平方向水平力F与受地面作用的摩擦力$f<\mu N$平衡:

$$F-f=0 \quad ②$$

由式①和式②解得$N=(m_a+m_b)g$和$f=F$.同理,当F增大ΔF时,只需将F换成$F'(\Delta F=F'-F)$即得$N'=(m_a+m_b)g$和$f'=F'$,故得$\Delta N=N'-N=0$和$\Delta f=f'-f=\Delta F$.

例2.2　如图2.3所示,一轻绳将质量为m的小球挂在电梯内,电梯的质量为M.一恒力F竖直向上作用在电梯上,使电梯向上做匀加速直线运动,小球距离电梯底板的距离为s.不计空气阻力,重力加速度为g.

(1) 求电梯上升时轻绳对小球的拉力.

(2) 某时刻轻绳突然断了,求经过多长时间,小球与电梯底板相碰.

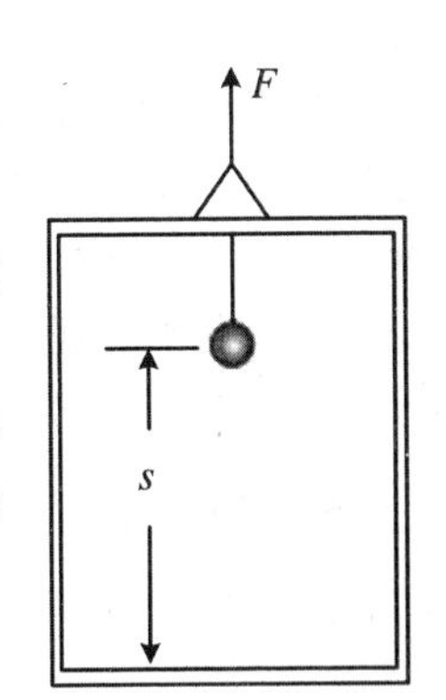

图2.3　例2.2用图

解　(1) 设电梯上升时的加速度为a,轻绳对小球的拉力为T,根据牛顿第二定律,有

$$F-(m+M)g=(m+M)a \quad ①$$

$$T-mg=ma \quad ②$$

联立①式和②式,得

$$T=\frac{m}{m+M}F$$

(2) 设轻绳断后小球的加速度为a_1,电梯的加速度为a_2,根据牛顿第二定律,有

$$-mg=ma_1 \quad ③$$

$$F-Mg=Ma_2 \quad ④$$

设轻绳断开时电梯的速度为v,小球与底板相碰的时刻为t,根据运动学规律,有

$$vt+\frac{1}{2}a_2t^2-\left(vt+\frac{1}{2}a_1t^2\right)=s \quad ⑤$$

联立③~⑤式,得

$$t=\sqrt{\frac{2Ms}{F}}$$

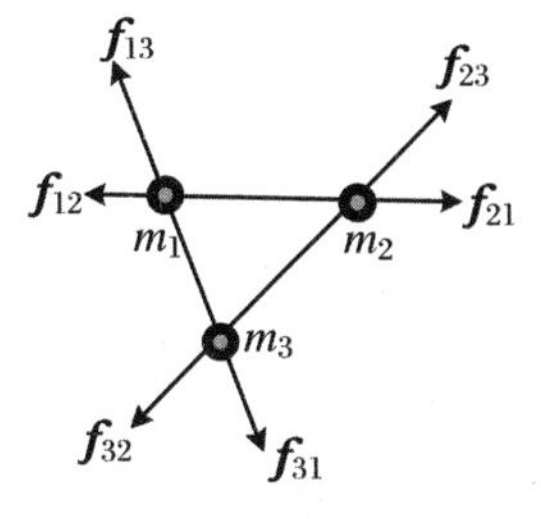

图2.4　内力示意图

例2.3　由多个(有限个或无限多个)质点所构成的系统叫质点系,质点系内部质点间的相互作用力叫内力.考虑将质量分别为m_1、m_2、m_3的三个质点用三根轻棒连接成一个三角形,如图2.4所示,每个质点通过轻棒对另两个质点施力.试证明:该质点系的内力矢量和为零.

证明　设 m_1 施给 m_2 的作用力为 $\boldsymbol{f}_{21}$，m_2 施给 m_1 的作用力为 $\boldsymbol{f}_{12}$，根据牛顿第三定律，有

$$\boldsymbol{f}_{12} + \boldsymbol{f}_{21} = \boldsymbol{0} \qquad ①$$

同理有

$$\boldsymbol{f}_{13} + \boldsymbol{f}_{31} = \boldsymbol{0} \qquad ②$$

$$\boldsymbol{f}_{23} + \boldsymbol{f}_{32} = \boldsymbol{0} \qquad ③$$

质点系的内力矢量和为

$$\boldsymbol{f}_{12} + \boldsymbol{f}_{21} + \boldsymbol{f}_{13} + \boldsymbol{f}_{31} + \boldsymbol{f}_{23} + \boldsymbol{f}_{32} = \boldsymbol{0}$$

注意　本例的结论对于多个质点(包括无数个质点，如刚体，见第 3 章)也成立，同时不仅是通过轻棒的作用，也可以是其他作用如万有引力、静电力等，结论亦成立.

例 2.4　质量为 m 的自由电子在沿 x 轴的振荡电场中运动.设电子速度甚小于光速，且沿 x 轴的电场强度为 $E_x = \cos(\omega t)$，而电子所受的力为 $F = -eE_x = -e\cos(\omega t)$，式中 $-e$ 为电子所带的电荷，ω 是常数.已知电子初始静止在原点处，试求：(1) 电子的速度 v 和位置 x 与时间 t 的关系；(2) 电子从 $t = 1$ s 到 $t = 2$ s 间隔内的位移.

解　(1) 根据牛顿运动定律，电子运动的微分方程为 $m\dfrac{\mathrm{d}^2x}{\mathrm{d}t^2} = m\dfrac{\mathrm{d}v}{\mathrm{d}t} = -e\cos(\omega t)$，即

$$\frac{\mathrm{d}v}{\mathrm{d}t} = -\frac{e}{m}\cos(\omega t) \qquad ①$$

v 为电子在任一瞬时的速度，显然 $v = \dfrac{\mathrm{d}x}{\mathrm{d}t}$，故 $\dfrac{\mathrm{d}^2x}{\mathrm{d}t^2} = \dfrac{\mathrm{d}v}{\mathrm{d}t}$.对上式积分，得

$$v = -\frac{e}{m\omega}\sin(\omega t) + C_1 \qquad ②$$

设起始条件是：当 $t = 0$，$v = 0$，代入②式，得 $C_1 = 0$，由此得

$$v = \frac{\mathrm{d}x}{\mathrm{d}t} = \frac{e}{m\omega}\sin(\omega t) \qquad ③$$

再积分，并利用起始条件 $t = 0$，$x = 0$，得

$$x = \frac{e}{m\omega^2} - \frac{e}{m\omega^2}\cos(\omega t) \qquad ④$$

(2) 位移为

$$\Delta x = x(2) - x(1) = \frac{e}{m\omega^2}[\cos(\omega) - \cos(2\omega)]$$

例 2.5　质量为 m 的质点在流体中做直线运动，受与速度成正比的阻力 $F = -kv$(k 为常数)作用，已知质点的初始速度为 v_0，计算：(1) 任意时刻 t 的速度；(2) 由 $t = 0$ 到 $t = t$ 的时间间隔内的位移.

解　(1) 由牛顿第二定律 $F = -kv = ma$，有 $a = \dfrac{-kv}{m} = \dfrac{\mathrm{d}v}{\mathrm{d}t}$，分离变量，得

$$\frac{\mathrm{d}v}{v}=\frac{-k\mathrm{d}t}{m}$$

依题意选 $t=0$ 时 $v=v_0$，$x=x_0$，作积分，得 $\int_{v_0}^{v}\frac{\mathrm{d}v}{v}=\int_0^t\frac{-k\mathrm{d}t}{m}$，$\ln\frac{v}{v_0}=\ln \mathrm{e}^{-\frac{kt}{m}}$，从而有

$$v=v_0\mathrm{e}^{-kt/m}$$

(2) 由 $v=\frac{\mathrm{d}x}{\mathrm{d}t}$ 得 $\mathrm{d}x=v(t)\mathrm{d}t$，作定积分，得位移

$$\Delta x=x-x_0=\int_{x_0}^{x}\mathrm{d}x=\int_0^t v(t)\mathrm{d}t=\frac{mv_0}{k}(1-\mathrm{e}^{-kt/m})$$

*2.2　非惯性系质点动力学

牛顿运动定律只对惯性系成立，而惯性系不止是一个，而是无数个，它们彼此做匀速直线运动或相对静止. 下面我们看看对于一个相对于某一惯性系 S 做加速平动的参考系 S'，牛顿第二运动定律是否成立. 若不成立，能否进行修改使得在形式上成立？

取惯性系 S 为基本参考系，设平动的参考系 S' 的加速度为 $\boldsymbol{a}_0$，在 S' 系观测得质点的加速度为 $\boldsymbol{a}'$，质点质量为 m，由相对运动的知识，物体的绝对加速度 $\boldsymbol{a}$ 等于平动的参考系 S' 的加速度(牵连加速度) $\boldsymbol{a}_0$ 与物体的相对加速度 $\boldsymbol{a}'$ 的矢量和，即有

$$\boldsymbol{a}=\boldsymbol{a}_0+\boldsymbol{a}' \tag{2.2.1}$$

在惯性系中应用牛顿第二定律，得

$$\boldsymbol{F}=m\boldsymbol{a}=m\boldsymbol{a}_0+m\boldsymbol{a}'$$

由此可见，若 $\boldsymbol{a}_0\neq\boldsymbol{0}$，则 $\boldsymbol{F}\neq m\boldsymbol{a}'$，故相对于惯性系做加速平动的参考系是非惯性参考系，因为在这个参考系中牛顿第二定律不成立. 但若令 $\boldsymbol{F}'=\boldsymbol{F}+(-m\boldsymbol{a}_0)$，则有

$$\boldsymbol{F}'=m\boldsymbol{a}' \tag{2.2.2}$$

这样在加速平动的参考系中牛顿第二定律在形式上仍然成立. 注意这里的合外力 $\boldsymbol{F}'$ 除了包含真实的力 $\boldsymbol{F}$ 以外，还包含了 $(-m\boldsymbol{a}_0)$，把它也看作一个“力”，则牛顿第二定律在形式上仍然适用，这个“力”称为惯性力，它和 $\boldsymbol{F}$ 有些不同，$\boldsymbol{F}$ 是真实的力，是物体间实际的相互作用力，可以找到施力物体，而 $(-m\boldsymbol{a}_0)$ 为虚构的力，也称“虚拟力”，因为找不到施力物体，因此，它没有反作用力，故在加速平动的参考系中牛顿第三定律也不成立. 最后，再一次强调一下惯性力 $(-m\boldsymbol{a}_0)$：其大小与牵连加速度成正比，与物体的质量成正比，与牵连加速度的方向相反.

例 2.6　试以做加速平动运动的电梯为参考系重新求解例 2.2 的问题.

解　(1) 以电梯为参考系，设电梯上升时的加速度为 a(牵连加速度). 由于小

球和电梯一起运动,以小球和电梯整体为研究对象分析受力:外力 F 向上,重力 $(m+M)g$ 向下,惯性力 $(m+M)a$ 向下.由于电梯和小球都静止,故相对加速度为零,即 $a'=0$.根据牛顿第二定律 $\boldsymbol{F}'=m\boldsymbol{a}'$,得

$$F-(m+M)g-(m+M)a=ma'=0 \quad ①$$

以小球为研究对象,分析其受力:轻绳对小球的拉力 T 向上,重力 mg 向下,惯性力 ma 向下.另外,小球相对加速度为零,即 $a'=0$.根据牛顿第二定律 $\boldsymbol{F}'=m\boldsymbol{a}'$,得

$$T-mg-ma=ma'=0 \quad ②$$

联立①式和②式,得

$$T=\frac{m}{m+M}F$$

(2) 设轻绳断后电梯的加速度为 a_0(这是牵连加速度).以电梯为参考系,取电梯为研究对象,分析其受力:外力 F 向上,重力 Mg 向下,惯性力 Ma_0 向下.电梯静止,故相对加速度为零,即 $a'=0$.根据牛顿第二定律 $\boldsymbol{F}'=m\boldsymbol{a}'$,得

$$F-Mg-Ma_0=0 \quad ③$$

以电梯为参考系,取小球为研究对象,分析其受力:重力 mg 向下,惯性力 ma_0 向下.设其相对加速度为 a',根据牛顿第二定律 $\boldsymbol{F}'=m\boldsymbol{a}'$,得

$$-mg-ma_0=ma' \quad ④$$

设轻绳断开时为计时零点,显然 $t=0$ 时,小球的速度为零,故小球做初速为零的匀加速运动,加速度为 a',设小球与底板相碰的时刻为 t,根据运动学规律,得

$$-s=\frac{1}{2}a't^2 \quad ⑤$$

联立③~⑤式,得

$$t=\sqrt{\frac{2Ms}{F}}$$

2.3 动量定理与动量守恒定律

动力学普遍定理是质点系动力学的基本定理,它包括动量定理、动量矩定理、动能定理以及由这三个基本定理推导出来的其他一些定理、定律.动量、动量矩和动能是描述质点、质点系和刚体运动的基本物理量.作用于力学模型上的力或力矩与这些物理量之间的关系构成了动力学普遍定理.它与牛顿运动定律是一个有机整体,是一脉相承的完整理论体系,是力学的基本公理.在这一节里,我们将由牛顿运动定律出发推出质点的动量定理与动量守恒定律,并将重点转到质点系.在后面几节里将继续推导动能定理、机械能守恒定律、动量矩定理、角动量守恒定律,进一步证实动力学公理化体系的相容性和一致性.

2.3.1　质点的动量定理与动量守恒定律

若质点的合外力是时间的显函数 $\boldsymbol{F}(t)$，则可将牛顿第二定律(式(2.1.9))写成微分形式：

$$\boldsymbol{F}\mathrm{d}t = \mathrm{d}\boldsymbol{p} \tag{2.3.1}$$

在直角坐标系下的标量形式是

$$F_x\mathrm{d}t = \mathrm{d}p_x, \quad F_y\mathrm{d}t = \mathrm{d}p_y, \quad F_z\mathrm{d}t = \mathrm{d}p_z \tag{2.3.1$'$}$$

将式(2.3.1)和式(2.3.1)′从 t_0 到 t 进行积分，得

$$\int_{t_0}^{t}\boldsymbol{F}\mathrm{d}t = \int_{\boldsymbol{p}_0}^{\boldsymbol{p}_t}\mathrm{d}\boldsymbol{p} = \boldsymbol{p}_t - \boldsymbol{p}_0 \tag{2.3.2}$$

$$\begin{cases}\displaystyle\int_{t_0}^{t}F_x\mathrm{d}t = \int_{p_{x0}}^{p_x}\mathrm{d}p_x = p_x - p_{x0}\\ \displaystyle\int_{t_0}^{t}F_y\mathrm{d}t = \int_{p_{y0}}^{p_y}\mathrm{d}p_y = p_y - p_{y0}\\ \displaystyle\int_{t_0}^{t}F_z\mathrm{d}t = \int_{p_{z0}}^{p_z}\mathrm{d}p_z = p_z - p_{z0}\end{cases} \tag{2.3.2$'$}$$

式(2.3.2)右侧是动量的增量，左侧表示外力在 t_0 到 t 这段时间内对质点作用的累积量，称作力的冲量，用 $\boldsymbol{I}$ 表示，即

$$\boldsymbol{I} = \int_{t_0}^{t}\boldsymbol{F}\mathrm{d}t \tag{2.3.3}$$

于是，式(2.3.2)可写成

$$\boldsymbol{I} = \boldsymbol{p}_t - \boldsymbol{p}_0 \tag{2.3.4}$$

这表明，物体在运动过程中所受合力的冲量，等于物体在这个过程中动量的改变量. 这个结论称为质点动量定理. 式(2.3.1)是动量定理的微分形式，式(2.3.2)是动量定理的积分形式.

动量定理指出，质点的动量变化由力对时间的积分给出. 定理包含的物理内容，本质上与 $\boldsymbol{F} = \mathrm{d}\boldsymbol{p}/\mathrm{d}t$ 是相同的. 但它对力的作用效果赋予了新的含义：动量的变化是力对时间的积分，为了在时间间隔 $\Delta t = t - t_0$ 内产生给定的动量变化，只要求积分 $\int_{t_0}^{t}\boldsymbol{F}\mathrm{d}t$ 有适当的值. 我们可以用较小的力作用较长的时间，或者用较大的力作用较短的时间来实现这一要求. 动量的改变量只取决于作用过程中力的总冲量，而与力对时间的依从关系等细节无关. 若用一个常力矢量来替代变力 $\boldsymbol{F}$，这个常力矢量就成为平均力，记为 $\overline{\boldsymbol{F}}$，它应该满足 $\overline{\boldsymbol{F}}(t - t_0) = \int_{t_0}^{t}\boldsymbol{F}\mathrm{d}t$，故有

$$\overline{\boldsymbol{F}} = \frac{1}{t - t_0}\int_{t_0}^{t}\boldsymbol{F}\mathrm{d}t \tag{2.3.5}$$

也就是说，平均力是力对时间的平均. 若在一段时间内，质点所受的合外力 $\boldsymbol{F}$ 恒为

零或根本没有外力作用,由动量定理的微分形式(式(2.3.1))知 $\mathrm{d}\boldsymbol{p}=\boldsymbol{0}$,$\boldsymbol{p}$ 为常矢量,即

$$\boldsymbol{p} = \boldsymbol{C} \tag{2.3.6}$$

这就是质点的动量守恒.若令 $\boldsymbol{p}=p_x\boldsymbol{i}+p_y\boldsymbol{j}+p_z\boldsymbol{k}$,$\boldsymbol{C}=C_1\boldsymbol{i}+C_2\boldsymbol{j}+C_3\boldsymbol{k}$,代入上式可得

$$p_x = C_1,\quad p_y = C_2,\quad p_z = C_3 \tag{2.3.6$'$}$$

若 $\boldsymbol{F}\neq\boldsymbol{0}$,但 $\boldsymbol{F}$ 在某个方向上的投影为零,不妨设该方向为 l 轴方向,有 $F_l=0$,则质点在 l 方向的动量守恒:

$$p_l = C_l \tag{2.3.7}$$

例 2.7 分别写出式(2.3.3)、式(2.3.4)、式(2.3.5)在直角坐标系下的标量形式.

解 它们的标量形式分别是

$$I_x = \int_{t_0}^{t} F_x \mathrm{d}t,\quad I_y = \int_{t_0}^{t} F_y \mathrm{d}t,\quad I_z = \int_{t_0}^{t} F_z \mathrm{d}t \tag{2.3.3$'$}$$

$$I_x = p_x - p_{x0},\quad I_y = p_y - p_{y0},\quad I_z = p_z - p_{z0} \tag{2.3.4$'$}$$

$$\overline{F}_x = \frac{1}{t-t_0}\int_{t_0}^{t} F_x \mathrm{d}t,\quad \overline{F}_y = \frac{1}{t-t_0}\int_{t_0}^{t} F_y \mathrm{d}t,$$

$$\overline{F}_z = \frac{1}{t-t_0}\int_{t_0}^{t} F_z \mathrm{d}t \tag{2.3.5$'$}$$

例 2.8 口径小、威力大的 88 式狙击步枪使用 88 式 5.8 毫米机枪弹.已知子弹质量为 4.15 g,子弹的出口速度为 895 m/s,子弹在枪管内的时间为 10^{-3} s,试求子弹在枪管内所受合力的平均值.

解 取子弹射出的方向为 x 轴方向.子弹从发射到出枪口,这个过程经历的时间为 $\Delta t=10^{-3}$ s,在这个过程发生之前,子弹速度为零,初动量 $p_0=mv_0=0(\mathrm{kg}\cdot\mathrm{m}\cdot\mathrm{s}^{-1})$,子弹射出枪口时的动量就是动量的改变量.有

$$p_x - p_{x0} = mv_x = 4.15\times10^{-3}\times895 \approx 3.71(\mathrm{kg}\cdot\mathrm{m/s})$$

根据动量定理,有

$$I_x = p_x - p_{x0} = 3.71(\mathrm{kg}\cdot\mathrm{m/s})$$

子弹在枪管内所受合力的平均值是

$$\overline{F}_x = \frac{1}{t-t_0}\int_{t_0}^{t} F_x \mathrm{d}t = \frac{3.71}{10^{-3}} = 3.71\times10^{3}(\mathrm{N})$$

例 2.9 在直角坐标系下,将质量为 m 的物体在坐标原点抛出,抛体的初速度为 $v_x(0)=v_y(0)=7$ m/s,抛体仅受重力 $\boldsymbol{F}=-9.8m\boldsymbol{j}$ 作用.

(1) 求抛体从 $t=0$ 到 $t=t$(s)时间间隔内重力的冲量.

(2) 由动量定理求抛体在 $t=t$(s)时刻的动量.

(3) 求抛体的运动学方程 $x(t)$,$y(t)$.

解 (1) 由力的冲量的定义 $\boldsymbol{I}=\int_0^t \boldsymbol{F}\mathrm{d}t$,有

$$I = \int_0^t (-9.8m\boldsymbol{j})\mathrm{d}t = -9.8mt\boldsymbol{j} \tag{①}$$

(2) 已知 $\boldsymbol{v}_0 = v_x(0)\boldsymbol{i} + v_y(0)\boldsymbol{j} = 7\boldsymbol{i} + 7\boldsymbol{j}$,由动量定理 $\boldsymbol{I} = \boldsymbol{p}_t - \boldsymbol{p}_0$,有

$$\boldsymbol{p}(t) = \boldsymbol{I} + \boldsymbol{p}(0) = -9.8mt\boldsymbol{j} + m(7\boldsymbol{i} + 7\boldsymbol{j}) \tag{②}$$

这里 $p_x = 7m$ 为常数,表明抛体在 x 方向动量守恒.

(3) 由 $\boldsymbol{p}(t) = m\boldsymbol{v}(t)$得 $\boldsymbol{v}(t) = 7\boldsymbol{i} + (-9.8t + 7)\boldsymbol{j}$,其标量形式是

$$v_x = \frac{\mathrm{d}x}{\mathrm{d}t} = 7(\mathrm{m/s}),\quad v_y = \frac{\mathrm{d}y}{\mathrm{d}t} = -9.8t + 7(\mathrm{m/s}) \tag{③}$$

对式③积分并利用初始条件 $x(0) = 0, y(0) = 0$,可得运动学方程:

$$x(t) = 7t,\quad y(t) = 7t - 4.9t^2 \tag{④}$$

2.3.2 质点系的动量定理与动量守恒定律

设质点系有3个质点,它们的质量分别为 m_1、m_2、m_3,位矢分别为 $\boldsymbol{r}_1$、$\boldsymbol{r}_2$、$\boldsymbol{r}_3$,定义质点系内部质点间的相互作用力为内力,质点系外部的物体对质点系质点的作用力为外力.现取第1个质点为研究对象,它所受的内力为 $\boldsymbol{f}_1 = \boldsymbol{f}_{12} + \boldsymbol{f}_{13}$,外力的合力为 $\boldsymbol{F}_1$,它的动量是 $\boldsymbol{p}_1 = m_1\boldsymbol{v}_1 = m_1\dfrac{\mathrm{d}\boldsymbol{r}_1}{\mathrm{d}t}$,由牛顿第二定律有

$$\boldsymbol{f}_1 + \boldsymbol{F}_1 = \frac{\mathrm{d}\boldsymbol{p}_1}{\mathrm{d}t} \tag{2.3.8}$$

同理,对第2个质点和第3个质点分别有

$$\boldsymbol{f}_2 + \boldsymbol{F}_2 = \frac{\mathrm{d}\boldsymbol{p}_2}{\mathrm{d}t} \tag{2.3.9}$$

$$\boldsymbol{f}_3 + \boldsymbol{F}_3 = \frac{\mathrm{d}\boldsymbol{p}_3}{\mathrm{d}t} \tag{2.3.10}$$

将以上三个方程相加得

$$\boldsymbol{f}_1 + \boldsymbol{f}_2 + \boldsymbol{f}_3 + \boldsymbol{F}_1 + \boldsymbol{F}_2 + \boldsymbol{F}_3 = \frac{\mathrm{d}\boldsymbol{p}_1}{\mathrm{d}t} + \frac{\mathrm{d}\boldsymbol{p}_2}{\mathrm{d}t} + \frac{\mathrm{d}\boldsymbol{p}_3}{\mathrm{d}t} \tag{2.3.11}$$

前面已经证明内力矢量和为零,即 $\boldsymbol{f}_1 + \boldsymbol{f}_2 + \boldsymbol{f}_3 = \boldsymbol{0}$,所以上式变成

$$\boldsymbol{F} = \frac{\mathrm{d}\boldsymbol{p}}{\mathrm{d}t} \tag{2.3.12}$$

其中 $\boldsymbol{F} = \boldsymbol{F}_1 + \boldsymbol{F}_2 + \boldsymbol{F}_3$ 为质点系所受的全部外力的矢量和;$\boldsymbol{p} = \boldsymbol{p}_1 + \boldsymbol{p}_2 + \boldsymbol{p}_3$ 为质点系所有质点的动量的矢量和,定义为质点系的动量.由此可见,对于质点系来说,质点系的动量对时间的微分等于质点系所受的全部外力的矢量和,这就是质点系的动量定理(微分形式).这对由三个质点构成的质点系成立,对由多个(包括无限个)质点构成的质点系也成立,对一个质点亦成立,且形式上均与单个质点的情况相同.因此,前面所述的质点的动量定理和守恒定律的相关公式,如式(2.3.1)~式

(2.3.4)、式(2.3.6)对于质点系都成立，只需注意 $\boldsymbol{F}$ 为质点系所受的全部外力的矢量和，$\boldsymbol{p}$ 为质点系所有质点的动量的矢量和. 例如，对于公式

$$\boldsymbol{I} = \boldsymbol{p}_t - \boldsymbol{p}_0 \tag{2.3.4}$$

其意义就是：由多个质点组成的质点系，系统总动量的变化等于全部外力矢量和的冲量，而与其内部各质点相互作用的细节无关. 这是积分形式的质点系动量定理. 若$\boldsymbol{F}=\boldsymbol{0}$，由式(2.3.1)可得

$$\boldsymbol{p} = \boldsymbol{C}$$

若 $\boldsymbol{F}\neq\boldsymbol{0}$，但 $F_x=0$，则 $p_x=C_1$（常数），在直角坐标系下，具体写出 $p_x=C_1$ 就是

$$m_1 v_{1x} + m_2 v_{2x} + m_3 v_{3x} = C_1$$

可见，尽管系统的总动量不守恒，但由于所受合外力在某一方向的投影为零，则沿这个方向的动量就是守恒的.

例 2.10 一门大炮停在铁轨上，炮弹质量为 m，炮身及炮车质量和等于 M，炮车可以自由地在铁轨上反冲. 如炮身与地面成一角度 α，炮弹对炮身的相对速度为 $\boldsymbol{v}'$，试求炮弹射离炮身时对地面的速度 $\boldsymbol{v}$ 及炮车反冲的速度 $\boldsymbol{U}$.

解 以地面参考系 $O-xy$ 为基本参考系，平动参考系 $O'-x'y'$固定在炮车上，x 和x'轴沿水平方向，y 和 y'轴竖直向上，炮弹的绝对速度 $\boldsymbol{v}=v_x\boldsymbol{i}+v_y\boldsymbol{j}$，相对速度 $\boldsymbol{v}'=v'_x\boldsymbol{i}+v'_y\boldsymbol{j}=v'\cos\alpha\boldsymbol{i}+v'\sin\alpha\boldsymbol{j}$，牵连速度 $\boldsymbol{U}=U\boldsymbol{i}$. 由相对运动关系 $\boldsymbol{v}=\boldsymbol{U}+\boldsymbol{v}'$，分别取其 x 分量和 y 分量，有

$$v_x = U + v'\cos\alpha \tag{①}$$

$$v_y = v'\sin\alpha \tag{②}$$

以炮车、炮弹为质点系，因为火药爆炸力是内力，故系统在水平方向无外力作用，动量沿 x 方向守恒，即

$$mv_x + MU = 0 \tag{③}$$

由①～③式，解得

$$v_x = \frac{M}{M+m}v'\cos\alpha,\quad v_y = v'\sin\alpha,\quad U = -\frac{m}{M+m}v'\cos\alpha$$

2.3.3 质心运动定理

设质点系有 3 个质点，它们的质量分别为 m_1、m_2、m_3，位矢分别为 $\boldsymbol{r}_1$、$\boldsymbol{r}_2$、$\boldsymbol{r}_3$，定义质点系的质心位矢 $\boldsymbol{r}_c$ 为

$$\boldsymbol{r}_c = \frac{m_1\boldsymbol{r}_1 + m_2\boldsymbol{r}_2 + m_3\boldsymbol{r}_3}{m_1 + m_2 + m_3} \tag{2.3.13}$$

$\boldsymbol{r}_c$ 与位置矢量具有相同的量纲，是系统上的一个特殊点的位置矢量，这个特殊点是系统的质量中心，简称质心. $\boldsymbol{r}_c$ 的物理意义是质点系各个质点的位置矢量对质量的平均值. 令 $M=m_1+m_2+m_3$ 表示质点系的总质量，式(2.3.13)可变成

$$M\boldsymbol{r}_c = m_1\boldsymbol{r}_1 + m_2\boldsymbol{r}_2 + m_3\boldsymbol{r}_3 \tag{2.3.14}$$

为了看出质心的特殊性,将式(2.3.14)两边对时间求导,有

$$M\frac{\mathrm{d}\boldsymbol{r}_c}{\mathrm{d}t}=m_1\frac{\mathrm{d}\boldsymbol{r}_1}{\mathrm{d}t}+m_2\frac{\mathrm{d}\boldsymbol{r}_2}{\mathrm{d}t}+m_3\frac{\mathrm{d}\boldsymbol{r}_3}{\mathrm{d}t} \tag{2.3.15}$$

上式有两个意义:第一,质心速度是质点系各个质点的速度对质量的平均值.第二,右边是三个质点的动量的和即质点系的动量,由此可知系统的动量可以表示成系统的质量与质心速度的乘积,即

$$M\frac{\mathrm{d}\boldsymbol{r}_c}{\mathrm{d}t}=\boldsymbol{p} \tag{2.3.16}$$

将式(2.3.15)两边对时间求导,并利用质点系的动量定理$\frac{\mathrm{d}\boldsymbol{p}}{\mathrm{d}t}=\boldsymbol{F}$,有

$$M\frac{\mathrm{d}^2\boldsymbol{r}_c}{\mathrm{d}t^2}=\boldsymbol{F} \tag{2.3.17}$$

这就是质点系的质心运动定理:质点系的质量与质心加速度的乘积总是等于系统所受一切外力的矢量和.这是质点系的整体行为,就如同系统的所有质量都集中在质心,而且所有外力也都作用于这一点.我们经常关注的是形状不变的所谓刚体的运动,如汽车、飞机、铅球、铁饼等,这样的物体,只不过是在强大的内力作用下各质点之间的位置彼此相对固定而已,在外力作用下的行为,就如同它们的总质量放在质心的质点一样.这也就是我们在许多问题中,把物体视为质点的重要依据之一.

我们以质心为坐标原点建立另一个坐标系,该坐标系的各坐标轴始终与某惯性坐标系相应的坐标轴保持平行,这个坐标系叫作质心坐标系.现在我们来计算质心坐标系中质点系的动量.将某惯性坐标系选为基本参考系,在这个参考系中,已经有了式(2.3.15),代入$M=m_1+m_2+m_3$,该式可表示为$(m_1+m_2+m_3)\boldsymbol{v}_c=m_1\boldsymbol{v}_1+m_2\boldsymbol{v}_2+m_3\boldsymbol{v}_3$,移项后可变为

$$\boldsymbol{0}=m_1(\boldsymbol{v}_1-\boldsymbol{v}_c)+m_2(\boldsymbol{v}_2-\boldsymbol{v}_c)+m_3(\boldsymbol{v}_3-\boldsymbol{v}_c) \tag{2.3.18}$$

上式中$\boldsymbol{v}_1$、$\boldsymbol{v}_2$、$\boldsymbol{v}_3$是绝对速度,$\boldsymbol{v}_c$是质心速度,也就是牵连速度,故$\boldsymbol{v}_1-\boldsymbol{v}_c$、$\boldsymbol{v}_2-\boldsymbol{v}_c$、$\boldsymbol{v}_3-\boldsymbol{v}_c$就是相对速度,也就是质心系下观测的速度.式(2.3.18)的右边表示的就是质点系对质心系的总动量,该式表明这个动量的数值是零,即整个系统对质心系的动量总为零.这一结论可以从另一角度来理解.由式(2.3.15)知系统的动量可以表示成系统的质量与质心速度的乘积,参考系不同,观测的质点系各质点的运动亦不同,质点系的动量就不同.在质心系中观测质心,它在原点处静止不动,就没有速度,由$\boldsymbol{p}=M\boldsymbol{v}'_c$就知道动量是零了.

例2.11　平静的湖面上有一质量为M的船,船长为L,船上站一质量为m的人,开始时人和船静止.问人从船头走到船尾时,船移动的距离.

解　取x轴方向为由船头指向船尾,人和船看成一个系统.由x方向动量守恒,有

$$p_x=Mv_M+mv_m=(M+m)v_c=0 \tag{①}$$

上式的实质就是质心坐标不变,两边对时间变量积分可得

$$Mx_M + mx_m = (M+m)x_c = C_1 \qquad ②$$

即

$$M\Delta x_M + m\Delta x_m = (M+m)\Delta x_c = 0 \qquad ③$$

人从船头走到船尾时,有

$$\int_0^t (v_m - v_M)\mathrm{d}t = \Delta x_m - \Delta x_M = L \qquad ④$$

由③式和④式可求得船移动的距离为

$$\left|\int_0^t v_M \mathrm{d}t\right| = |\Delta x_M| = \frac{mL}{M+m}$$

2.4　动能定理、功能原理和机械能守恒

物体的运动,总是离不开时间和空间.在上一节中,我们假设力只是时间的函数,从牛顿第二定律得出了动量定理.我们会问,力若只是空间坐标的函数,结果会怎么样呢?这正是这一节要解决的问题,我们将讨论力对空间变量的积分,从而找出力对空间的累积作用规律.

2.4.1　功、功率、质点的动能定理

考虑质量为 m 的质点在合外力 $\boldsymbol{F}=\boldsymbol{F}(t)$ 作用下从 A 点运动到 B 点,如图 2.5 所示,取直角坐标系,力 $\boldsymbol{F}=F_x\boldsymbol{i}+F_y\boldsymbol{j}+F_z\boldsymbol{k}$,由 $\boldsymbol{F}=m\left(\frac{\mathrm{d}v_x}{\mathrm{d}t}\boldsymbol{i}+\frac{\mathrm{d}v_y}{\mathrm{d}t}\boldsymbol{j}+\frac{\mathrm{d}v_x}{\mathrm{d}t}\boldsymbol{k}\right)$,有

$$\boldsymbol{F} = m\left(\frac{\mathrm{d}v_x}{\mathrm{d}x}\frac{\mathrm{d}x}{\mathrm{d}t}\boldsymbol{i} + \frac{\mathrm{d}v_y}{\mathrm{d}y}\frac{\mathrm{d}y}{\mathrm{d}t}\boldsymbol{j} + \frac{\mathrm{d}v_z}{\mathrm{d}z}\frac{\mathrm{d}z}{\mathrm{d}t}\boldsymbol{k}\right) = m\left(v_x\frac{\mathrm{d}v_x}{\mathrm{d}x}\boldsymbol{i} + v_y\frac{\mathrm{d}v_y}{\mathrm{d}y}\boldsymbol{j} + v_z\frac{\mathrm{d}v_z}{\mathrm{d}z}\boldsymbol{k}\right) \qquad (2.4.1)$$

两边点乘 $\mathrm{d}\boldsymbol{r}=\mathrm{d}x\boldsymbol{i}+\mathrm{d}y\boldsymbol{j}+\mathrm{d}z\boldsymbol{k}$,可得

$$F_x\mathrm{d}x + F_y\mathrm{d}y + F_z\mathrm{d}z = m(v_x\mathrm{d}v_x + v_y\mathrm{d}v_y + v_z\mathrm{d}v_z) = \mathrm{d}\left[\frac{1}{2}m(v_x^2+v_y^2+v_z^2)\right] \qquad (2.4.2)$$

即

$$\mathrm{d}W = \mathrm{d}E_k \qquad (2.4.3)$$

其中

$$\mathrm{d}W = \boldsymbol{F}\cdot\mathrm{d}\boldsymbol{r} = F_x\mathrm{d}x + F_y\mathrm{d}y + F_z\mathrm{d}z \qquad (2.4.4)$$

是质点在位移 $\mathrm{d}\boldsymbol{r}$ 下力 $\boldsymbol{F}$ 做的元功,$E_k=\frac{1}{2}mv^2=\frac{1}{2}m(v_x^2+v_y^2+v_z^2)$ 叫作质点的

动能.在物理学中,定义功率 P 等于单位时间内力所做的功,即 $P=\dfrac{\mathrm{d}W}{\mathrm{d}t}$,由式(2.4.4),有

$$P=\frac{\boldsymbol{F}\cdot\mathrm{d}\boldsymbol{r}}{\mathrm{d}t}=\boldsymbol{F}\cdot\frac{\mathrm{d}\boldsymbol{r}}{\mathrm{d}t}=\boldsymbol{F}\cdot\boldsymbol{v} \tag{2.4.5}$$

这就是说,功率等于力与物体速度的点乘.在质点从 A 点运动到 B 点过程中,由式(2.4.2)～式(2.4.4)积分得到

$$\int_{r_A}^{r_B}\boldsymbol{F}\cdot\mathrm{d}\boldsymbol{r}=E_{kB}-E_{kA}=\frac{1}{2}mv_B^2-\frac{1}{2}mv_A^2 \tag{2.4.6}$$

$$W=\int_{r_A}^{r_B}\boldsymbol{F}\cdot\mathrm{d}\boldsymbol{r} \tag{2.4.7}$$

W 是外力 $\boldsymbol{F}$ 所做的总功.式(2.4.3)是动能定理的微分形式,式(2.4.6)是动能定理的积分形式.两式的意义是:外力对质点做的(元)功等于质点在这个过程中动能的(元)增量.

若质点同时受 k 个外力的作用,则合力 $\boldsymbol{F}$ 是各力 $\boldsymbol{F}_1,\boldsymbol{F}_2,\cdots,\boldsymbol{F}_k$ 的矢量和,即 $\boldsymbol{F}=\boldsymbol{F}_1+\boldsymbol{F}_2+\cdots+\boldsymbol{F}_k$,代入式(2.4.7),得合力所做的功

$$\begin{aligned}W&=\int_{r_A}^{r_B}\boldsymbol{F}\cdot\mathrm{d}\boldsymbol{r}=\int_{r_A}^{r_B}(\boldsymbol{F}_1+\boldsymbol{F}_2+\cdots+\boldsymbol{F}_k)\cdot\mathrm{d}\boldsymbol{r}\\&=\int_{r_A}^{r_B}\boldsymbol{F}_1\cdot\mathrm{d}\boldsymbol{r}+\int_{r_A}^{r_B}\boldsymbol{F}_2\cdot\mathrm{d}\boldsymbol{r}+\cdots+\int_{r_A}^{r_B}\boldsymbol{F}_k\cdot\mathrm{d}\boldsymbol{r}\end{aligned} \tag{2.4.8}$$

即合力所做的功等于各力分别做功的代数和.

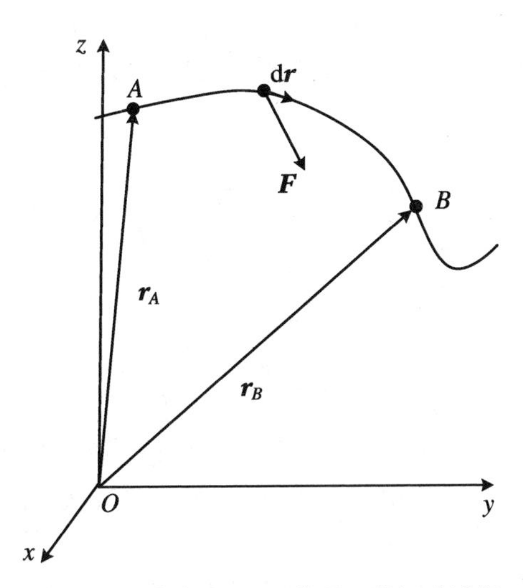

图 2.5　质点在力 $F(t)$ 作用下的运动过程

2.4.2 保守力与势能

将质点从 A 点移动到 B 点，在这个过程中，若力做功只与始末位置有关而与路径无关，则该力就叫作保守力，不妨记为 $\boldsymbol{F}_c$. 由于 $W_c=\int_{\boldsymbol{r}_A}^{\boldsymbol{r}_B}\boldsymbol{F}_c\cdot\mathrm{d}\boldsymbol{r}$ 与路径无关，故 $\boldsymbol{F}_c\cdot\mathrm{d}\boldsymbol{r}$ 可以表示为某标量函数 $-U(x,y,z)$ 的微分，这样就有

$$F_{cx}\mathrm{d}x+F_{cy}\mathrm{d}y+F_{cz}\mathrm{d}z=-\mathrm{d}U(x,y,z) \tag{2.4.9}$$

$U(x,y,z)$就是保守力 $\boldsymbol{F}_c$ 对应的势能. 请注意式中的负号"-"，有了它，我们就可以这样解释式(2.4.9)：在某过程中，保守力所做的功等于其势能的减小，这才符合保守力的物理意义. 将式(2.4.9)积分，得

$$\int_{(x_A,y_A,z_A)}^{(x_B,y_B,z_B)}F_{cx}\mathrm{d}x+F_{cy}\mathrm{d}y+F_{cz}\mathrm{d}z=-[U(x_B,y_B,z_B)-U(x_A,y_A,z_A)] \tag{2.4.9$'$}$$

若取 B 点为势能零点，即令 $U(x_B,y_B,z_B)=0$，省去上式中的 A 角标，可得势能计算公式：

$$U(x,y,z)=\int_{(x,y,z)}^{(x_B,y_B,z_B)}F_{cx}\mathrm{d}x+F_{cy}\mathrm{d}y+F_{cz}\mathrm{d}z \tag{2.4.10}$$

例 2.12 分别用式(2.4.9)、式(2.4.9)$'$和式(2.4.10)计算重力势能，坐标系 $O-xyz$ 的选择如图 2.5 所示.

解法 1 重力做的元功为

$$\boldsymbol{F}_c\cdot\mathrm{d}\boldsymbol{r}=-mg\boldsymbol{k}\cdot\mathrm{d}\boldsymbol{r}=-mg\mathrm{d}z=-\mathrm{d}(mgz)=-\mathrm{d}U$$

故有 $U(z)=mgz+C$，取 $U(0)=0$，得 $C=0$，从而有 $U(z)=mgz$.

解法 2 有

$$\int_{\boldsymbol{r}_A}^{\boldsymbol{r}_B}\boldsymbol{F}_c\cdot\mathrm{d}\boldsymbol{r}=\int_{z_A}^{z_B}(-mg)\mathrm{d}z=-mg(z_B-z_A)=-[U(z_B)-U(z_A)]$$

故有 $U(z_B)=mgz_B+C$，$U(z_A)=mgz_A+C$，则 $U(z)=mgz+C$，常数确定同解法 1.

解法 3 有

$$U=\int_{\boldsymbol{r}}^{0}\boldsymbol{F}_c\cdot\mathrm{d}\boldsymbol{r}=\int_{z}^{0}(-mg)\mathrm{d}z=mgz$$

判断力是否是保守力有两个办法：第一个办法是看该力的元功是否能表示成一个标量函数的微分. 下面给出另一个方法. 由高等数学知识我们知道标量函数 $U(x,y,z)$的微分是

$$\mathrm{d}U(x,y,z)=\frac{\partial U}{\partial x}\mathrm{d}x+\frac{\partial U}{\partial y}\mathrm{d}y+\frac{\partial U}{\partial z}\mathrm{d}z \tag{2.4.11}$$

由式(2.4.9)和式(2.4.11)得

$$F_{cx}=-\frac{\partial U}{\partial x},\quad F_{cy}=-\frac{\partial U}{\partial y},\quad F_{cz}=-\frac{\partial U}{\partial z} \tag{2.4.12}$$

设 $U(x,y,z)$有连续的二阶偏导数,则有$\frac{\partial F_{cy}}{\partial x}=\frac{\partial F_{cx}}{\partial y}=-\frac{\partial^2 U}{\partial x\partial y}$.同理有

$$\frac{\partial F_{cy}}{\partial x}=\frac{\partial F_{cx}}{\partial y},\quad \frac{\partial F_{cy}}{\partial z}=\frac{\partial F_{cz}}{\partial y},\quad \frac{\partial F_{cz}}{\partial x}=\frac{\partial F_{cx}}{\partial z} \tag{2.4.13}$$

若力满足式(2.4.13),则该力就是保守力.

例 2.13　如图 2.6 所示,内壁光滑的金属管的一端连接在原点 O 处,管可以绕 O 点转动,管内有一劲度系数为 k 的轻弹簧和小球相连,弹簧的另一端也连接在原点 O 处,取弹簧的长度为自然长度 l_0 时弹力的势能为零.(1) 写出小球在任意位置(x,y,z)处所受的弹力 $\boldsymbol{F}$ 的表达式.(2) 用式(2.4.13)证明弹力 $\boldsymbol{F}$ 为保守力.(3) 计算球在任意位置(x,y,z)处时的弹力势能.

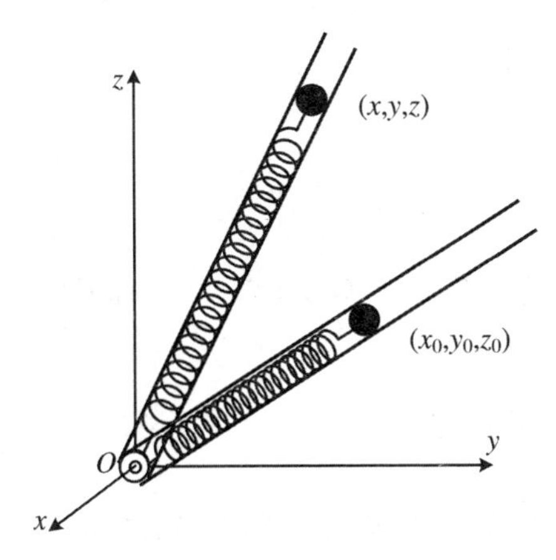

图 2.6　例 2.11 示意图

解　(1) 小球在任意位置(x,y,z)处时,$r=\sqrt{x^2+y^2+z^2}$,弹簧的伸长量是$\Delta r=r-l_0$,弹力是

$$\boldsymbol{F}=-k\Delta l\,\frac{\boldsymbol{r}}{r}=-k(\sqrt{x^2+y^2+z^2}-l_0)\,\frac{x\boldsymbol{i}+y\boldsymbol{j}+z\boldsymbol{k}}{\sqrt{x^2+y^2+z^2}}$$

(2) 由上式可得

$$F_x=-k(r-l_0)\,\frac{x}{r},\quad F_y=-k(r-l_0)\,\frac{y}{r},\quad F_z=-k(r-l_0)\,\frac{z}{r}$$

由式(2.4.13)计算可得

$$\begin{aligned}\frac{\partial F_{cx}}{\partial y}&=kl_0x\,\frac{\partial}{\partial y}\,(x^2+y^2+z^2)^{-\frac{1}{2}}=-\frac{1}{2}kl_0x\,(x^2+y^2+z^2)^{-\frac{3}{2}}(2y)\\&=-kl_0\,\frac{xy}{r^3}=\frac{\partial F_{cy}}{\partial x}\end{aligned}$$

同理可得$\frac{\partial F_{cy}}{\partial z}=\frac{\partial F_{cz}}{\partial y}=-kl_0\,\frac{yz}{r^3}$,$\frac{\partial F_{cx}}{\partial z}=\frac{\partial F_{cz}}{\partial x}=-kl_0\,\frac{xz}{r^3}$,故弹力为保守力.

(3) 因为

$$\boldsymbol{F}\cdot\mathrm{d}\boldsymbol{r}=-k\Delta l\,\frac{\boldsymbol{r}\cdot\mathrm{d}\boldsymbol{r}}{r}=-k(r-l_0)\frac{x\mathrm{d}x+y\mathrm{d}y+z\mathrm{d}z}{\sqrt{x^2+y^2+z^2}}$$
$$=-\frac{k(r-l_0)}{2}\frac{\mathrm{d}(x^2+y^2+z^2)}{\sqrt{x^2+y^2+z^2}}$$

即

$$\boldsymbol{F}\cdot\mathrm{d}\boldsymbol{r}=-\frac{k(r-l_0)}{2}\frac{\mathrm{d}r^2}{r}=-k(r-l_0)\mathrm{d}r=-\mathrm{d}\frac{k(r-l_0)^2}{2}=-\mathrm{d}U$$

所以有 $U(r)=\dfrac{k(r-l_0)^2}{2}+C$，由 $U(l_0)=0$ 得 $C=0$，故得 $U(r)=\dfrac{k(r-l_0)^2}{2}$.

例 2.14　已知万有引力势能为 $E_\mathrm{p}=-G\dfrac{mM}{r}$，试计算出万有引力的表达式.

解　取 M 的位置为原点 O，设 m 的位置为 (x,y,z)，由式(2.4.12)得 m 受到的一个引力分量是

$$F_{cx}=-\frac{\partial E_\mathrm{p}}{\partial x}=GMm\frac{\partial r^{-1}}{\partial x}=-GMm\frac{x}{r^3}$$

同理可得 $F_{cy}=-GMm\dfrac{y}{r^3}$，$F_{cz}=-GMm\dfrac{z}{r^3}$，从而有 $\boldsymbol{F}=-GMm\dfrac{\boldsymbol{r}}{r^3}$.

2.4.3　质点系的动能定理

设系统由三个质点组成，三个质点的质量分别为 m_1、m_2、m_3，位矢分别为 $\boldsymbol{r}_1$、$\boldsymbol{r}_2$、$\boldsymbol{r}_3$. 设第一个质点所受到的合外力为 $\boldsymbol{F}_1$，受到的内力为 $\boldsymbol{f}_1=\boldsymbol{f}_{12}+\boldsymbol{f}_{13}$；第二个质点所受到的合外力为 $\boldsymbol{F}_2$，受到的内力为 $\boldsymbol{f}_2=\boldsymbol{f}_{21}+\boldsymbol{f}_{23}$；第三个质点所受到的合外力为 $\boldsymbol{F}_3$，受到的内力为 $\boldsymbol{f}_3=\boldsymbol{f}_{31}+\boldsymbol{f}_{32}$. 各个质点的运动满足动能定理，因而有 $\mathrm{d}E_{\mathrm{k}1}=(\boldsymbol{F}_1+\boldsymbol{f}_{12}+\boldsymbol{f}_{13})\cdot\mathrm{d}\boldsymbol{r}_1$、$\mathrm{d}E_{\mathrm{k}2}=(\boldsymbol{F}_2+\boldsymbol{f}_{21}+\boldsymbol{f}_{23})\cdot\mathrm{d}\boldsymbol{r}_2$ 和 $\mathrm{d}E_{\mathrm{k}3}=(\boldsymbol{F}_3+\boldsymbol{f}_{21}+\boldsymbol{f}_{23})\cdot\mathrm{d}\boldsymbol{r}_3$，将这三个式子相加，得

$$\mathrm{d}E_\mathrm{k}=\boldsymbol{F}_1\cdot\mathrm{d}\boldsymbol{r}_1+\boldsymbol{F}_2\cdot\mathrm{d}\boldsymbol{r}_2+\boldsymbol{F}_3\cdot\mathrm{d}\boldsymbol{r}_3+(\boldsymbol{f}_{12}+\boldsymbol{f}_{13})\cdot\mathrm{d}\boldsymbol{r}_1+(\boldsymbol{f}_{21}+\boldsymbol{f}_{23})\cdot\mathrm{d}\boldsymbol{r}_2+(\boldsymbol{f}_{31}+\boldsymbol{f}_{32})\cdot\mathrm{d}\boldsymbol{r}_3 \tag{2.4.14}$$

其中 $E_\mathrm{k}=E_{\mathrm{k}1}+E_{\mathrm{k}2}+E_{\mathrm{k}3}$ 是系统总动能. 以 $\mathrm{d}W_\mathrm{ex}=\boldsymbol{F}_1\cdot\mathrm{d}\boldsymbol{r}_1+\boldsymbol{F}_2\cdot\mathrm{d}\boldsymbol{r}_2+\boldsymbol{F}_3\cdot\mathrm{d}\boldsymbol{r}_3$ 表示外力做的功，以

$$\mathrm{d}W_\mathrm{in}=(\boldsymbol{f}_{12}+\boldsymbol{f}_{13})\cdot\mathrm{d}\boldsymbol{r}_1+(\boldsymbol{f}_{21}+\boldsymbol{f}_{23})\cdot\mathrm{d}\boldsymbol{r}_2+(\boldsymbol{f}_{31}+\boldsymbol{f}_{32})\cdot\mathrm{d}\boldsymbol{r}_3 \tag{2.4.15}$$

表示内力做的功，则式(2.4.14)变成

$$\mathrm{d}E_\mathrm{k}=\mathrm{d}W_\mathrm{ex}+\mathrm{d}W_\mathrm{in} \tag{2.4.16}$$

对于有限的过程，只需对上式积分，即有

$$\Delta E_\mathrm{k}=W_\mathrm{ex}+W_\mathrm{in} \tag{2.4.17}$$

式中 $\Delta E_\mathrm{k}=E_{\mathrm{k}t}-E_{\mathrm{k}0}$，右边第一项 W_ex 是质点系由初状态变化到末状态过程中外

力所做的功之和,第二项 W_{in}是在此过程中成对内力所做的功之和.由此可见系统总动能的(元)增量等于所有外力和内力所做的(元)功的代数和.这一结论称为质点系的动能定理.这个结论对任意 N 个质点构成的系统同样适用.

应当注意,内力总是成对出现的,如图 2.7 所示.虽然系统中各质点间相互作用的内力和为零,但内力所做的功之和一般不为零.我们不妨计算和研究一下式(2.4.15)中一对内力 $\boldsymbol{f}_{12}$和 $\boldsymbol{f}_{21}$所做的元功之和 $\boldsymbol{f}_{12}\cdot \mathrm{d}\boldsymbol{r}_1+\boldsymbol{f}_{21}\cdot \mathrm{d}\boldsymbol{r}_2$ 有何特点,看看在什么情况下可以为零.

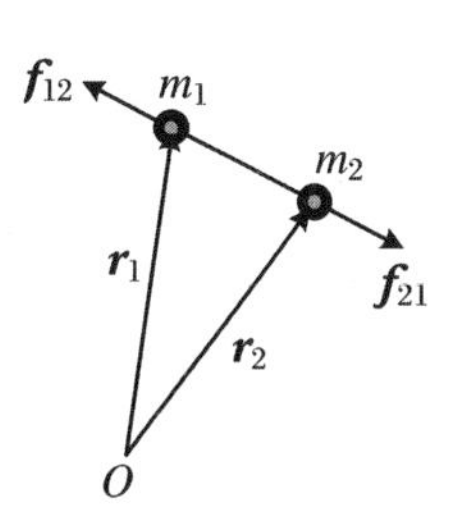

图 2.7　内力做的功

例 2.15　根据牛顿第三定律,作用力与反作用力大小相等、方向相反,试由此证明:一对内力所做的功之和与参照系的选择无关,并讨论在什么情况下可以为零.

证明　如图 2.8 所示,取有相互作用的两个质点,任选一参考系,在该系中取定点 O.设第一个质点相对于定点 O 的位矢是 $\boldsymbol{r}_1$,位移为 $\mathrm{d}\boldsymbol{r}_1$;第二个质点相对于 O 的位矢是 $\boldsymbol{r}_2$,位移为 $\mathrm{d}\boldsymbol{r}_2$.第一个质点所受的内力为 $\boldsymbol{f}_{12}$,第二个质点所受的内力为 $\boldsymbol{f}_{21}$,则 $\boldsymbol{f}_{12}$与 $\boldsymbol{f}_{21}$大小相等、方向相反.$\boldsymbol{f}_{12}$与 $\boldsymbol{f}_{21}$做功之和为

$$\mathrm{d}W=\boldsymbol{f}_{12}\cdot \mathrm{d}\boldsymbol{r}_1+\boldsymbol{f}_{21}\cdot \mathrm{d}\boldsymbol{r}_2=\boldsymbol{f}_{12}\cdot(\mathrm{d}\boldsymbol{r}_1-\mathrm{d}\boldsymbol{r}_2)=\boldsymbol{f}_{12}\cdot \mathrm{d}\boldsymbol{r} \quad (2.4.18)$$

其中 $\boldsymbol{r}=\boldsymbol{r}_1-\boldsymbol{r}_2$ 是质点 1 相对于质点 2 的相对位矢.设 $\boldsymbol{f}_{12}$与 $\mathrm{d}\boldsymbol{r}$ 间的夹角为 α(参见图 2.8),由上式得

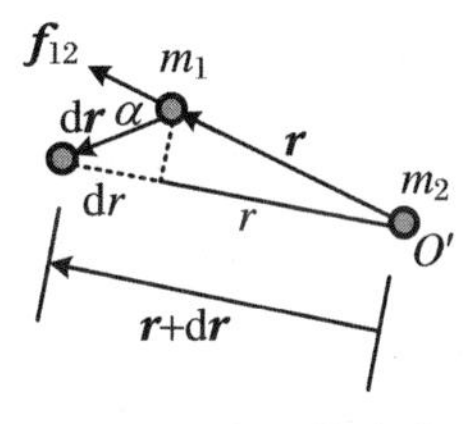

图 2.8　内力做的功

$$\mathrm{d}W=|\boldsymbol{f}_{12}|\cdot|\mathrm{d}\boldsymbol{r}|\cos\alpha=|\boldsymbol{f}_{12}|\mathrm{d}r$$

由于$|\boldsymbol{f}_{12}|$和两质点间的相对距离 $r=|\boldsymbol{r}_{12}|=|\boldsymbol{r}_1-\boldsymbol{r}_2|$与参考系的选择无关,因此不论在什么参考系下进行计算,$\mathrm{d}W$ 之值均相同,即一对内力所做的功之和与参考系的选择无关.对一般质点组来讲,$\mathrm{d}r\neq 0$,故内力做功一般不等于零.当 $\mathrm{d}r\equiv 0$ 或 $\alpha\equiv\frac{\pi}{2}$时,就有 $\mathrm{d}W$ 始终等于零,如对于刚体而言,两质点间的相对距离 r 不变,所以有 $\mathrm{d}r\equiv 0$,故刚体的所有内力做功的代数和恒为零.

2.4.4　功能原理和机械能守恒定律

引入了保守力和势能的概念后,我们可以改写质点(系)动能定理的表达式.质点(系)的动能定理的微分表达式可以统一写成 $\mathrm{d}E_k=\mathrm{d}W$.$\mathrm{d}E_k$ 是质点(系)动能的元增量,$\mathrm{d}W$ 对质点来说是外力的元功,而对质点系,是包括外力的功与内力的功的和.现在我们把 $\mathrm{d}W$ 分成两部分,即看成保守力做的功 $\mathrm{d}W_c$ 和非保守力做的功 $\mathrm{d}W_{nc}$的和,$\mathrm{d}W=\mathrm{d}W_c+\mathrm{d}W_{nc}$,则有

$$\mathrm{d}E_k=\mathrm{d}W_c+\mathrm{d}W_{nc}$$

而保守力做的功等于势能的减少，$\mathrm{d}W_c = -\mathrm{d}E_p$，代入上式，可得

$$\mathrm{d}E_k + \mathrm{d}E_p = \mathrm{d}W_{nc}$$

令 $E = E_k + E_p$，有 $\mathrm{d}E = \mathrm{d}(E_k + E_p) = \mathrm{d}E_k + \mathrm{d}E_p$，上式变为

$$\mathrm{d}E = \mathrm{d}W_{nc} \tag{2.4.19}$$

这里 $E = E_k + E_p$，叫作质点(系)的机械能. 式(2.4.19)表明：在物体做机械运动过程中，非保守力做功等于系统机械能的增量，这就是功能原理.

根据式(2.4.19)，当 $\mathrm{d}W_{nc} = 0$ 时，$\mathrm{d}E = 0$，E = 常量或积分得 $\Delta E_p = -\Delta E_k$，这就是机械能转换与守恒定律：如果系统只有保守力做功，则系统的机械能保持不变，动能和势能可以相互转换.

2.5 碰　　撞

在日常生活中，我们常可以看到两个做相对运动的物体，接触并迅速改变其运动状态的现象，如打桩、锻压、击球等. 力学中常见的碰撞模型是两个球的正碰，即两球碰前的速度方向都在两球心的连线上，也称为球的对心碰撞. 由于碰撞过程十分短暂，碰撞物体间的冲力远比周围物体给它们的力大，后者的作用可以忽略，这两物体组成的系统的动量守恒，但机械能不一定守恒.

如果两球的弹性都很好，碰撞时因变形而储存的势能，在分离时能完全转换为动能，机械能没有损失，这样的碰撞就称为完全弹性碰撞，钢球的碰撞接近这种情况. 如果是塑性球间的碰撞，其形变完全不能恢复，碰撞后两球同速运动，很大部分的机械能通过内摩擦转化为其他形式的能量，如发热，称完全非弹性碰撞，如用冲击摆测子弹速度的碰撞就属于这种模型. 介于两者之间的，即两球分离时只部分地恢复原状的，称非完全弹性碰撞，此时机械能的损失介于前述两类碰撞之间.

考虑两球的对心碰撞. 在碰撞时，相互作用力沿着最初运动所在的直线方向，因此，碰撞后仍将沿着这条直线运动. 假定碰前质量为 m_1 和 m_2 的小球分别以速度 v_{10} 和 v_{20}($v_{10} > v_{20}$)向右运动，碰撞后速度分别是 v_1 和 v_2($v_1 < v_2$)，如图 2.9 所示. 由动量守恒有

$$m_1 v_{10} + m_2 v_{20} = m_1 v_1 + m_2 v_2 \tag{2.5.1}$$

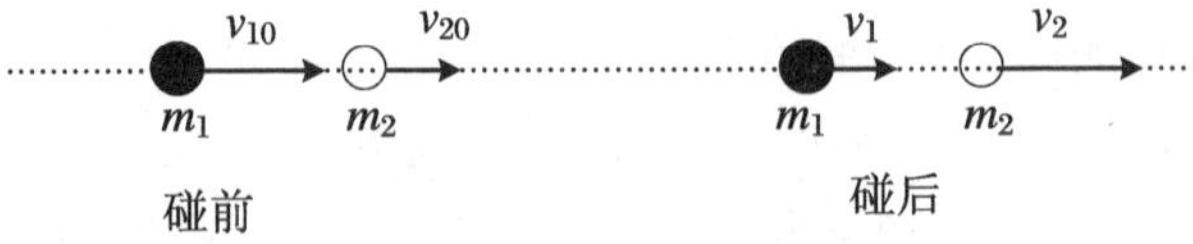

v_{10}　v_{20}　v_1　v_2
m_1　m_2　m_1　m_2
碰前　碰后

图 2.9　球的对心碰撞模型

牛顿在碰撞实验中得到的碰撞定律指出：在两小球的连线方向，碰撞后的分离

速度 v_2-v_1 与碰前的接近速度 $v_{10}-v_{20}$ 成正比,其比值系数 e 与材料的性质有关,即

$$v_2 - v_1 = e(v_{10} - v_{20}) \tag{2.5.2}$$

其中 $e(0\leqslant e\leqslant 1)$ 称为恢复系数.

联立式(2.5.1)、式(2.5.2)可求得碰后的速度为

$$v_1 = v_{10} - (1+e)(v_{10} - v_{20})\frac{m_2}{m_1+m_2} \tag{2.5.3}$$

$$v_2 = v_{20} - (1+e)(v_{20} - v_{10})\frac{m_1}{m_1+m_2} \tag{2.5.4}$$

2.5.1　完全弹性碰撞

当 $e=1$ 时,有 $v_2-v_1=v_{10}-v_{20}$,即碰撞后的分离速度与碰前的接近速度相等,可以证明两球碰撞前后的总动能不变:

$$\frac{1}{2}m_1 v_{10}^2 + \frac{1}{2}m_2 v_{20}^2 = \frac{1}{2}mv_1^2 + \frac{1}{2}mv_2^2 \tag{2.5.5}$$

表明在碰撞的过程中机械能不变,故将这种碰撞叫作完全弹性碰撞.在这种情况下,式(2.5.3)和式(2.5.4)变成

$$v_1 = \frac{(m_1-m_2)v_{10} + 2m_2 v_{20}}{m_1+m_2} \tag{2.5.6}$$

$$v_2 = \frac{(m_2-m_1)v_{20} + 2m_1 v_{10}}{m_1+m_2} \tag{2.5.7}$$

讨论　(1) $m_1=m_2$ 时, $v_2=v_{10}$, $v_1=v_{20}$,两球交换速度,由于质量相等,也就等价于两球交换动量而总动量不变,或两球交换动能而总动能不变.

(2) $v_{20}=0$ 时,若 $m_2\gg m_1$,则 $v_1\approx -v_{10}$ 且 $v_2\approx 0$,表明用质量很小的球撞质量很大的静止物体,质量大的物体几乎不动,质量小的球的速度差不多等值反向;若 $m_2\ll m_1$,则 $v_1\approx v_{10}$ 且 $v_2\approx 2v_{10}$,表明用质量很大的球撞质量很小的静止物体,质量大的球的速度几乎不变,质量小的物体的速度变为质量大的球的初速度的两倍.

2.5.2　完全非弹性碰撞

当 $e=0$ 时,有 $v_2-v_1=0$, $v_2=v_1=v$,即碰撞后的两球速度相等,表明在碰撞过程中发生的压缩形变完全不能恢复,内力做负功,且动能损失最大,这种碰撞就叫作完全非弹性碰撞.在这种情况下,直接由式(2.5.1)可得

$$v = \frac{m_1 v_{10} + m_2 v_{20}}{m_1+m_2} \tag{2.5.8}$$

可以证明,碰撞前后的动能损失为

$$\Delta E = \frac{m_1 m_2 (v_{10} - v_{20})^2}{2(m_1 + m_2)} \tag{2.5.9}$$

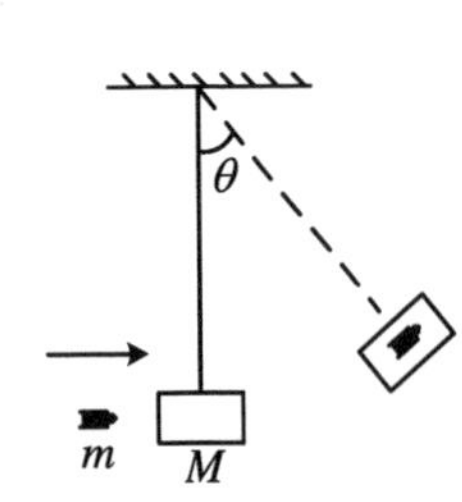

图 2.10 冲击摆原理图

例 2.16 冲击摆是一种测量子弹速率的装置.如图2.10所示,长为 l 的绳子,其一端固定,另一端悬挂着质量为 M 的砂箱,质量为 m 的弹丸以一定的水平速度击中砂箱,弹丸陷入箱内,使砂箱摆至某一高度.设砂箱的最大偏角为 θ,试计算弹丸入射时的速率.($M \gg m$)

解 整个过程可分为两个阶段.第一阶段,子弹击中砂箱并陷入箱内的过程为完全非弹性碰撞,设子弹速率为 v,共同速率为 V,由动量守恒有

$$(m + M)V = mv \quad ①$$

第二阶段,子弹和砂箱以共同的速率 V 运动到最大高度的过程中机械能守恒:

$$\frac{1}{2}(m + M)V^2 = (m + M)gl(1 - \cos\theta) \quad ②$$

联立①、②式,消去 V,解得弹丸入射速率为

$$v = \frac{(m + M)}{m}\sqrt{2gl(1 - \cos\theta)} \approx \frac{M}{m}\sqrt{2gl(1 - \cos\theta)}$$

例 2.17 证明:对于完全非弹性碰撞,碰撞前后的动能损失为 $\Delta E = \dfrac{m_1 m_2 (v_{10} - v_{20})^2}{2(m_1 + m_2)}$.

证明 由动能定理,动能损失等于内力做功的大小,而内力做功与参考系无关,故可以选速度为 v_{20} 的平动参考系来计算动能损失.在这个参考系下,质量为 m_1 和 m_2 的小球碰前的速度分别为 $V_{10} = v_{10} - v_{20}$,$V_{20} = 0$,即碰前的动能是

$$E_1 = \frac{1}{2}m_1 V_{10}^2 = \frac{1}{2}m_1 (v_{10} - v_{20})^2 \quad ①$$

设质量为 m_1 和 m_2 的小球碰后的共同速度为 V,由动量守恒知 $(m_1 + m_2)V = m_1 V_{10}$,故碰后的动能是

$$E_2 = \frac{1}{2}(m_1 + m_2)V^2 = \frac{[(m_1 + m_2)V]^2}{2(m_1 + m_2)} = \frac{m_1^2 (v_{10} - v_{20})^2}{2(m_1 + m_2)} \quad ②$$

两式相减得

$$E_1 - E_2 = \frac{m_1 (v_{10} - v_{20})^2}{2}\left(1 - \frac{m_1}{m_1 + m_2}\right) = \frac{m_1 m_2 (v_{10} - v_{20})^2}{2(m_1 + m_2)}$$

2.6 角动量(动量矩)定理与角动量守恒定律

当我们开门或关门时,门会绕一固定的轴转动,描述物体绕某定点或轴转动状

态的物理量是角动量，而改变物体绕某定点或轴转动状态的物理量是力矩.在这一节里，我们将从牛顿运动定律出发，计算质点或质点系(物体)绕固定点转动的一般规律，为研究刚体的定轴转动问题打下基础.

2.6.1　质点的角动量(动量矩)定理与角动量守恒

质量为 m 的质点在合外力 $\boldsymbol{F}$ 作用下的动量是 $\boldsymbol{p}=m\boldsymbol{v}$，$\boldsymbol{v}=\dfrac{\mathrm{d}\boldsymbol{r}}{\mathrm{d}t}$是质点的速度.取原点 O 为参考点，根据牛顿第二定律，有 $\boldsymbol{F}=\dfrac{\mathrm{d}\boldsymbol{p}}{\mathrm{d}t}$，用质点的位矢 $\boldsymbol{r}$ 叉乘此式，得

$$\boldsymbol{r}\times\boldsymbol{F}=\boldsymbol{r}\times\frac{\mathrm{d}\boldsymbol{p}}{\mathrm{d}t}\tag{2.6.1}$$

因为$\dfrac{\mathrm{d}}{\mathrm{d}t}(\boldsymbol{r}\times\boldsymbol{p})=\boldsymbol{r}\times\dfrac{\mathrm{d}\boldsymbol{p}}{\mathrm{d}t}+\dfrac{\mathrm{d}\boldsymbol{r}}{\mathrm{d}t}\times\boldsymbol{p}=\boldsymbol{r}\times\dfrac{\mathrm{d}\boldsymbol{p}}{\mathrm{d}t}+\boldsymbol{v}\times m\boldsymbol{v}=\boldsymbol{r}\times\dfrac{\mathrm{d}\boldsymbol{p}}{\mathrm{d}t}$，于是得

$$\boldsymbol{r}\times\boldsymbol{F}=\frac{\mathrm{d}}{\mathrm{d}t}(\boldsymbol{r}\times\boldsymbol{p})\tag{2.6.2}$$

上式中左边的量 $\boldsymbol{r}\times\boldsymbol{F}$，正是反映力引起转动状态改变的物理量，我们把它称为对 O 点的力矩，用 $\boldsymbol{M}$ 表示，即有

$$\boldsymbol{M}=\boldsymbol{r}\times\boldsymbol{F}\tag{2.6.3}$$

按照矢量叉积的性质，力矩的方向由右手螺旋法则确定，力矩 $\boldsymbol{M}$ 既垂直于$\boldsymbol{r}$ 也与$\boldsymbol{F}$垂直，如图 2.11(a)所示.力矩的大小为

$$M=Fr\sin\theta\tag{2.6.4}$$

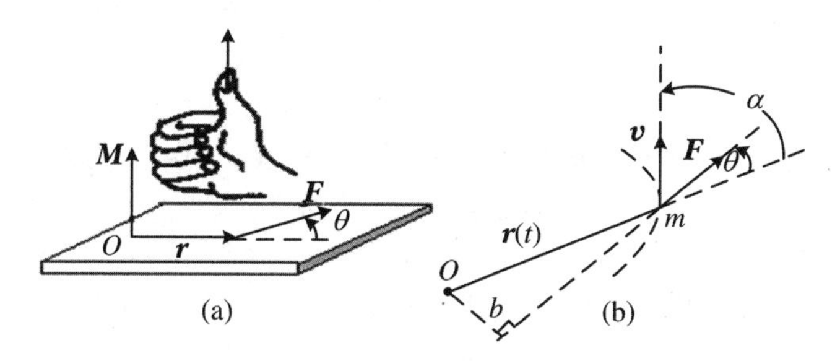

图 2.11　力矩概念的说明

θ 是$\boldsymbol{r}$ 与 $\boldsymbol{F}$ 之间的夹角.令 $b=r\sin\theta$ 为力臂，它是 O 点到力的作用线的垂直距离.因此，力矩的大小等于力与力臂的乘积，$M=Fb$.另外，若令 $F_{\perp}=F\sin\theta$ 表示与 $\boldsymbol{r}$ 垂直的力的分量，则有 $M=F_{\perp}r$.式(2.6.3)也可写成如下形式：

$$\boldsymbol{M}=\begin{vmatrix}\boldsymbol{i} & \boldsymbol{j} & \boldsymbol{k}\\ x & y & z\\ F_x & F_y & F_z\end{vmatrix}\tag{2.6.5}$$

应用行列式的计算可得 $\boldsymbol{M}$ 的z 分量是$M_z=xF_y-yF_x$.由于 F_z 不能引起绕z 轴的

转动效应,而 $F_x\boldsymbol{i}+F_y\boldsymbol{j}$ 在与 $O-xy$ 平行的平面内,它可以产生绕 z 轴的转动效应,故我们可以说,$\boldsymbol{M}$ 的 z 分量就是质点对 z 轴的力矩.

类似于力矩的定义,可以定义 $\boldsymbol{r}\times\boldsymbol{p}=\boldsymbol{r}\times m\boldsymbol{v}$ 为对 O 点的动量矩,由于它也表示对 O 点的转动状态,比方说在定轴转动中可以表示为一常量与角速度的乘积,故也叫角动量,常用 $\boldsymbol{L}$ 表示,即

$$\boldsymbol{L}=\boldsymbol{r}\times\boldsymbol{p} \tag{2.6.6}$$

角动量是矢量,它垂直于位矢 $\boldsymbol{r}$ 与动量 $\boldsymbol{p}$ 组成的平面,如图 2.11(a)所示.角动量的大小可由下式计算:

$$L=rp\sin\alpha=rmv\sin\alpha \tag{2.6.7}$$

式中 α 是位置矢量 $\boldsymbol{r}$ 和动量 $\boldsymbol{p}$ 之间的夹角.因为 $v_\perp=v\sin\alpha$ 表示与 $\boldsymbol{r}$ 垂直的速度分量,它等效于质点绕 O 点做半径为 r 的圆周运动的速度 ωr,ω 为等效的角速度,则有 $L=rmv_\perp=mr^2\omega$,令 $I=mr^2$,称 I 为转动惯量,有 $L=I\omega$.类比于动量 $\boldsymbol{p}=m\boldsymbol{v}$,$L$ 被称为角动量.最后式(2.6.1)可表示为

$$\boldsymbol{M}=\frac{\mathrm{d}\boldsymbol{L}}{\mathrm{d}t} \tag{2.6.8}$$

这就是角动量定理:物体受到的力矩等于它的角动量的变化率.如果力矩为零,则有

$$\boldsymbol{L}=\text{常矢量} \tag{2.6.9}$$

这就是角动量守恒定律.

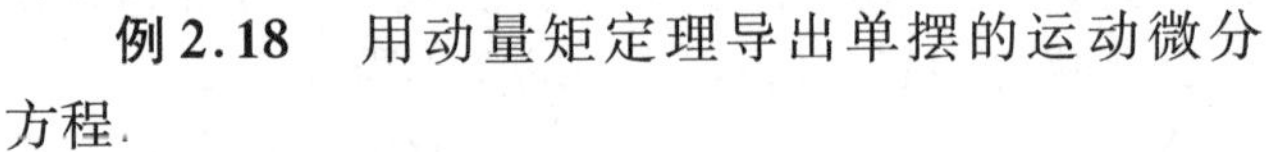

例 2.18　用动量矩定理导出单摆的运动微分方程.

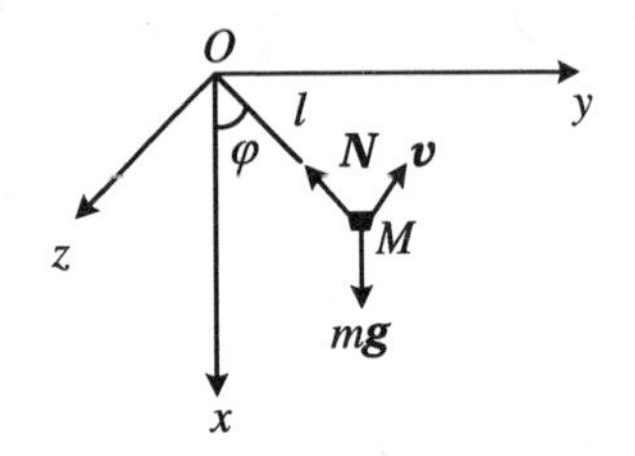

图 2.12　单摆运动分析图

解　设单摆摆锤质量为 m,轻绳长度为 l,悬挂在固定点 O,并设摆动所在平面为 $O-xy$ 平面,建立如图 2.12 所示坐标系.受力分析如图 2.12 所示:重力 $m\boldsymbol{g}$,约束力 $\boldsymbol{N}$.因 $\boldsymbol{N}$ 过 O 点,力矩为零,只有 $m\boldsymbol{g}$ 对点 O 有力矩贡献.从而有

$$\boldsymbol{M}=\overrightarrow{OM}\times m\boldsymbol{g}=\begin{vmatrix}\boldsymbol{i} & \boldsymbol{j} & \boldsymbol{k}\\ l\cos\varphi & l\sin\varphi & 0\\ mg & 0 & 0\end{vmatrix}=-mgl\sin\varphi\boldsymbol{k}$$

再算对 O 点的动量矩.设锤的速度为 $v=l\dfrac{\mathrm{d}\varphi}{\mathrm{d}t}$,有

$$\boldsymbol{L}=\overrightarrow{OM}\times m\boldsymbol{v}=\begin{vmatrix}\boldsymbol{i} & \boldsymbol{j} & \boldsymbol{k}\\ l\cos\varphi & l\sin\varphi & 0\\ -mv\sin\varphi & mv\cos\varphi & 0\end{vmatrix}=mlv\boldsymbol{k}=ml^2\frac{\mathrm{d}\varphi}{\mathrm{d}t}\boldsymbol{k}$$

由 $\dfrac{\mathrm{d}\boldsymbol{L}}{\mathrm{d}t}=\boldsymbol{M}$,得 $ml^2\dfrac{\mathrm{d}^2\varphi}{\mathrm{d}t^2}\boldsymbol{k}=-mgl\sin\varphi\boldsymbol{k}$,故得单摆的运动微分方程为

$$\frac{d^2\varphi}{dt^2}+\frac{g}{l}\sin\varphi=0$$

例 2.19　质点所受的力,如恒通过某一个定点,则质点必在一平面上运动,试证明之.

证明　力所通过的那个定点叫作力心.如取这个定点为坐标系的原点,则质点的位矢 $\boldsymbol{r}$ 与 $\boldsymbol{F}$ 同线,因而 $\boldsymbol{r}\times\boldsymbol{F}=\boldsymbol{0}$,故 $\boldsymbol{L}$ 为一恒矢量.由 $\boldsymbol{L}=\boldsymbol{r}\times\boldsymbol{p}=\boldsymbol{r}\times m\boldsymbol{v}$,知

$$m\left(y\frac{dz}{dt}-z\frac{dy}{dt}\right)=L_{x0} \quad ①$$

$$m\left(z\frac{dx}{dt}-x\frac{dz}{dt}\right)=L_{y0} \quad ②$$

$$m\left(x\frac{dy}{dt}-y\frac{dx}{dt}\right)=L_{z0} \quad ③$$

用 x 乘①式,y 乘②式,z 乘③式,然后相加,得

$$L_{x0}x+L_{y0}y+L_{z0}z=0 \quad ④$$

由解析几何知识,知④式代表一个平面方程,故质点只能在这个平面上运动.

例 2.20　哈雷慧星绕太阳运动的轨道是一个椭圆,太阳位于椭圆的一个焦点.哈雷慧星离太阳最近距离为 $r_1=8.75\times10^{10}$(m)时的速率是 $v_1=5.46\times10^4$($\mathrm{m\cdot s^{-1}}$),离太阳最远时的速率是 $v_2=9.08\times10^2$($\mathrm{m\cdot s^{-1}}$),求这时它离太阳的距离 r_2.

解　哈雷彗星绕太阳运动时受到太阳的引力为有心力,所以角动量守恒;又由于哈雷彗星在近日点及远日点时的速度都与轨道半径垂直,故有 $r_1mv_1=r_2mv_2$,由此得

$$r_2=\frac{r_1v_1}{v_2}=\frac{8.75\times10^{10}\times5.46\times10^4}{9.08\times10^2}=5.26\times10^{12}(\mathrm{m})$$

2.6.2　质点系的角动量定理与角动量守恒

下面以两个质点构成的质点系的情形来推导质点系的角动量定理与角动量守恒,其结论对于由多个质点构成的质点系情形亦成立.

对第一个质点,设质量为 m_1,受合外力 $\boldsymbol{F}_1$、内力 $\boldsymbol{f}_{12}$ 作用,动量是 $\boldsymbol{p}_1=m_1\boldsymbol{v}_1$,$\boldsymbol{v}_1=\dfrac{d\boldsymbol{r}_1}{dt}$是质点的速度.根据牛顿第二定律,有 $\boldsymbol{F}_1+\boldsymbol{f}_{12}=\dfrac{d\boldsymbol{p}_1}{dt}$,取原点 O 为参考点,用质点的位矢 $\boldsymbol{r}_1$ 叉乘上式两边,得

$$\boldsymbol{r}_1\times\boldsymbol{F}_1+\boldsymbol{r}_1\times\boldsymbol{f}_{12}=\frac{d}{dt}(\boldsymbol{r}_1\times\boldsymbol{p}_1) \quad (2.6.10)$$

同理,对第二个质点,有

$$\boldsymbol{r}_2\times\boldsymbol{F}_2+\boldsymbol{r}_2\times\boldsymbol{f}_{21}=\frac{d}{dt}(\boldsymbol{r}_2\times\boldsymbol{p}_2) \quad (2.6.11)$$

两式相加,得

$$\boldsymbol{r}_1 \times \boldsymbol{F}_1 + \boldsymbol{r}_2 \times \boldsymbol{F}_2 + \boldsymbol{r}_1 \times \boldsymbol{f}_{12} + \boldsymbol{r}_2 \times \boldsymbol{f}_{21} = \frac{\mathrm{d}}{\mathrm{d}t}(\boldsymbol{r}_1 \times \boldsymbol{p}_1 + \boldsymbol{r}_2 \times \boldsymbol{p}_2) \tag{2.6.12}$$

以 $\boldsymbol{M}_e = \boldsymbol{r}_1 \times \boldsymbol{F}_1 + \boldsymbol{r}_2 \times \boldsymbol{F}_2$ 表示外力矩的矢量和,$\boldsymbol{L} = \boldsymbol{r}_1 \times \boldsymbol{p}_1 + \boldsymbol{r}_2 \times \boldsymbol{p}_2$ 表示系统的总角动量,而 $\boldsymbol{r}_1 \times \boldsymbol{f}_{12} + \boldsymbol{r}_2 \times \boldsymbol{f}_{21} = \boldsymbol{r}_1 \times \boldsymbol{f}_{12} - \boldsymbol{r}_2 \times \boldsymbol{f}_{12} = (\boldsymbol{r}_1 - \boldsymbol{r}_2) \times \boldsymbol{f}_{12} = \boldsymbol{0}$,式(2.6.12)变为

$$\boldsymbol{M}_e = \frac{\mathrm{d}\boldsymbol{L}}{\mathrm{d}t} \tag{2.6.13}$$

这就是质点系的角动量定理,其形式上与质点的角动量定理相同.注意在这里,$\boldsymbol{M}_e$ 是质点系所有外力矩的矢量和,而 $\boldsymbol{L}$ 是系统的总角动量.

习 题 2

2.1 两个物体 A 和 B,它们的质量分别为 $m_1 = 0.2\ \mathrm{kg}$ 和 $m_2 = 0.1\ \mathrm{kg}$,用一根绳子相连,物体 B 从一无摩擦的滑轮挂下来,物体 A 则放在桌子上,已知阻碍桌面上物体运动的摩擦力 $F = 0.16\ \mathrm{N}$,求物体的加速度.

2.2 两个物体 A 和 B 用细线连接跨过电梯内的一个无摩擦的轻定滑轮.已知物体 A 的质量为物体 B 的质量的 2 倍,则当两物体相对电梯静止时,电梯的运动加速度为(　　).

A. 大小为 g,方向向上　　B. 大小为 g,方向向下

C. 大小为 $g/2$,方向向上　　D. 大小为 $g/2$,方向向下

2.3 高压采煤水枪出水口的截面积为 S,水的射速为 v,射到煤层上后,水速度为零.若水的密度为 ρ,求水对煤层的冲力.

2.4 一颗子弹从枪口飞出的速度是 $300\ \mathrm{m \cdot s^{-1}}$,在枪管内子弹所受合力的大小由下式给出:

$$F = 400 - \frac{4}{3} \times 10^7 t$$

其中 F 以 N 为单位,t 以 s 为单位.(1) 计算子弹行经枪管长度所花费的时间,假定子弹到枪口时所受的力变为零;(2) 求该力冲量的大小;(3) 求子弹的质量.

2.5 一炮艇总质量为 M,以速度 V 匀速行驶,从舰上以相对海岸的水平速度 v 沿前进方向射出一质量为 m 的炮弹,发射后艇的速度为 V',若不计水的阻力,则下列各关系式中正确的是(　　).

A. $MV = (M - m)V' + mv$　　B. $MV = (M - m)V' + m(v + V)$

C. $MV = (M - m)V' + m(v + V')$　　D. $MV = MV' + mv$

2.6　有前、后两只船以相同的速度 v 在河面上行驶，它们质量相等且为 M，若后面的船以相对速度 u(相对后船)向前船扔一质量为 m 的包，求前船接到物体后的速度.

2.7　小船质量为 50 kg，船尾有一质量为 50 kg 的人，船头到船尾共长 3.6 m，开始时人和船静止，问人从船尾走到船头时，船头将移动多少距离？假定水的阻力不计.

2.8　质量为 3 t 的重锤，从高度为 $h=2.5$ m 处自由落到受锻压的工件上，工件发生变形，如果作用的时间(1) $t=0.1$ s，(2) $t=0.01$ s，试求锤对工件的平均冲力.

2.9　在光滑水平面上有一静止的物体，现在用水平恒力 F_1 推这一物体，作用一段时间后，换成用相反方向的水平恒力 F_2 推这一物体，当恒力 F_2 作用时间与 F_1 相同时，物体恰好回到原处，但此时物体的动能为 24 J，求在整个过程中，恒力 F_1 做的功 W_1 和恒力 F_2 做的功 W_2.

2.10　一个质量为 0.25 kg 的物体在恒力的作用下，5 s 内动能产生了变化，由 200 J 增加到 800 J. 在此期间物体的速度方向没有发生改变与初速度方向一致，求该物体在此过程中的加速度.

2.11　质量为 2 kg 的物体由静止出发沿直线运动，作用在物体上的力为 $F=6t$. 试求在时间区间[0,2]s 内此力对物体所做的功.

2.12　若力对物体做功的数值只与物体的始、末位置有关，而与所经历的____________无关，这类力叫作____________.

2.13　根据质点系的功能原理，当系统从状态 1 变化到状态 2 时，它的机械能的增量等于____________与____________的总和.

2.14　如图 2.13 所示，有一小球从粗糙地面上的 A 点发出，经直线段 AB 运动到光滑圆形轨道的入口 B 处，小球进入轨道后在轨道内运动. 已知直线段 AB 长 3 m，滑动摩擦系数为 0.5，圆轨道半径 $R=1$ m.

(1) 若小球刚好通过轨道的最高点，则从 A 点发出的速度为多大？

(2) 若小球不脱离圆形轨道，则小球发出的速度范围是多少？

(3) 若小球从 A 点以 $v_A=\sqrt{6.5g}\ \mathrm{m\cdot s^{-1}}$ 的速度发出，则小球会从轨道的哪点落下？

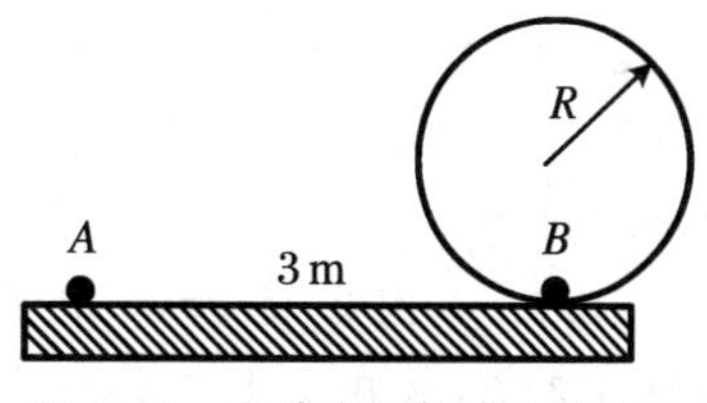

图 2.13　小球在圆轨道上的运动

2.15　如图 2.14 所示，轻绳一端系着质量为 m 的质点，另一端穿过光滑水平桌面上的小孔 o 用力 $\boldsymbol{F}$ 拉着，质点以等速率 v 作半径为 r 的圆周运动. 求当 $\boldsymbol{F}$ 拉动绳子向正下方移动 $r/2$ 时质点的角速度 ω.

2.16　我国第一颗人造卫星绕地球沿椭圆轨道运动，如图 2.15 所示，地球的中心 O 为该椭圆的一个焦点，已知地球的平均半径 $R=6378$ km，人造卫星在远地点 A_2 的速度 $v_2=6.30\ \mathrm{km\cdot s^{-1}}$，该点到地面的距离 $l_2=2384$ km，人造卫星在近

地点 A_1 的速度 $v_1=8.10\ \mathrm{km\cdot s^{-1}}$. 求人造卫星到地面的最近距离 l_1.

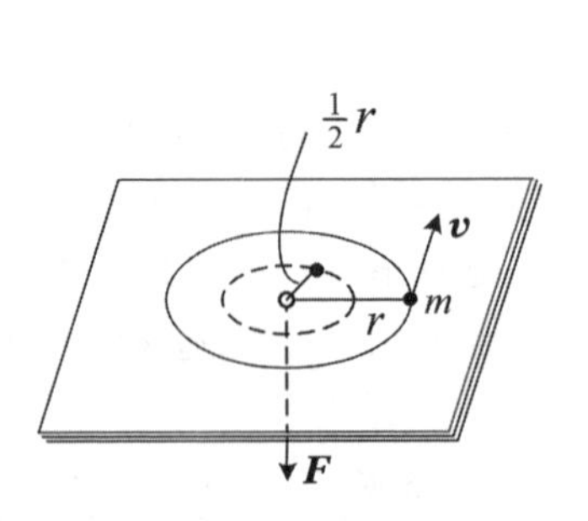

图 2.14　质点在桌面上的运动

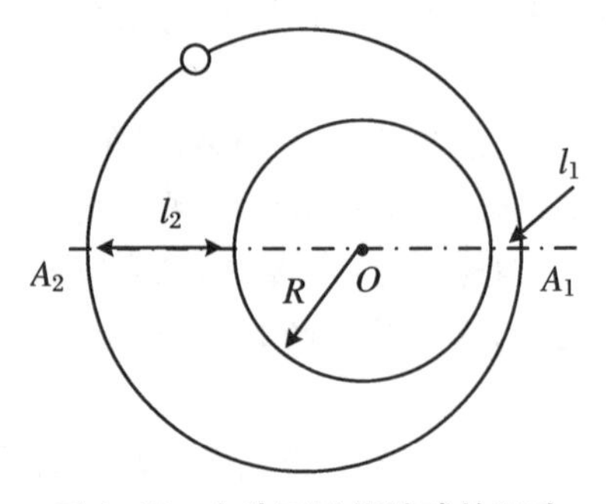

图 2.15　人造卫星绕地球的运动

2.17　卫星绕地球沿椭圆轨道运动，如图 2.15 所示，地球的中心 O 为该椭圆的一个焦点，当卫星从远日点 A_2 向近日点 A_1 运动时，卫星的加速度方向与它的速度方向成__________（填“锐角”或“钝角”），行星的速率是__________（填“增大的”或“减小的”）；当卫星从近日点 A_1 向远日点 A_2 运动时，卫星的加速度方向与它的速度方向成__________（填“锐角”或“钝角”），行星的速率是__________（填“增大的”或“减小的”）.

2.18　体重相同的甲、乙两人，分别用双手握住跨过无摩擦滑轮的绳子两端，当他们由同一高度向上爬时，相对于绳子，甲的速度是乙的两倍，则到达顶点的情况是（　　）.

A. 甲先到达　　　　B. 乙先到达

C. 同时到达　　　　D. 谁先到达不能确定

2.19　一水平匀质圆盘可绕通过其中心的固定竖直轴转动，盘上站着一个人，把人和圆盘取作系统，当此人在盘上随意走动时，若忽略轴的摩擦，此系统（　　）.

A. 动量守恒　　　　B. 机械能守恒

C. 对转轴的角动量守恒　　　　D. 动量、机械能和角动量都守恒

2.20　机械能完全没有损失的碰撞叫作__________碰撞，机械能损失最多的碰撞叫作__________碰撞.

2.21　如图 2.15 所示，轻质弹簧劲度系数为 k，两端各固定一质量均为 M 的物块 A 和 B，放在水平光滑桌面上静止. 今有一质量为 m 的子弹沿弹簧的轴线方向以速度 v_0 射入一物块而不复出，求此后弹簧压缩或伸长的最大长度.

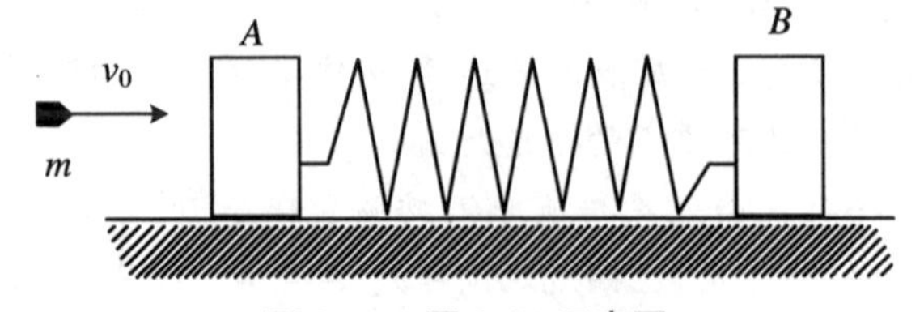

图 2.16　题 2.21 示意图

第 3 章　刚体动力学

3.1　刚体运动的分析

通过前面的学习，我们掌握了力学分析的基本方法，能将牛顿力学应用于质点系. 本章我们讨论刚体的运动规律，将牛顿力学应用到一种特殊的质点系——刚体. 实际物体不仅有形状、大小，而且形状还可以改变，作为研究的第一步，是建立一个合理的物理模型. 刚体就是常用的一个质点系模型，是指在运动过程中形状和大小都不发生变化的物体，而这个质点系中任意两个质点间的距离始终保持不变. 由于刚体可以看作是质点系，因而关于质点系的动力学规律对于刚体完全适用. 刚体的运动多种多样，这里重点讨论刚体定轴转动规律.

3.1.1　描述刚体位置的独立变量

要确定刚体的位置，只需要确定刚体上不共线的三个点即可，如图 3.1 所示. 设描述这三个点位置的坐标为 (x_1, y_1, z_1)，(x_2, y_2, z_2)，(x_3, y_3, z_3)，由刚体的定义知，这三个点中，每两个点之间的距离不变，即

$$(x_1 - x_2)^2 + (y_1 - y_2)^2 + (z_1 - z_2)^2 = \text{常数}$$

$$(x_1 - x_3)^2 + (y_1 - y_3)^2 + (z_1 - z_3)^2 = \text{常数}$$

$$(x_2 - x_3)^2 + (y_2 - y_3)^2 + (z_2 - z_3)^2 = \text{常数}$$

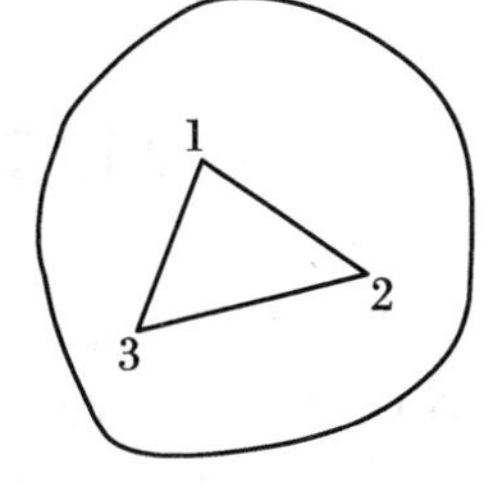

图 3.1　刚体位置的确定

故 9 个变量中独立的变量为 6 个. 对于一般运动，描述刚体运动的独立变量为 6 个，简单情况时可以少于 6 个，视具体情况不同来确定.

3.1.2　刚体运动的分类

平动　刚体运动时，如果刚体中任意一条直线在运动过程中始终同原来位置保持平行，那么这种运动叫作平动. 此时刚体中所有的质点都有相同的轨迹，因而

有相同的速度和加速度.刚体做平动时的独立变量数为 3 个.

定轴转动 如果刚体运动时,其中有两个质点始终不动,那么因为两点可以决定一条直线,所以这条直线上的诸点都固定不动,整个刚体就绕着这条直线转动,这条直线叫转动轴或简称转轴,而这种运动则叫绕固定轴的转动或简称定轴转动.如开、关门时门板的运动(见图 3.2).刚体做定轴转动时只有 1 个独立变量.刚体做定轴转动时,在转动轴处刚体上各点静止不动,而刚体上其他的各点绕转动轴转动,轨迹是半径不同的圆,圆半径就是该点到转动轴的距离 ρ.

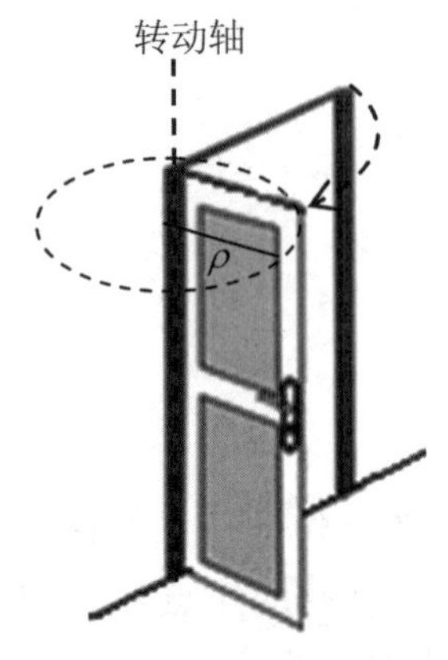

图 3.2 刚体的定轴转动

定点转动 如果刚体运动时,只有一点固定不动,整个刚体围绕着通过这点的某一瞬时轴线转动,则叫定点转动.确定瞬时轴线需 2 个独立变量,绕瞬时轴线的转动需 1 个独立变量,所以描述刚体做定点转动时共需 3 个独立变量.

一般运动 刚体做一般运动时,可以在刚体上任选一点为基点,将其运动分解为随基点的平动与绕该点的定点转动,由于平动的独立变量数为 3,定点转动的独立变量数也为 3,故刚体做一般运动需要 6 个独立变量才能描述.

3.2 定轴转动刚体的转动惯量

3.2.1 转动惯量的定义

以角速度 ω 做定轴转动的刚体,其上的点都在做圆周运动,圆心在转轴上,取转轴为 z 轴(见图 3.3).将刚体看成是由多个质点构成的质点系,其中第 i 个质点 P_i 的质量为 m_i,位置坐标用柱坐标表示为(ρ_i, z_i, φ_i),位置矢量为 $\boldsymbol{r}_i = \boldsymbol{\rho}_i + z_i\boldsymbol{k}$.第 i 个质点 P_i 相对于原点 O 的角动量为

$$\begin{aligned}\boldsymbol{L}_i = \boldsymbol{r}_i \times m_i\boldsymbol{v}_i &= (\boldsymbol{\rho}_i + z_i\boldsymbol{k}) \times m_i\boldsymbol{v}_i \\ &= \boldsymbol{\rho}_i \times m_i\boldsymbol{v}_i + z_i\boldsymbol{k} \times m_i\boldsymbol{v}_i\end{aligned}$$

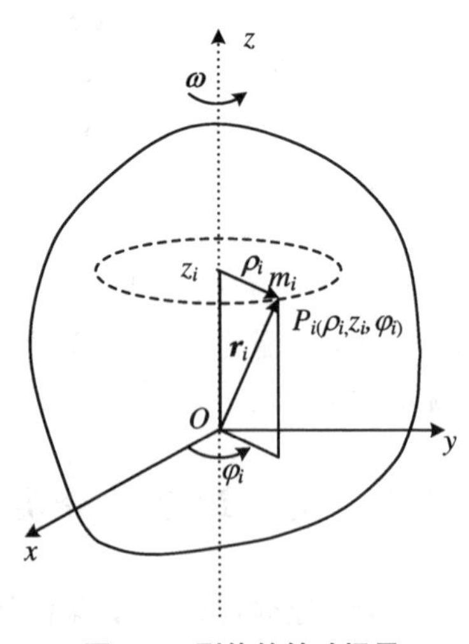

图 3.3 刚体的转动惯量

刚体做定轴转动,只需考虑绕该定轴转动的角动

量，即 P_i 相对于原点 O 的角动量的 z 分量. 质点 P_i 的速度 $\boldsymbol{v}_i=\boldsymbol{\omega}\times\boldsymbol{r}_i$ 与 $O-xy$ 面平行，与 z 轴垂直，故 $\boldsymbol{L}_i$ 的第一项 $\boldsymbol{\rho}_i\times m_i\boldsymbol{v}$ 沿 z 轴方向，而第二项 $z_i\boldsymbol{k}\times m_i\boldsymbol{v}_i$ 显然与 z 轴垂直，故 $\boldsymbol{L}_i$ 在 z 轴上的投影为

$$L_{iz}=(\boldsymbol{\rho}_i\times m_i\boldsymbol{v}_i)\cdot\boldsymbol{k}=m_i\rho_i(\omega\rho_i)=m_i\rho_i^2\omega$$

刚体绕 z 轴的角动量就是刚体上所有质点对 z 轴的角动量之和，即

$$L_z=\sum_i m_i\rho_i^2\omega=\left(\sum_i m_i\rho_i^2\right)\omega \tag{3.2.1}$$

令

$$I=\sum_i m_i\rho_i^2 \tag{3.2.2}$$

有

$$L_z=I\omega \tag{3.2.3}$$

I 叫作刚体绕定轴 z 轴转动的转动惯量，是刚体定轴转动中惯性大小的量度. 转动惯量 I 不仅与组成刚体的各质点的质量有关，而且依赖于各质点到转轴的距离. 决定刚体转动惯量大小的因素归纳起来有三个：刚体的总质量、质量分布和给定轴的位置. 从式(3.2.2)可以看出，对于质量连续分布的刚体转动惯量的计算，我们可以用对质量元 $\mathrm{d}m$ 的积分来代替求和，即有

$$I=\sum_i m_i\rho_i^2=\int\rho^2\mathrm{d}m=\int(x^2+y^2)\mathrm{d}m \tag{3.2.4}$$

式中，$\rho^2=x^2+y^2$，ρ 是质量元 $\mathrm{d}m$ 到转轴的距离. 对于质量线分布，有 $\mathrm{d}m=\lambda\mathrm{d}l$，面分布有 $\mathrm{d}m=\sigma\mathrm{d}A$，体分布有 $\mathrm{d}m=\rho'\mathrm{d}V$，其中 λ、σ、ρ' 分别为质量线密度、面密度和体密度，$\mathrm{d}l$、$\mathrm{d}A$、$\mathrm{d}V$ 分别为线元、面积元和体积元.

3.2.2 转动惯量的计算

刚体的转动惯量可以由式(3.2.2)和式(3.2.4)计算. 这里我们给出几个例子，帮助大家熟悉计算方法，同时通过计算得出相关的规律.

例 3.1 如图 3.4 所示，质量皆为 m 的六个质点位于边长为 a 的正六边形的六个顶点上，每条边上的两个质点皆由刚性轻杆连接，构成正六边形刚体. 试计算：(1) 刚体绕某个边(比如过 A_1 和 A_2 两点的边)转动的转动惯量 I；(2) 刚体绕通过质心且过 A_3 和 A_6 两点的轴转动的转动惯量 I_C；(3) 计算 I 与 I_C 之差 $I-I_C$.

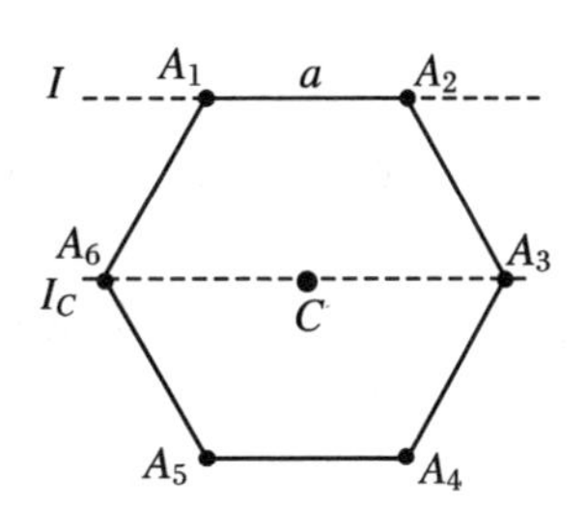

图 3.4　例 3.1 用图

解　(1) 刚体绕 A_1A_2 边的转动惯量计算公式为

$$I=\sum_i m_i\rho_i^2=m_1\rho_1^2+m_2\rho_2^2+m_3\rho_3^2+m_4\rho_4^2+m_5\rho_5^2+m_6\rho_6^2$$

A_1 和 A_2 到转轴的距离 $\rho_1=\rho_2=0$，转动惯量为 0，A_3 和 A_6 到转轴的距离 $\rho_3=\rho_6$

$=\sqrt{3}a/2$,转动惯量皆为 $3ma^2/4$,A_4 和 A_5 到转轴的距离 $\rho_4=\rho_5=\sqrt{3}a$,转动惯量皆为 $3ma^2$,故刚体绕某边的总转动惯量为

$$I = 0 + 0 + 3ma^2/4 + 3ma^2/4 + 3ma^2 + 3ma^2$$
$$= 7.5ma^2$$

(2) A_1 和 A_2 到转轴的距离 $\rho_1=\rho_2=\sqrt{3}a/2$,转动惯量为 $3ma^2/4$,A_3 和 A_6 到转轴的距离 $\rho_3=\rho_6=0$,转动惯量皆为 0,A_4 和 A_5 到转轴的距离 $\rho_4=\rho_5=\sqrt{3}a/2$,转动惯量皆为 $3ma^2/4$,故刚体绕边的总转动惯量为

$$I_C = 3ma^2/4 + 3ma^2/4 + 0 + 0 + 3ma^2/4 + 3ma^2/4 = 3ma^2$$

(3) $I-I_C=4.5ma^2$,令 $I-I_C=Md^2$($M=6m$,为刚体的质量),有 $d=\sqrt{3}a/2$,d 就是两个平行的转轴之间的距离,即$\overline{A_1A_2}$轴与$\overline{A_6A_3}$轴间的距离.

平行轴定理 设刚体对过其质心轴的转动惯量为 I_C,则刚体对与质心轴平行且距离为 d 的任意转轴的转动惯量 I 为

$$I = I_C + Md^2 \tag{3.2.5}$$

其中 M 是刚体的质量.(例 3.1 的第 3 问的解答结果可以验证这个结论.)

例 3.2 求质量为 M、半径为 R 的均匀细圆环绕通过圆周上某点且垂直于圆环所在面的轴的转动惯量.

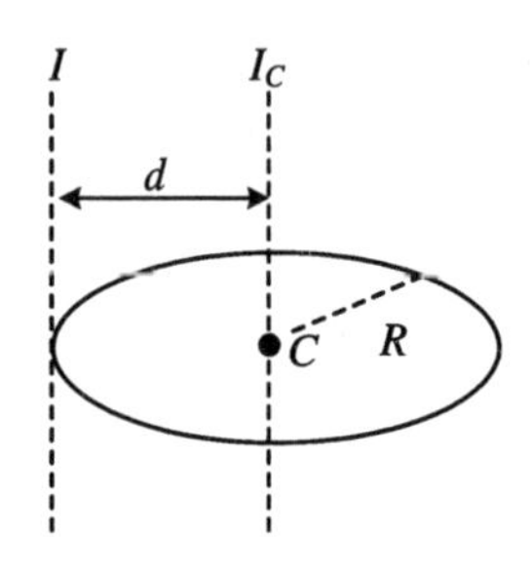

图 3.5 例 3.2 用图

解 因为是细圆环,横截面积很小,故圆环上的点到圆心的距离皆为 R,则圆环绕通过圆心且垂直于圆环所在面的轴的转动惯量是 $I_C=MR^2$.由平行轴定理有 $I=I_C+Md^2$,而质心轴到转动轴的距离是 $d=R$,故得圆环绕通过圆周上某点且垂直于圆环所在面的轴的转动惯量为

$$I = I_C + MR^2 = 2MR^2$$

例 3.3 对于长为 a、宽为 b、质量为 M 的匀质长方形薄板,求薄板分别绕通过质心并与其长边或宽边平行的轴转动的转动惯量 I_{Cx}、I_{Cy}.

解 首先计算 I_{Cx}.在离 x 轴距离为 y 处取长为 a、宽为 $\mathrm{d}y$ 的长条形面积元 $\mathrm{d}s=a\mathrm{d}y$,质量元 $\mathrm{d}m=\sigma\mathrm{d}s=M/(ab)(a\mathrm{d}y)$,它到转轴的距离为 $\rho=|y-b/2|$.由式(3.2.2),它对给定转轴的转动惯量为 $\mathrm{d}I_{Cx}=\rho^2\mathrm{d}m=(y-b/2)^2(M/b)\cdot\mathrm{d}y$,积分得薄板的转动惯量为

$$I_{Cx} = \int_0^b \rho^2\mathrm{d}m = \int_0^b (y-b/2)^2(M/b)\mathrm{d}y = \frac{1}{12}Mb^2$$

同理可得

$$I_{Cy} = \int_0^a \rho^2\mathrm{d}m = \int_0^a (x-a/2)^2(M/a)\mathrm{d}x$$

$$= \frac{1}{12}Ma^2$$

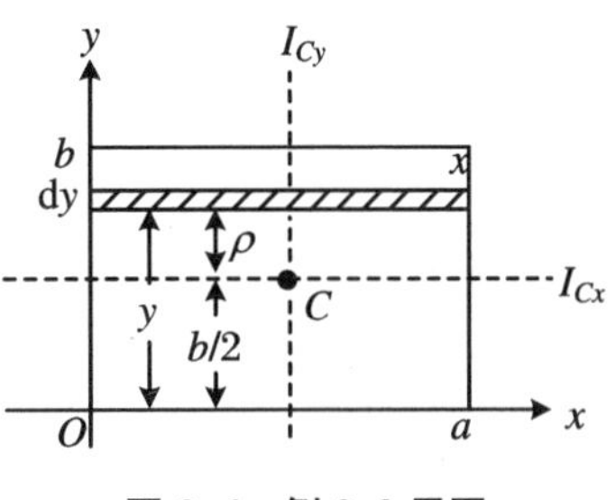

图 3.6　例 3.3 用图

例 3.4　求边长为 a 的匀质立方体绕其某一棱转动的转动惯量 I.

解　以立方体的某一顶点为原点，三条相交的棱为坐标轴建立直角坐标系，不妨计算绕 z 轴的转动惯量. 在 $O-xy$ 面上坐标为$(x,y,0)$处取长为 $\mathrm{d}x$、宽为 $\mathrm{d}y$、高为 a 的长条形长方体为质量元，截面面积 $\mathrm{d}s=\mathrm{d}x\mathrm{d}y$，体积为 $\mathrm{d}V=a\mathrm{d}s=a\mathrm{d}x\mathrm{d}y$，质量为 $\mathrm{d}m=\rho'\mathrm{d}V=(M/a^3)(a\mathrm{d}x\mathrm{d}y)$，它到转轴的距离为 $\rho=\sqrt{x^2+y^2}$. 由式(3.2.4)，它对给定轴的转动惯量为 $\mathrm{d}I_z=\rho^2\mathrm{d}m=(x^2+y^2)(M/a^2)(\mathrm{d}x\mathrm{d}y)$，积分得匀质立方体绕棱的转动惯量为

$$I_z=\int\rho^2\mathrm{d}m=\int_0^a\int_0^a(x^2+y^2)(M/a^2)(\mathrm{d}x\mathrm{d}y)=\frac{2}{3}Ma^2$$

例 3.5　试通过查找网络或相关文献给出常用的匀质对称物体对通过物体质量中心的转动轴的转动惯量 J_x、J_y、J_z，并给出相关的讨论. 设物体质量为 m，并取质量中心为直角坐标原点，J_x、J_y、J_z 分别表示物体绕 x、y、z 轴的转动惯量. 具体物体如下：

(1) 长为 a、宽为 b、高为 h 的匀质长方体(参见表 3.1 图(a)).

(2) 外半径为 a、内半径为 b、高为 h 的匀质空心圆柱体(参见表 3.1 图(b)).

(3) 半径为 r 的球体(参见表 3.1 图(c)).

解　(1) 以长方体的中心为原点建立直角坐标系，长沿 x 方向，宽沿 y 方向，高沿 z 方向，有

$$I_x=\frac{1}{12}M(b^2+h^2),\quad I_y=\frac{1}{12}M(a^2+h^2),\quad I_z=\frac{1}{12}M(b^2+a^2)$$

讨论：

(a) 令 $h=0$，得薄板转动惯量(参见例题 3.3 或表 3.1 图(d))：

$$I_x=\frac{1}{12}Mb^2,\quad I_y=\frac{1}{12}Ma^2,\quad I_z=\frac{1}{12}M(b^2+a^2)$$

(b) 令 $h=0$，$b=0$，得细棒转动惯量(参见表 3.1 图(g))：

$$I_x=0,\quad I_z=I_y=\frac{1}{12}Ma^2$$

(c) 令 $h=0$，$a=0$，$b=0$，得质点转动惯量：

$$I_x=I_z=I_y=0$$

(2) 以质量中心为原点建立直角坐标系，柱面沿 x 方向，截面为 O-yz 面，有

$$I_x=\frac{1}{2}M(a^2+b^2),\quad I_y=I_z=\frac{1}{12}M[3(a^2+b^2)+h^2]$$

讨论：

(a) 令 $h=0$，得圆环形薄板转动惯量(参见表 3.1 图(e))：

$$I_x = \frac{1}{2}M(a^2+b^2),\quad I_y = I_z = \frac{3}{12}M(a^2+b^2)$$

(b) 令 $h=0, a=b=R$，得细圆环转动惯量(参见例题 3.1 部分内容)：

$$I_x = MR^2,\quad I_y = I_z = \frac{1}{2}MR^2$$

(c) 令 $h=0, a=r, b=0$，得圆形薄板(薄圆盘)转动惯量(参见表 3.1 图(f))：

$$I_x = \frac{1}{2}Mr^2,\quad I_y = I_z = \frac{1}{4}Mr^2$$

(d) 令 $a=0, b=0$，得长为 h 的细棒的转动惯量(参见表 3.1 图(g))：

$$I_x = 0,\quad I_y = I_z = \frac{1}{12}Mh^2$$

(e) 令 $a=b=h=0$，得质点的转动惯量：

$$I_x = I_z = I_y = 0$$

请你进一步讨论得到水平圆柱体(壳)的转动惯量(参见表 3.1 图(h)和(i)).

(3) 对半径为 r 的球体，有 $I_x=I_y=I_z=\frac{2}{5}Mr^2$. 显然，当 $r=0$ 时易得质点的转动惯量为 $I_x=I_z=I_y=0$，这与本例前面(1)和(2)讨论所得的结果是一致的. 由此可以看出：对于理想的质点模型，可以理解为无大小无确定形状但有质量的点. 另外，根据匀质实心球体的转动惯量 $I=\frac{2}{5}Mr^2$ 公式，你能计算出半径为 r 的均质空心的球壳的转动惯量吗？若可以，应该是怎样的呢？

表 3.1　常用的匀质对称物体的转动惯量

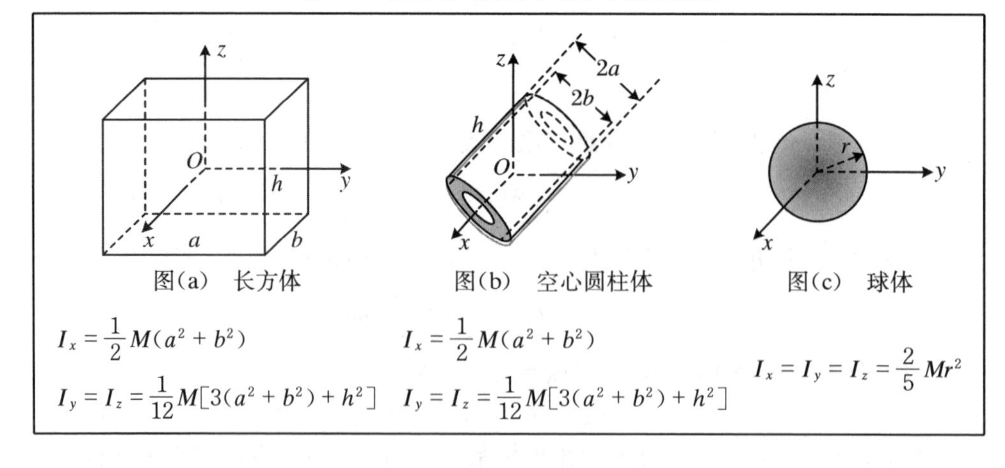

图(a)　长方体

$I_x=\frac{1}{2}M(a^2+b^2)$

$I_y=I_z=\frac{1}{12}M[3(a^2+b^2)+h^2]$

图(b)　空心圆柱体

$I_x=\frac{1}{2}M(a^2+b^2)$

$I_y=I_z=\frac{1}{12}M[3(a^2+b^2)+h^2]$

图(c)　球体

$I_x=I_y=I_z=\frac{2}{5}Mr^2$

续表

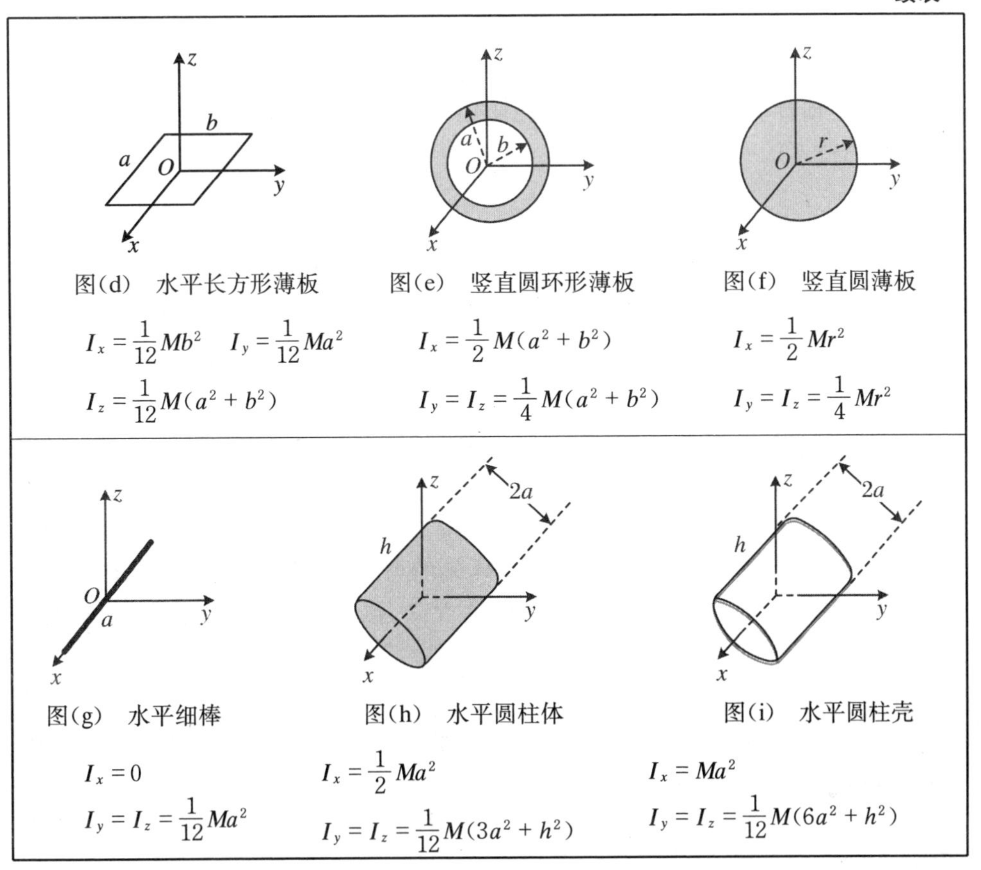

3.2.3　刚体的定轴转动定理

在2.6节中，对于由多个(有限个或无限个)质点构成的质点系，根据牛顿第二定律我们得出了质点系的角动量定理：质点系所受到的外力矩等于角动量对时间的变化率，即

$$\boldsymbol{M}_{\mathrm{e}}=\frac{\mathrm{d}\boldsymbol{L}}{\mathrm{d}t}\tag{3.2.6}$$

其中，$\boldsymbol{M}_{\mathrm{e}}$ 是质点系所有外力矩的矢量和，而 $\boldsymbol{L}$ 是系统的总角动量，即所有质点的角动量的矢量和.刚体可看成是由无数个质点组成的，故式(3.2.6)对于刚体亦成立.对于做定轴转动的刚体，取转动轴为 z 轴，设 $\boldsymbol{M}_{\mathrm{e}}$ 的 z 分量为 M_z，$\boldsymbol{L}$ 的 z 分量为 L_z，将式(3.2.6)应用到 z 方向，有

$$M_z=\frac{\mathrm{d}L_z}{\mathrm{d}t}\tag{3.2.7}$$

这说明刚体受到的沿转轴方向的外力矩等于刚体对该轴的角动量的变化率.$\boldsymbol{\omega}=$

$\omega \boldsymbol{k}$，方向沿 z 轴，利用式(3.2.3)，$L_z = I\omega$，I 为常量，代入式(3.2.7)可以得到

$$M_z = I\frac{\mathrm{d}\omega}{\mathrm{d}t} = I\alpha \tag{3.2.8}$$

这就是做定轴转动的刚体的转动定理：刚体做定轴转动的角加速度与外力矩成正比，与转动惯量成反比.

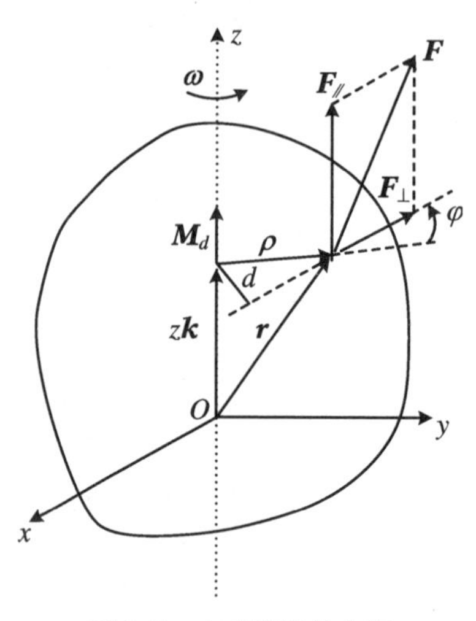

图 3.7　力对转轴的力矩

为了便于进一步理解力矩的含义，在运用式(3.2.8)之前，我们先给出刚体做定轴转动过程中力对轴的力矩，然后证明力对原点的力矩的 z 分量 M_z 就是力对经过该点的 z 轴力矩. 如图 3.7 所示，设在刚体上位矢为 $\boldsymbol{r}$ 处的某点受外力 $\boldsymbol{F}$，令 $\boldsymbol{F} = \boldsymbol{F}_{/\!/} + \boldsymbol{F}_{\perp}$，$\boldsymbol{F}_{/\!/}$ 为与转轴 z 轴平行的力分量，$\boldsymbol{F}_{\perp}$ 为与转轴垂直的力分量. 定义在垂直于转轴的平面内的力分量 $\boldsymbol{F}_{\perp}$ 的大小与 $\boldsymbol{F}_{\perp}$ 的力线到转轴的距离 d 的乘积为对转轴的力矩：$M_d = dF_{\perp} = \rho F_{\perp}\sin\varphi$，方向沿转轴方向，满足右手定则法则，从 $\boldsymbol{\rho}$ 转到 $\boldsymbol{F}_{\perp}$，即

$$\boldsymbol{M}_d = \boldsymbol{\rho} \times \boldsymbol{F}_{\perp} \tag{3.2.9}$$

另外，力对原点的力矩是 $\boldsymbol{M} = \boldsymbol{r} \times \boldsymbol{F} = \boldsymbol{r} \times (\boldsymbol{F}_{/\!/} + \boldsymbol{F}_{\perp})$，将 $\boldsymbol{r} = \boldsymbol{\rho} + z\boldsymbol{k}$ 代入，得

$$\boldsymbol{M} = (\boldsymbol{\rho} + z\boldsymbol{k}) \times (\boldsymbol{F}_{/\!/} + \boldsymbol{F}_{\perp}) \tag{3.2.10}$$

因为 $z\boldsymbol{k} \times \boldsymbol{F}_{/\!/} = \boldsymbol{0}$，故有

$$\boldsymbol{M} = \boldsymbol{\rho} \times \boldsymbol{F}_{/\!/} + \boldsymbol{\rho} \times \boldsymbol{F}_{\perp} + z\boldsymbol{k} \times \boldsymbol{F}_{\perp} \tag{3.2.11}$$

注意到 $\boldsymbol{\rho} \times \boldsymbol{F}_{/\!/} \perp \boldsymbol{k}$、$z\boldsymbol{k} \times \boldsymbol{F}_{\perp} \perp \boldsymbol{k}$ 而 $\boldsymbol{\rho} \times \boldsymbol{F}_{\perp} /\!/ \boldsymbol{k}$，由此得到

$$\begin{aligned} M_z &= \boldsymbol{M} \cdot \boldsymbol{k} = (\boldsymbol{\rho} \times \boldsymbol{F}_{\perp}) \cdot \boldsymbol{k} \\ &= \boldsymbol{M}_d \cdot \boldsymbol{k} = M_d \end{aligned} \tag{3.2.12}$$

故力对原点的力矩的 z 分量 M_z 就是力对经过该点的 z 轴的力矩.

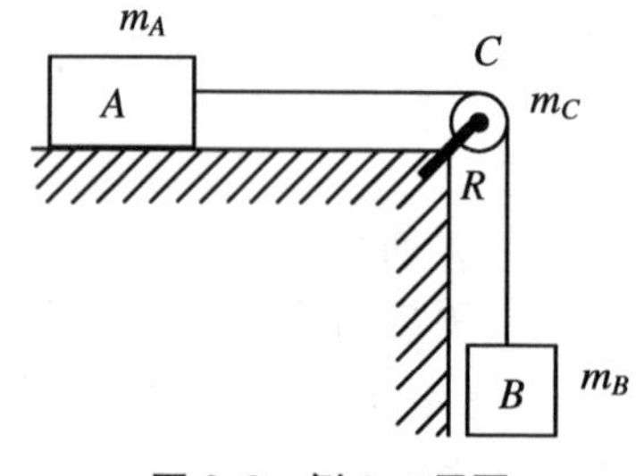

图 3.8　例 3.6 用图

例 3.6　如图 3.8 所示，轻绳经过水平光滑桌面上的定滑轮 C 连接两物体 A 和 B，A、B 质量分别为 m_A、m_B，滑轮视为圆盘，其质量为 m_C，半径为 R，AC 水平并与轴垂直，绳与滑轮无相对滑动，不计轴处摩擦，求 B 的加速度及 AC、BC 上绳的张力大小.

解　设 m_A 水平向右、m_B 竖直向下的共同加速度为 a. 设滑轮角加速度为 α，由于绳与滑轮间无相对滑动，故轮的边缘点的切

向加速度亦为 a，且有

$$a = R\alpha \tag{①}$$

做受力分析，如图3.9所示. 以 A 为研究对象，其受重力 $m_A g$，桌面支持力 $\boldsymbol{N}_1$，绳的拉力 $\boldsymbol{T}_1$，故得

$$T_1 = m_A a \tag{②}$$

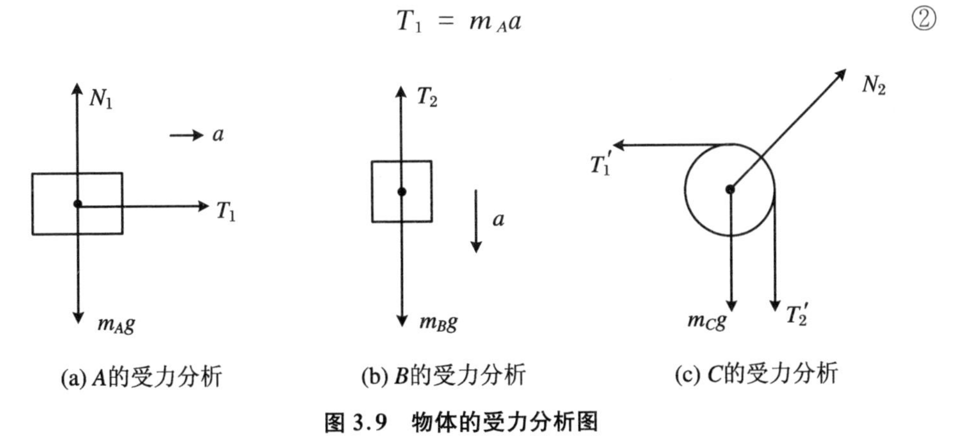

图 3.9　物体的受力分析图

同理对 B，其受重力 $m_B g$，绳的拉力 $\boldsymbol{T}_2$，故有

$$m_B g - T_2 = m_B a \tag{③}$$

对 C，其受重力 $m_C g$，轴作用力 $\boldsymbol{N}_2$，绳作用力 $\boldsymbol{T}_1'$、$\boldsymbol{T}_2'$，由转动定理得

$$T_2' R - T_1' R = \frac{1}{2} m_C R^2 \alpha \tag{④}$$

利用①～④式和 $T_1' = T_1$，$T_2' = T_2$ 可以解得

$$a = \frac{m_B g}{m_A + m_B + \frac{1}{2} m_C}$$

例 3.7　一匀质细棒，长度为 l，质量为 m，可绕通过其端点 O 的水平轴转动，如图3.10所示，当棒从水平位置自由释放后，在棒运动到与水平线夹角为 θ 时，求：(1) 棒的角加速度 α；(2) 棒的角速度 ω.

解　(1) 棒受重力力矩 $M = mgl\cos\theta/2$ 作用，棒的转动惯量 $I = ml^2/3$，代入转动定理公式 $M = I\alpha$，得

$$\alpha = M/I = 3g\cos\theta/(2l)$$

(2) 因为 $\alpha = \frac{d\omega}{dt} = \frac{d\omega}{d\theta}\frac{d\theta}{dt} = \omega\frac{d\omega}{d\theta}$，所以 $\alpha d\theta = \omega d\omega$，

即 $\frac{3g\cos\theta}{2l} d\theta = \omega d\omega$，做定积分 $\int_0^\theta \frac{3g\cos\theta}{2l} d\theta = \int_0^\omega \omega d\omega$，

可解得 $\omega = \sqrt{\frac{3g\sin\theta}{l}}$.

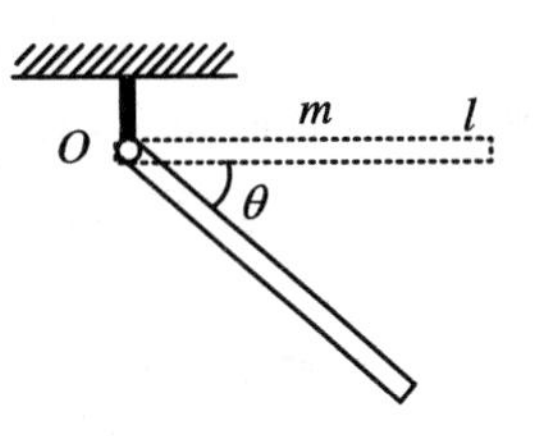

图 3.10　例 3.7 用图

3.3 定轴转动的角动量定理与角动量守恒定律

3.3.1 定轴转动的角动量定理

若做定轴转动的刚体的合外力矩只是时间的显函数 $M_z(t)$，则可将定轴转动的角动量定理 (3.2.7)式写成微分形式：

$$M_z\mathrm{d}t = \mathrm{d}L_z \tag{3.3.1}$$

从 t_0 到 t 进行积分，得

$$\int_{t_0}^{t} M_z(t)\mathrm{d}t = L_z(t) - L_z(t_0) = I\omega_z(t) - I\omega_z(t_0) \tag{3.3.2}$$

式(3.3.2)右侧是角动量的 z 分量的增量，左侧表示外力矩的 z 分量在 t_0 到 t 这段时间内的累积量，是力矩的冲量，称作冲量矩，这表明定轴转动刚体对定轴的角动量的增量等于外力矩对同一轴的冲量矩，这叫作定轴转动的角动量定理. 式(3.3.1)是角动量定理的微分形式，式(3.3.2)是角动量定理的积分形式.

例 3.8 质量为 40 kg、半径为 1 m 的飞轮以转速 $n = 1200$ r/min 转动，受到制动力后减速，经 40 s 后静止. 若制动力矩 $M(t) = kt$，求常量 k.

解 飞轮的转动惯量 $I = mr^2 = 40\times1^2 = 40(\mathrm{kg\cdot m^2})$，初角速度 $\omega = 2\pi n = 2\pi\times1200/60 = 40\pi(\mathrm{rad/s})$，力矩的冲量 $\int_0^{40} M(t)\mathrm{d}t = \frac{1}{2}kt^2\big|_0^{40} = 800k$，由定轴转动的角动量定理(3.3.2) 式，有 $800k = 40\times40\pi$，由此解得 $k = 2\pi(\mathrm{N\cdot m/s})$.

3.3.2 定轴转动刚体的角动量守恒定律

由式(3.2.7)或式(3.2.8)知，要改变定轴转动刚体的运动状态，就必须对刚体施加沿转轴的力矩，所以我们说力矩是改变转动状态的原因. 若刚体所受的所有外力对固定轴 z 的力矩始终为零，则刚体的转动状态就不会发生变化，即

$$L_z = \text{常量} \tag{3.3.3}$$

这就是对固定转轴的角动量守恒定律. 如果系统满足了角动量守恒定律的条件，则由 $L_z = I\omega =$ 常量可知，对于刚体，$I =$ 常量，则角速度不变；对于质点系统，我们可以通过改变对轴的转动惯量来调整系统的角速度. 而改变转动惯量可以通过调整系统的质量分布来实现. 例如，可将花样滑冰运动员绕竖直轴旋转的运动看成是质量分布不断改变的定轴转动，其转动惯量在连续改变，伸直双臂时，转动惯量大，旋转速度小；收拢双臂时，转动惯量小，旋转速度大，这就是对轴的角动量守恒的一个

典型事例.再如跳水运动员进行高台跳水,在跳水运动员离开跳板后,运动员身体的质心做平抛运动,身体围绕质心做变角速度的转动,在空中运动员身体迅速收拢成一团,使得质量分布集中,转动惯量变小,旋转角速度增大,从而可以及时、快速地在空中完成旋转动作,在快落水时迅速张开并伸直身体成一直线,使得转动惯量变大,旋转速度变小,这样进入水中时更容易压住水花,取得高分.

无论是对单一物体还是对多个物体组成的定轴转动刚体系统,角动量守恒定律都完全适用.如对于两物体组成的定轴转动系统,若 $M_z=0$,则有

$$L_z = I_1\omega_1 + I_2\omega_2 = \text{常量} \tag{3.3.4}$$

这就说明,若其中之一物体的角动量发生改变,另一个物体的角动量必然是等值异号地改变.

例 3.9　一半径为 R、质量为 M 的转台,可绕通过其中心的竖直轴转动,质量为 m 的人站在转台边缘,最初人和台都静止.若人沿转台边缘跑一周(不计转台转轴处阻力矩),相对于地面,人和台各转了多少角度?

解　人和转台的转动惯量分别是 $I_1=mR^2$ 和 $I_2=MR^2/2$,设人在转台边缘运动时人和转台的角速度分别是 ω_1 和 ω_2,人相对转台的角速度是 $\omega_1-\omega_2$,人沿转台边缘跑一周的时间是 T,有

$$\int_0^T(\omega_1-\omega_2)\mathrm{d}t = 2\pi \quad ①$$

对人和转台组成的定轴转动系统,由式(3.3.4)可得 $mR^2\omega_1+\omega_2MR^2/2=0$,积分,有

$$2m\int_0^T\omega_1\mathrm{d}t + M\int_0^T\omega_2\mathrm{d}t = 0 \quad ②$$

联立①式和②式,可解得人转了 $\int_0^T\omega_1\mathrm{d}t = 2\pi\dfrac{M}{M+2m}$,圆台转了 $\int_0^T\omega_2\mathrm{d}t = -2\pi\cdot\dfrac{2m}{M+2m}$.

3.4　定轴转动的动能定理与机械能守恒

3.4.1　定轴转动的动能定理

定轴转动的动能　当刚体以角速度 ω 绕固定轴转动时,刚体上距离转轴 z 轴 ρ_i 处的质元 m_i(例如图 3.3 中的 P_i 点)具有线速度 $\boldsymbol{v}_i=\boldsymbol{\omega}\times\boldsymbol{r}_i$,其大小为 $v_i=\rho_i\omega$,因此质元 m_i 具有动能

$$E_{ki} = \frac{1}{2}m_i v_i^2 = \frac{1}{2}m_i \rho_i^2 \omega^2$$

对所有质元求和得到刚体的总动能为

$$E_k = \frac{1}{2}\left(\sum m_i \rho_i^2\right)\omega^2$$

回顾前面对转动惯量所做的定义,刚体的转动动能可写为

$$E_k = \frac{1}{2}I\omega^2 \tag{3.4.1}$$

利用 $L_z = I\omega$,转动动能又可表示成

$$E_k = \frac{L_z^2}{2I} \tag{3.4.2}$$

式(3.4.1)和式(3.4.2)的数学形式,分别对应于质点的动能$\frac{1}{2}mv^2$ 和$\frac{p^2}{2m}$.

定轴转动过程中力矩的功 对于定轴转动的刚体,外力可以对刚体做功,从而改变其转动动能.下面我们要证明,任意力 $\boldsymbol{F}$ 对定轴转动的刚体做的功就是该力对轴的力矩的功.如图 3.11 所示,刚体绕固定轴 z 轴转动,$\boldsymbol{F}$ 作用在转动平面内的 A 点,A 点到轴的距离为 ρ,它对垂足 O'点的位置矢量为 $\boldsymbol{\rho}$,当刚体转过 $\mathrm{d}\theta$ 角度时,A 点有位移 $\mathrm{d}\boldsymbol{\rho}$,其大小为 $\mathrm{d}\rho = R\mathrm{d}\theta$.记力 $\boldsymbol{F}$ 在 A 点的转动平面内的分量为 $\boldsymbol{F}_\perp$,则在此过程中力 $\boldsymbol{F}$ 对刚体做的功为

$$\mathrm{d}W = \boldsymbol{F}\cdot\mathrm{d}\boldsymbol{\rho} = (\boldsymbol{F}_\perp + \boldsymbol{F}_{/\!/})\mathrm{d}\boldsymbol{\rho} = \boldsymbol{F}_\perp\,\mathrm{d}\boldsymbol{\rho} = F_\perp\,\mathrm{d}\rho\cos\left(\frac{\pi}{2}-\varphi\right) = F_\perp\,R\mathrm{d}\theta\sin\varphi$$

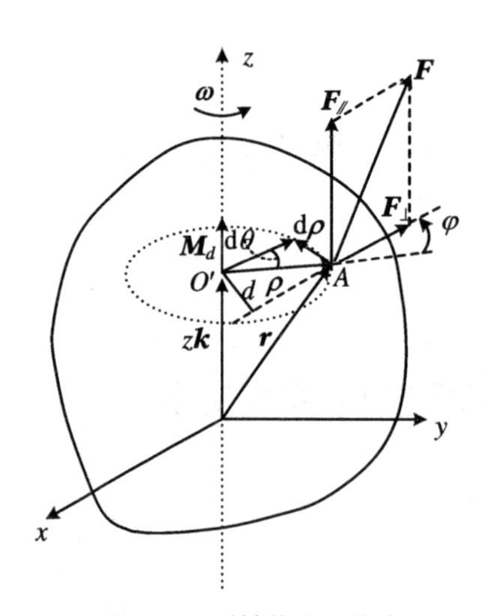

图 3.11 对轴的力矩的功

而力 $\boldsymbol{F}$ 对轴的力矩为 $M_z = \rho F_\perp \sin\varphi$,因而 $\mathrm{d}W = M_z\mathrm{d}\theta$.当刚体由 θ_0 转到 θ 时,积分可得力 $\boldsymbol{F}$ 做的总功为

$$W = \int_{\theta_0}^{\theta} M_z\mathrm{d}\theta \tag{3.4.3}$$

由此可见,在定轴转动中,力 $\boldsymbol{F}$ 对转轴的力矩对转角的积分就是 $\boldsymbol{F}$ 对刚体做的功,故式(3.4.3)就称为力矩的功.

定轴转动的动能定理 为了突出力矩对空间的累积效应,我们将定轴转动定理改写成

$$M_z = \frac{\mathrm{d}(I\omega)}{\mathrm{d}t} = I\frac{\mathrm{d}\omega}{\mathrm{d}\theta}\cdot\frac{\mathrm{d}\theta}{\mathrm{d}t} = I\omega\frac{\mathrm{d}\omega}{\mathrm{d}\theta}$$

即

$$M_z\mathrm{d}\theta = I\omega\mathrm{d}\omega = \mathrm{d}\left(\frac{1}{2}I\omega^2\right) \tag{3.4.4}$$

两边积分,得

$$\int_{\theta_0}^{\theta} M_z \mathrm{d}\theta = \int_{\omega_0}^{\omega_t} \mathrm{d}\left(\frac{1}{2} I\omega^2\right) = \frac{1}{2} I\omega_t^2 - \frac{1}{2} I\omega_0^2 \tag{3.4.5}$$

即

$$\mathrm{d}W = \mathrm{d}E_\mathrm{k} \quad 或 \quad W = E_{\mathrm{k}t} - E_{\mathrm{k}0} \tag{3.4.6}$$

式(3.4.5)指出，转轴的合外力矩对转角的积分，等于该刚体转动动能的增量，即外力对转动的刚体做的(元)功等于该刚体转动动能的(元)增量，这就是刚体定轴转动的动能定理.如果是多个刚体做定轴转动，应用动能定理时则需要考虑刚体间的作用力做功.

例 3.10　一个转动的轮子，由于轴承摩擦力矩的作用，其转动角速度渐渐变慢，轮子起始角速度是 ω_0，第一秒末的角速度是起始角速度的$\frac{4}{5}$.若摩擦力矩不变，求：(1) 第二秒末的角速度；(2) 该轮子在静止之前共转了多少转.

解　(1) 设轴承摩擦力矩为 M_0.轮子起始角速度为 ω_0，角加速度为 α，第一、二秒末的角速度分别是 ω_1、ω_2，依题意有 $\omega_1 = 0.8\omega_0$.由 $\omega_2 = \omega_0 + 2\alpha$ 和 $0.8\omega_0 = \omega_0 + \alpha \times 1$ 联立解得 $\alpha = -0.2\omega_0$，$\omega_2 = 0.6\omega_0$，即第二秒末的角速度是起始角速度的$\frac{3}{5}$.

(2) 设轮子的转动惯量为 I.由转动定理有 $M_0 = I\alpha = -0.2\omega_0 I$，根据定轴转动的动能定理，有 $0 - \frac{1}{2} I\omega_0^2 = \int_0^{\theta} M_0 \mathrm{d}\theta = -0.2\omega_0 I\theta$，解得 $\theta = 2.5\omega_0$，故共转了 $2.5\omega_0/(2\pi) = 1.25\omega_0/\pi$ 转.

3.4.2　刚体的重力势能　机械能守恒定律

刚体的重力势能　实际上是指刚体与地球所组成的系统共有的势能，它等于刚体上各质元重力势能之和.设总质量为 m 的刚体，其质心距势能零点的高度为 y_C，如图 3.12 所示，则该刚体的重力势能为

$$E_\mathrm{p} = mgy_C \tag{3.4.7}$$

即刚体的重力势能相当于将刚体的全部质量集中在刚体质心位置时的势能.

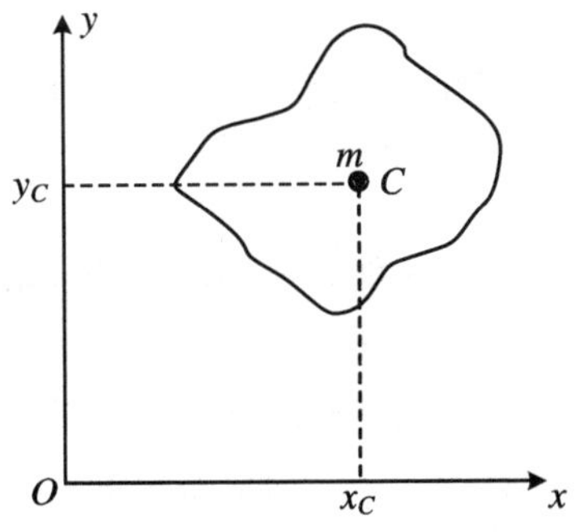

图 3.12　刚体的重力势能

机械能守恒定律　做定轴转动的刚体是一个特殊的质点组，不仅动能定理成立，若有如重力等保守力做功，则功能原理亦成立，这是因为 $\mathrm{d}W = \mathrm{d}W_\mathrm{c} + \mathrm{d}W_\mathrm{nc} = \mathrm{d}E_\mathrm{k}$，所以 $\mathrm{d}W_\mathrm{nc} = -\mathrm{d}W_\mathrm{c} + \mathrm{d}E_\mathrm{k} = \mathrm{d}E_\mathrm{p} + \mathrm{d}E_\mathrm{k} = \mathrm{d}(E_\mathrm{p} + E_\mathrm{k})$，若无非保守力或保守力不做功，则机械能守恒，$\mathrm{d}(E_\mathrm{p} + E_\mathrm{k}) = 0$，$E_\mathrm{p} + E_\mathrm{k} =$ 常量.动能定理、功能原理、机械能守恒对任意做机械运动的质点组成立，对于做定轴转动的刚体，包括任意运动的刚体亦成立.

例 3.11　重力是保守力,试应用机械能守恒重做例 3.6.

解　取棒的初始水平位置为重力势能零点.初始时棒静止,总的机械能为零;棒在任意位置的势能 $E_p = -(mgl\sin\theta)/2$,角速度为 ω,棒的转动惯量 $I = ml^2/3$,转动动能为$\frac{1}{2}I\omega^2 = ml^2\omega^2/6$,应用机械能守恒有 $0 = ml^2\omega^2/6 - (mgl\sin\theta)/2$,解得 $\omega = \sqrt{\frac{3g\sin\theta}{l}}$,再对时间求导,得

$$\alpha = \frac{d\omega}{dt} = \frac{d\omega}{d\theta}\frac{d\theta}{dt} = \sqrt{\frac{3g}{l}}\frac{d\sqrt{\sin\theta}}{d\theta}\omega = \sqrt{\frac{3g}{l}}\frac{\cos\theta}{2\sqrt{\sin\theta}}\sqrt{\frac{3g\sin\theta}{l}} = \frac{3g\cos\theta}{2l}$$

或由 $\omega^2 = \frac{3g\sin\theta}{l}$两边对时间求导,得 $2\omega\frac{d\omega}{dt} = \frac{3g\cos\theta}{l}\frac{d\theta}{dt}$,两边消去 ω 即得结果.

例 3.12　如图 3.13 所示,长 $l = 0.80$ m 的均匀细棒,质量 $M = 2.10$ kg,可绕上端的光滑水平轴 O 在竖直平面内转动,起初杆竖直静止.现有一质量 $m = 10$ g 的子弹以 $v_0 = 500$ m/s 的速率水平射入棒的中点 C 点并保留在棒内,求棒开始运动时的角速度和棒的最大偏转角.

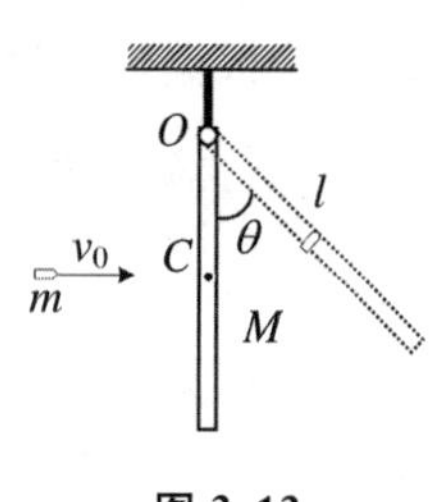

图 3.13

解　系统绕杆的悬挂点的角动量为

$$L = \frac{1}{2}mv_0 l = 2.0\ (\text{kg}\cdot\text{m}^2\cdot\text{s}^{-1})$$

子弹射入后,整个系统的转动惯量为

$$I = \frac{1}{3}Ml^2 + m\left(\frac{l}{2}\right)^2 = 0.45\ (\text{kg}\cdot\text{m}^2)$$

所以

$$\omega = \frac{L}{I} = 4.45\ (\text{rad/s})$$

子弹射入后,且杆仍然竖直时,系统的动能为

$$W_{动} = \frac{1}{2}I\omega^2 = 4.45\ (\text{J})$$

当杆转至最大偏转角 θ 时,系统没有动能,势能的增加量为

$$\Delta W_{势} = \frac{1}{2}(M + m)gl(1 - \cos\theta)$$

由机械能守恒,$W = \Delta W$,得

$$\theta = 1.09\ (\text{rad}) = 62.5^\circ$$

为了能够解决任意运动的刚体的问题,这里介绍一下刚体做任意运动时的动能计算方法——柯尼希定理.

我们知道,刚体做一般运动时,可以在刚体上任选一点为基点,其运动可以分解为随基点的平动与绕该点的定点转动,这里选质心为基点,设刚体的质量为 m,v_C 为质心的速度,刚体绕过 C 点的某轴的转动角速度为ω,I_C 为刚体绕该轴转动的转动惯量,如图 3.14 所示,可以证明:做任意运动的刚体的总动能等于随质心的

平动动能$\frac{1}{2}mv_C^2$与绕质心的转动动能$\frac{1}{2}I_C\omega^2$之和,即

$$E_k = \frac{1}{2}mv_C^2 + \frac{1}{2}I_C\omega^2 \tag{3.4.8}$$

这就是计算刚体做任意运动时的动能的计算方法——柯尼希定理.为了便于理解,可取两个参考系,一是基本参考系$O-xyz$,在该系下刚体做一般运动,二是随质心运动的平动参考系$C-x'y'z'$,参考系的原点是刚体的质心C,因此,质心速度就是$C-x'y'z'$的平动速度,$\frac{1}{2}mv_C^2$就称为刚体随质心的平动动能;而在$C-x'y'z'$系下刚体的运动为绕过C点的某轴的转动,故$\frac{1}{2}I_C\omega^2$就是在$C-x'y'z'$下观测到的绕质心的转动动能.

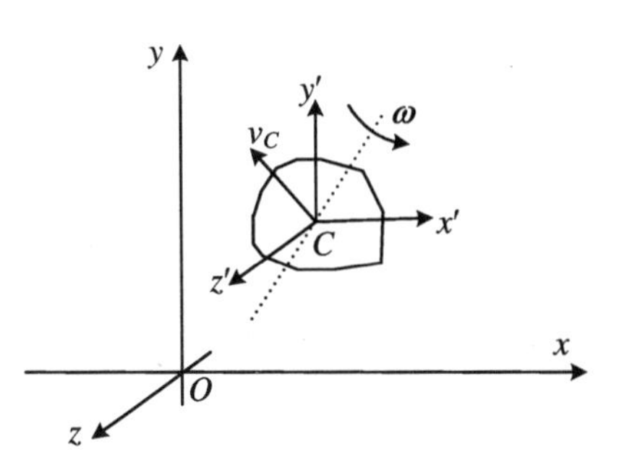

图 3.14　柯尼希定理示意图

例 3.13　如图3.15所示,在光滑水平的桌面上有一长度为$2l$的轻杆,杆的两端各连一个质量为m的小球,此两质点构成一质点组,质心位于杆的中心C.若杆绕C在水平的桌面上以角速度ω转动,不使用柯尼希定理,试在以下两种情况下求质点组的总动能:(1) C不动;(2) C的速度为v_C.

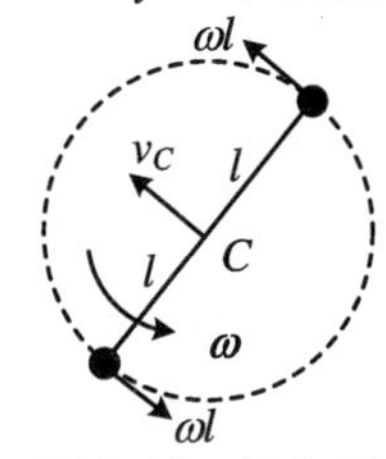

图 3.15　例 3.13 用图

解　(1) 小球的速度大小是ωl,一个小球的动能是$\frac{m}{2}(l\omega)^2$,两球的总动能是$m(l\omega)^2=\frac{1}{2}I_C\omega^2$.

(2) 取v_C的方向与杆垂直的情形计算.根据相对运动得两个球的速度值分别是$v_C-\omega l$和$v_C+\omega l$,故总动能是

$$\frac{m}{2}(v_C+\omega l)^2+\frac{m}{2}(v_C-\omega l)^2=\frac{2m}{2}(v_C)^2+\frac{2m}{2}(\omega l)^2=\frac{2m}{2}(v_C)^2+\frac{1}{2}I_C\omega^2$$

显然,$\frac{2m}{2}(v_C)^2$是质点组或刚体随质心运动的平动动能.上式直接验证了柯尼希定理:刚体做一般运动的总动能是刚体随质心的平动动能$\frac{2m}{2}(v_C)^2$与绕质心的转动动能$\frac{1}{2}I_C\omega^2$之和.

习　题　3

3.1　转动惯量是刚体定轴转动中____________的量度.决定刚体转动惯量大小的因素归纳起来有三个,它们是____________、____________和____________.

3.2　如图3.16所示,质量皆为m的六个质点位于边长为a的正六边形的六个顶点上,每条边上的两个质点皆由刚性轻杆连接,构成正六边形刚体.试计算:(1)刚体绕通过质心且与A_6A_3垂直的转动轴的转动惯量I_C;(2)刚体绕通过A_1和A_5两点的轴转动的转动惯量I;(3)计算I与I_C之差$I-I_C$;(4)计算本题的I_C与例3.1中的I_C之和.

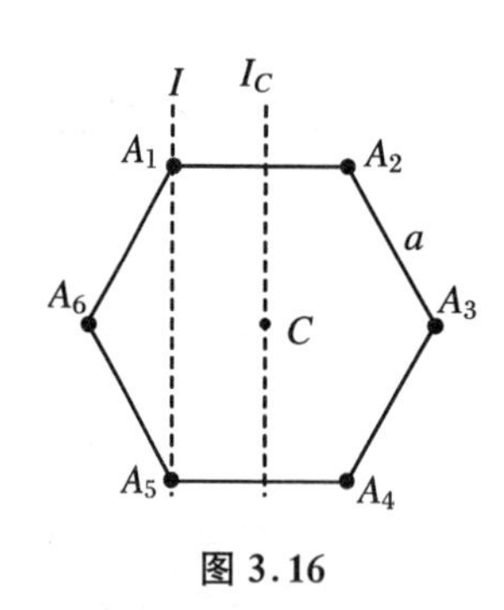

图3.16

3.3　两个半径相同的轮子,质量相同,但一个轮子的质量聚集在边缘附近,另一个轮子的质量分布比较均匀.试问:(1)如果它们的角动量相同,哪个轮子转得快?(2)如果它们的角速度相同,哪个轮子的角动量大?

3.4　两个匀质圆盘A和B的密度分别为ρ_A和ρ_B,$\rho_A>\rho_B$,但两圆盘质量和厚度相同,如两盘对通过盘心且垂直于盘面轴的转动惯量分别为I_A和I_B,则有(　　).

A. $I_A>I_B$　　B. $I_B>I_A$

C. $I_A=I_B$　　D. I_A、I_B哪个大不能确定

3.5　如图3.17所示,求质量为M、长为L的均匀细棒绕通过中心C并与杆垂直的轴的转动惯量.

3.6　如图3.18所示,对于长为a、宽为b、质量为M的匀质长方形薄板,求薄板绕通过质心并与薄板面垂直的轴转动的转动惯量I_{Cz}.

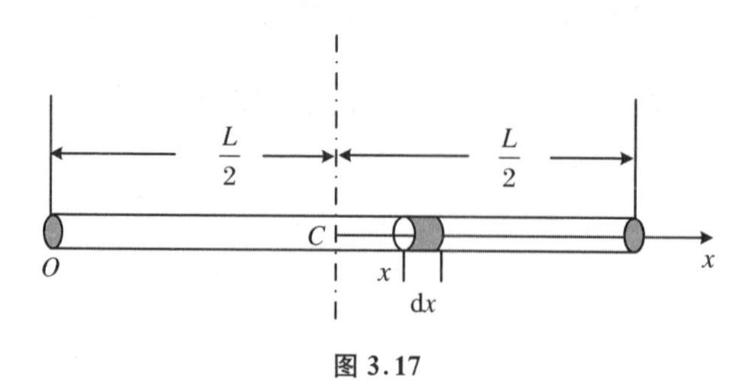

图3.17

3.7　如图3.18所示,对于长为a、宽为b、质量为M的匀质长方形薄板,计算

薄板分别绕其长边和短边转动的转动惯量 I_x 和 I_y.

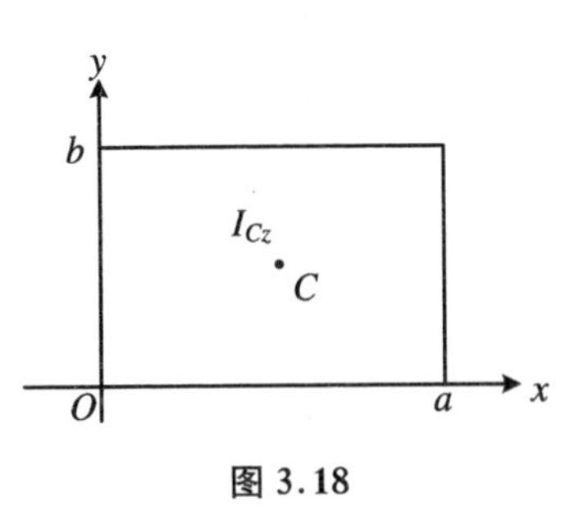

图 3.18

3.8　对于质量为 M、半径为 R 的均匀细圆环，试计算其绕通过其中心且垂直于环面的轴转动的转动惯量.

3.9　对于质量为 M、半径为 R 的均匀薄圆盘，试计算其绕通过其中心且垂直于盘面的轴转动的转动惯量.

3.10　质量为 40 kg、半径为 1 m 的飞轮以转速 $n=1200$ r/min 转动，受到制动后均匀地减速，经 40 s 后静止，求制动力矩的大小.

3.11　半径 50 cm、质量 5 kg 的匀质圆柱体，绕通过质心并垂直于圆截面的转轴的转动惯量为多少?

3.12　试计算质量为 m、半径为 r 的匀质球体绕其直径的转动惯量.

3.13　一燃气轮机在试车时，热气作用在涡轮上的力矩为 2.00×10^3 N，涡轮的转动惯量为 25.0 kg · m^2. 轮的转速由 2.80×10^3 r/min 增大到 1.12×10^4 r/min 所经历的时间 t 为多少?

3.14　一飞轮直径为 0.30 m，质量为 5.00 kg，边缘绕有绳子，现用恒力拉绳子的一端，使飞轮由静止均匀地加速，经 0.50 s 转速达到 10 r/s. 假定飞轮可看作实心圆柱体，求：(1) 飞轮的角加速度及在这段时间内转过的转数；(2) 拉力及拉力所做的功.

3.15　如图 3.19 所示，一质量为 m、半径为 R 的圆盘可以绕通过中心的轴自由地转动，一根弦线绕在盘的边缘，弦线下挂一个质量为 $m'=m/2$ 的物体，求圆盘转动的角加速度.

3.16　如图 3.20 所示，半径为 R、转动惯量为 J 的定滑轮 A 可绕水平光滑轴 O 转动，轮上缠绕有不能伸长的轻绳，绳一端系有质量为 m 的物体 B，B 可在倾角为 θ 的光滑斜面上滑动，求 B 的加速度和绳上张力.

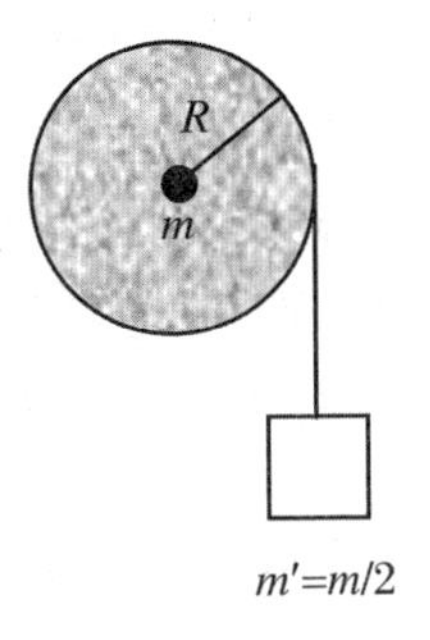

图 3.19

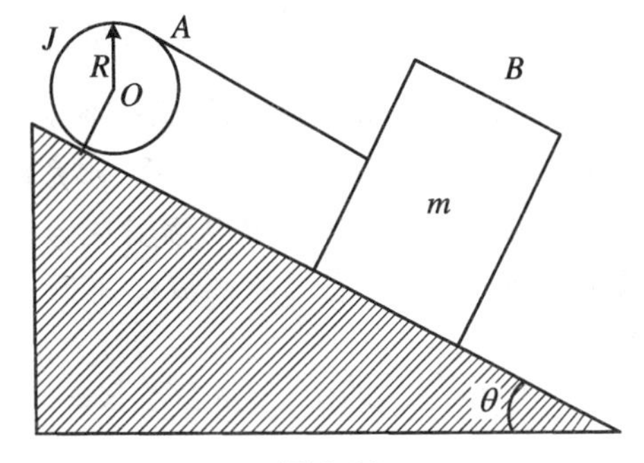

图 3.20

3.17 有一半径为 R 的水平圆转台，可绕通过其中心的竖直固定光滑轴转动，转动惯量为 J. 开始时转台以匀角速度 ω 转动，有一质量为 m 的人站在转台中心，随后人沿半径向外跑去，当人到达转台边缘时，转台的角速度为(　　).

A. $J\omega/(J+mR^2)$　　B. $J\omega/[(J+m)R^2]$

C. $J\omega/(mR^2)$　　D. ω

3.18 如图 3.21 所示，滑轮的半径为 R，质量为 m，转动时受到的摩擦力矩为 M_s，两物块的质量分别为 m_1 和 m_2. 若 $m_1=2m_2=2m$ 且绳长不变，求物块的加速度.

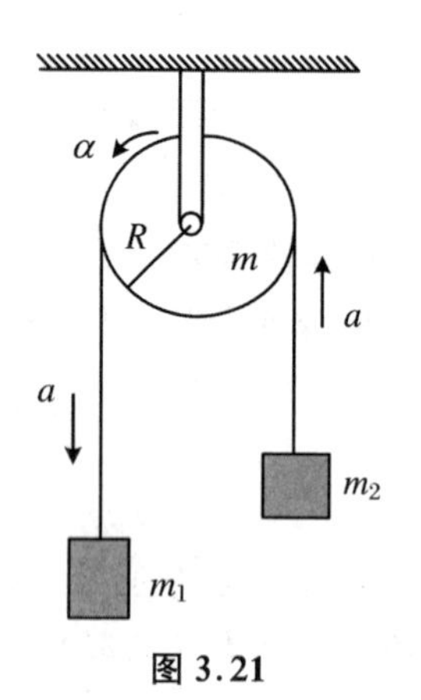

图 3.21

3.19 如图 3.22 所示，有一个小块物体，置于一个光滑的水平桌面上，有一绳一端连接此物体，另一端穿过桌面中心的小孔，该物体原以角速度 ω 在距孔为 R 的圆周上转动，今将绳从小孔缓慢往下拉，则对物体的描述正确的是(　　).

A. 动能不变，动量改变

B. 动量不变，动能改变

C. 角动量不变，动量不变

D. 角动量改变，动量改变

E. 角动量不变，动能、动量都改变

3.20 一匀质球，绕通过其中心的轴以一定的角速度转动. 如果该球的半径减至原来半径的 $1/n$，那么该球的动能增加到原来的多少倍？

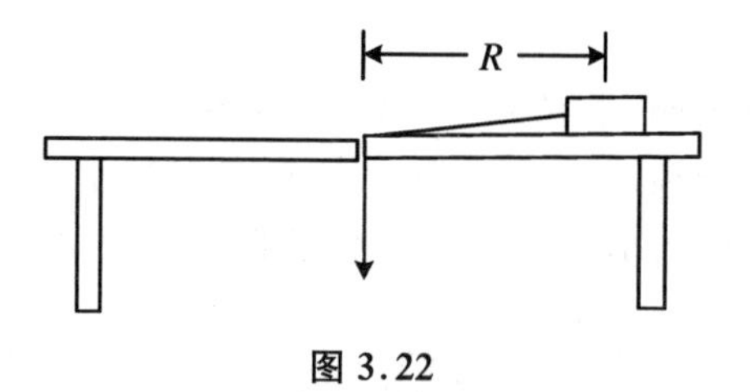

图 3.22

3.21 某人坐在轮椅上手握哑铃，两臂伸直时，人、哑铃、椅子系统对竖直轴的转动惯量为 $I=2\ \mathrm{kg\cdot m^2}$. 在外人推动后，此系统开始以 $n_1=15\ \mathrm{r/min}$ 的转速转动. 问当人的两臂收回，使系统的转动惯量变为 $I=1.50\ \mathrm{kg\cdot m^2}$ 时，他的转速 n_2 是多大？两臂收回过程中，系统的机械能是否守恒？什么力做了功？做功多少？设轴上摩擦忽略不计.

3.22 在例 3.13 中，试就 v_C 的方向与杆平行时的情形计算总动能并验证柯尼希定理.

3.23 质量为 M、长为 l 的均匀细棒，绕通过中心 C 并与杆垂直的轴转动，设角速度为 ω，则其动能是________；若转轴通过棒的一端，则其动能是________. 在后一种情况下，根据柯尼希定理得刚体随质心的平动动能是________，由此知质心的速度是________.

第4章　狭义相对论基础

前面所述的牛顿力学，只适用于宏观物体的低速运动，对于宏观高速运动的物体则需要使用相对论力学．本章简要介绍相对论力学，主要内容有：由爱因斯坦狭义相对论的两个基本假设，导出洛伦兹坐标变换式；通过洛伦兹坐标变换式的应用得出长度收缩和时间延缓，进而得出爱因斯坦狭义相对论的时空观；以完全非弹性碰撞为例，得出质量与速度的关系式；用动量定义不变得出相对论动量；用动能定理对力的积分得出相对论能量；结合相对论动量表达式与相对论能量表达式得出相对论动量和能量的关系．

4.1　经典力学时空观　力学相对性原理

4.1.1　伽利略相对性原理

为了便于理解狭义相对论的一些基本概念，先介绍牛顿力学中的一些相关概念，并做相应的论述．

事件　是在空间某点和某一时刻发生的某一现象，如两粒子相撞、光源开始发光等．

事件描述　用发生地点和发生时刻来描述事件，具体就是用时间坐标和空间坐标来描述．取直角坐标系，一个事件可用四个坐标(x,y,z,t)来表示．

如图4.1所示，有两个惯性系$K(O-XYZ)$、$K'(O'-X'Y'Z')$，相应坐标轴平行，K'相对K以不变的速率v沿X轴正方向匀速运动，O与O'重合时，两个惯性系的时钟同时指零，即有$t=t'=0$．现在考虑P点发生的一个事件，在K系中观测得这一事件的时空坐标为(x,y,z,t)，在K'系中观测得这一事件的时空坐标为(x',y',z',t')，按经典力学观点，可得到两组坐标的关系为

$$\begin{cases} x' = x - vt \\ y' = y \\ z' = z \\ t' = t \end{cases} \tag{4.1.1a}$$

或

$$\begin{cases} x = x' + vt' \\ y = y' \\ z = z' \\ t = t' \end{cases} \tag{4.1.1b}$$

式(4.1.1a)和式(4.1.1b)称为伽利略变换及逆变换公式.

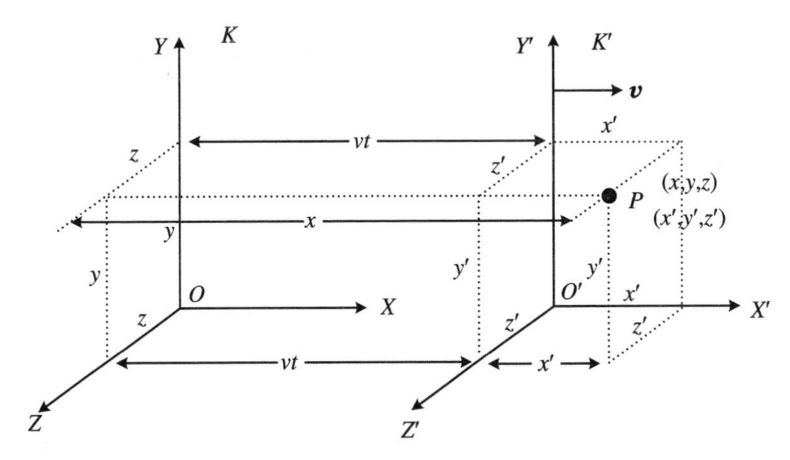

图 4.1　伽利略坐标变换

我们曾指出,牛顿定律只在惯性系中成立,这一结论是从实验研究中得到的.有关牛顿定律的实验研究结果还表明:若物体 A 可取为惯性系,则相对于物体 A 做匀速直线运动的其他任何物体 B 也是惯性系,即牛顿定律在 A、B 两系中均成立.通常把这一实验结果归纳为下述伽利略相对性原理:一切彼此做匀速直线运动的惯性系,对于描述物体运动的牛顿定律来说是完全等价的,没有优劣之分.

4.1.2　经典力学时空观

1. 时间间隔的绝对性

设有两事件 P_1、P_2,在 K 系中测得发生时刻分别为 t_1、t_2,在 K'系中测得发生时刻分别为 t_1'、t_2';在 K 系中测得两事件发生的时间间隔为 $\Delta t = t_2 - t_1$,在 K'系中测得两事件发生的时间间隔为 $\Delta t' = t_2' - t_1'$.因为 $t_1' = t_1$,$t_2' = t_2$,所以 $\Delta t' = \Delta t$.此结果表示在经典力学中无论从哪个惯性系来测量两个事件的时间间隔,所得结果都是相同的,即时间间隔是绝对的,不会因参照系的相对运动而有所变化,与参照系无关.

2. 空间间隔的绝对性

设有一棒,静止在 K'系上,沿 X'轴放置,在 K'系中测得棒两端的坐标分别为 x_1'、x_2'($x_2' > x_1'$),棒长为 $l' = x_2' - x_1'$;在 K 系中同时测得棒两端坐标分别为 x_1、x_2

$(x_2>x_1)$，则棒长为 $l=x_2-x_1=(x_2'-vt)-(x_1'-vt)=x_2'-x_1'$，即 $l'=l$. 此结果表示在不同惯性系中测量同一物体的长度，所得结果相同，即空间间隔是绝对的，与参照系无关.

上述结论是经典时空观(绝对时空观)的必然结果，它认为时间和空间是彼此独立、互不相关并且独立于物质和运动之外的(不受物质或运动影响的)某种东西.

3. 伽利略相对性原理的数学表述　力学相对性原理

首先我们可以证明物体运动的加速度对伽利略变换是不变的，然后得出质点的运动方程(牛顿第二定律)在伽利略变换下具有完全相同的数学形式，从而进一步地阐明力学相对性原理：力学现象对一切惯性系来说，都遵从同样的规律.

由伽利略变换，由于 $t'=t$，$\mathrm{d}t'=\mathrm{d}t$，对变换的各式两边求对时间的导数并注意到 $u_x'=\dfrac{\mathrm{d}x'}{\mathrm{d}t'}$，$u_x=\dfrac{\mathrm{d}x}{\mathrm{d}t}$，从而有

$$\begin{cases}u_x'=u_x-v\\u_y'=u_y\\u_z'=u_z\end{cases}\tag{4.1.2a}$$

或

$$\begin{cases}u_x=u_x'+v\\u_y=u_y'\\u_z=u_z'\end{cases}\tag{4.1.2b}$$

式(4.1.2a)和式(4.1.2b)是伽利略变换下的速度变换公式. 两边再对时间求导数并注意到 $a_x=\dfrac{\mathrm{d}u_x}{\mathrm{d}t}=\dfrac{\mathrm{d}^2x}{\mathrm{d}t^2}$，$a_x'=\dfrac{\mathrm{d}u_x'}{\mathrm{d}t'}=\dfrac{\mathrm{d}^2x'}{\mathrm{d}t'^2}$，$\dfrac{\mathrm{d}v}{\mathrm{d}t}=0$，从而有

$$\begin{cases}a_x'=a_x\\a_y'=a_y\\a_z'=a_z\end{cases}\tag{4.1.3}$$

式(4.1.3)表明：从不同的惯性系观察到的同一质点的加速度是相同的，或说成：物体的加速度对伽利略变换是不变的.

下一步计算可知，牛顿第二定律对伽利略变换是不变的. 在牛顿力学中，一个物体所受的合外力及该物体的质量是与惯性参照系的选择无关的，即若在 K 系中测得物体所受的合外力为 $\boldsymbol{F}$，物体的质量为 m，则在 K' 系中测得的该物体所受的合外力 $\boldsymbol{F}'$ 及质量 m' 分别等于 $\boldsymbol{F}$ 及 m，即

$$\boldsymbol{F}'=\boldsymbol{F},\quad m'=m\tag{4.1.4}$$

由此可知，在 K 和 K' 系中，质点的运动方程(牛顿第二定律)具有完全相同的数学形式，即在 K 系中有 $\boldsymbol{F}=m\boldsymbol{a}$，则在 K' 系中有

$$\boldsymbol{F}'=m'\boldsymbol{a}'\tag{4.1.5}$$

此即伽利略相对性原理的数学表述. 通常借助数学语言把伽利略相对性原理表述成：牛顿第二定律的数学表达形式相对于伽利略变换是不变的.

力学中讲过，牛顿定律适用的参考系称为惯性系，凡是相对惯性系做匀速直线运动的参考系都是惯性系. 即是说，牛顿定律对所有这些惯性系都适用，或者说牛顿定律在一切惯性系中都具有相同的形式，这可以表述为：力学现象对一切惯性系来说，都遵从同样的规律，或者说，在研究力学规律时一切惯性系都是等价的. 这就是力学相对性原理. 这一原理是在实验基础上总结出来的.

4.2　狭义相对论的基本原理　洛伦兹变换

4.2.1　爱因斯坦狭义相对论基本假设

1905 年，爱因斯坦在对实验结果和前人工作进行仔细分析研究的基础上，发表了一篇关于狭义相对论的假设，提出了狭义相对论的两个基本假设：

(1) 相对性原理　基本物理定律在所有惯性系中都保持相同形式，物理学定律与惯性系的选择无关，所有的惯性系都是等价的.

相对性原理是力学相对性原理的推广和发展，物理学规律在所有惯性系中都是相同的，肯定了一切物理规律（包括力、电、光等）都应遵从同样的相对性原理，可以看出，它是力学相对性原理的推广. 它也间接地指明：无论用什么物理实验方法都找不到绝对参照系.

(2) 光速不变原理　在一切惯性系中，光在真空中沿各个方向传播的速率都等于同一个恒量 c（$c\approx3\times10^8\ \mathrm{m\cdot s^{-1}}$），且与光源的运动状态无关.

在所有惯性系中，测得真空中光速均有相同的量值 c，这与经典结果恰恰相矛盾. 因为按照伽利略变换，若光波在 K' 系中以速度 $u'_x=c$ 沿 X' 轴正方向传播，则在 K 系中光波的传播速度应为 $u_x=c+v$. 然而，所有的实验都表明，在任何两个惯性系中所测得的光速（真空中）均相等.

4.2.2　洛伦兹变换

根据光速不变原理，可导出狭义相对论中的坐标变换关系，称为洛伦兹变换公式，其具体表达式是

$$x'=\frac{x-vt}{\sqrt{1-(v/c)^2}},\quad y'=y,\quad z'=z,\quad t'=\frac{t-vx/c^2}{\sqrt{1-(v/c)^2}}\tag{4.2.1}$$

$$x=\frac{x'+vt'}{\sqrt{1-(v/c)^2}},\quad y=y',\quad z=z',\quad t=\frac{t'+vx'/c^2}{\sqrt{1-(v/c)^2}}\tag{4.2.2}$$

其中(x,y,z,t)是某时刻质点 P 在K 系中的时空坐标，而(x',y',z',t')是同一时刻质点 P 在K'系中的时空坐标. 在 K 与K'系的原点 O 与 O'重合时，两个惯性系原点处的两个时钟同时指零，即 $t=t'=0$.

4.2.3　洛伦兹变换的推导

洛伦兹变换与伽利略变换相比，其不同点在于 t、x 与 t'、x'均有关，现推导如下.

为了方便起见，设质点沿 X'轴做直线运动，在 K'系中看，速度 $u'_x=\dfrac{\mathrm{d}x'}{\mathrm{d}t'}$，质点的运动方程为

$$x'=x'(t'),\quad y'=0,\quad z'=0 \tag{4.2.3}$$

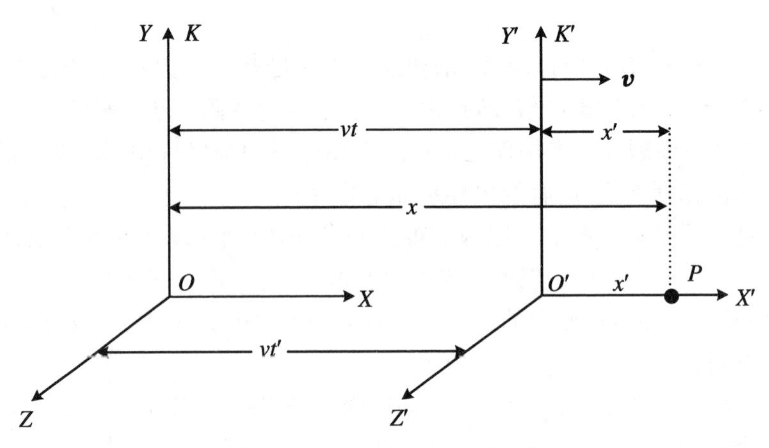

图 4.2　洛伦兹变换推导示意图

同理，在 K 系中看，速度 $u_x=\dfrac{\mathrm{d}x}{\mathrm{d}t}$，质点的运动方程是

$$x=x(t),\quad y=0,\quad z=0 \tag{4.2.4}$$

两个坐标系 K'和 K 间的距离，即坐标原点 O'和 O 间的距离在 K'系中看是 vt'，而在 K 系中看是 vt. 在 K 系中观测的 P 点坐标 x 应是 O'和 O 间的距离 vt 与 $x'\alpha(v)$的和：

$$x=vt+x'\alpha(v) \tag{4.2.5}$$

式中 $\alpha(v)$是变换因子，与 K'系的速度有关，x'是K'系中的测量长度，转换到 K 系时要乘以$\alpha(v)$. 同理，根据对称性，K 系中的测量长度 x 转换到 K'系时要乘以$\alpha(v)$，即质点 P 到原点 O 的距离坐标 x 在 K'系中看来是 $x\alpha(v)$，它是 vt'与 x'的和：

$$x\alpha(v)=vt'+x' \tag{4.2.6}$$

以上两式分别是 X 坐标的洛伦兹变换和逆变换，只是变换因子 $\alpha(v)$的具体形式

需要进一步计算，这可以由光速不变原理推出. 为此将以上两式分别对 t 和 t' 求导，得

$$\frac{\mathrm{d}x}{\mathrm{d}t} = v + \alpha(v)\frac{\mathrm{d}x'}{\mathrm{d}t'}\frac{\mathrm{d}t'}{\mathrm{d}t} \tag{4.2.7}$$

$$\alpha(v)\frac{\mathrm{d}x}{\mathrm{d}t}\frac{\mathrm{d}t}{\mathrm{d}t'} = v + \frac{\mathrm{d}x'}{\mathrm{d}t'} \tag{4.2.8}$$

若质点是沿 X' 轴方向运动的光子，由光速不变原理有 $\frac{\mathrm{d}x}{\mathrm{d}t} = \frac{\mathrm{d}x'}{\mathrm{d}t'} = c$，代入以上两式可解得

$$\alpha(v) = \sqrt{1 - v^2/c^2} \tag{4.2.9}$$

将式(4.2.9)代入式(4.2.5)，可得 X 坐标的洛伦兹变换(4.2.1)式的第一个式子；将式(4.2.9)代入式(4.2.6)，可得 X 坐标的洛伦兹逆变换(4.2.2)式的第一个式子；式(4.2.5)和式(4.2.6)联立消去坐标 x' 解出 t'，可得式(4.2.1)的第四个式子，消去坐标 x 解出 t，可得式(4.2.2)的第四个式子.

对于另外两个坐标的变换式，在本例中，由于质点沿 X' 轴做直线运动，故有 $y = y' = 0$ 和 $z = z' = 0$，若质点沿与 X' 轴平行的某直线运动，则有 $y = y' = c_1$ 和 $z = z' = c_2$，显然，对于质点的任意运动，有 $y(t) = y'(t')$ 和 $z(t) = z'(t')$.

此外，对洛伦兹时间变换式(4.2.1)式求导，可得 $\frac{\mathrm{d}t'}{\mathrm{d}t} = \frac{1 - vu_x/c^2}{\sqrt{1-(v/c)^2}}$，代入式(4.2.7)可得速度变换式：

$$u'_x = \frac{u_x - v}{1 - vu_x/c^2} \tag{4.2.10}$$

例 4.1　已知某质点在 K 系中的运动方程为

$$x = z = 0, \quad y = v_{y0}t \quad （匀速直线运动）$$

v_{y0} 为常量. 求该质点在 K' 系中的运动学方程，并证明 $u'_y = \frac{\mathrm{d}y'}{\mathrm{d}t'} = \alpha\frac{\mathrm{d}y}{\mathrm{d}t}$.

证明　根据洛伦兹变换，有

$$x' = (x - vt)/\alpha = -vt/\alpha, \quad y' = y = v_{y0}t$$

而由 $t' = (t - vx/c^2)/\alpha = t/\alpha$ 可得 $t = t'\alpha$，代入上式得

$$x' = -vt', \quad y' = v_{y0}(t'\alpha)$$

由此可见，质点仍然做匀速直线运动，其速度的 y' 分量是 $u'_y = \frac{\mathrm{d}y'}{\mathrm{d}t'} = \alpha v_{y0} = \alpha\frac{\mathrm{d}y}{\mathrm{d}t}$.

4.3 狭义相对论的时空观

4.3.1 关于测量

无论是在 K 系还是在 K' 系中的观察者，对时间间隔及空间间隔的测量，都是使用同样的标准钟和标准尺去进行的，在 K 与 K' 系重合的瞬时，Y 轴与 Y' 轴、Z 轴与 Z' 轴完全重合，且包括轴上的刻度线也是重合的，X 轴与 X' 轴两条线虽然重合，但轴上的刻度线除原点外都是不重合的；对时钟来讲，设想在 K 与 K' 系的空间中到处都有一模一样的标准钟，在同一个参照系里，所有的钟都是相对固定且同步运行工作的，而在 K 与 K' 系重合的瞬时，固定于 K 系原点 O 处的钟与固定于 K' 系原点 O' 处的钟同时校准为零点读数，即为计时零点，各参照系内的观察者分别用自己的尺和钟去测量时间和空间尺度.

4.3.2 狭义相对论的时空观

在这里，我们将从洛伦兹变换出发，讨论同时性、时间比较和长度变化等基本问题.从所得结果，可以更清楚地认识到：以洛伦兹变换为基础的狭义相对论对经典的时空观进行了一次十分深刻的变革.

1. 同时性问题

按牛顿力学，时间是绝对的，因而同时性也是绝对的，这就是说，在同一个惯性系 K 中如果观察到两个事件是同时发生的，则在惯性系 K' 中看来也是同时发生的.但按相对论，同时性不是绝对的.下面讨论此问题.

如前面所取的坐标系 K 和 K'，在 K' 系中发生了两个事件，事件发生的时空坐标分别为 (t_1',x_1',y_1',z_1') 和 (t_2',x_2',y_2',z_2')，这两个事件在 K 系中观测的时空坐标分别为 (t_1,x_1,y_1,z_1) 和 (t_2,x_2,y_2,z_2). 当 $t_1'=t_2'=t_0'$ 时，则在 K' 系中认为两个事件是同时发生的，但按照洛伦兹变换，在 K 系看此两个事件发生的时间间隔为

$$\Delta t = t_2 - t_1 = \frac{1}{\alpha}\left(t_2'+\frac{v}{c^2}x_2'\right)-\frac{1}{\alpha}\left(t_1'+\frac{v}{c^2}x_1'\right)$$

$$=\frac{1}{\alpha}\left[(t'_2-t'_1)+\frac{v}{c^2}(x_2'-x_1')\right] \tag{4.3.1}$$

若 $t_2'=t_1'$，$x_1'\neq x_2'$，则 $\Delta t=\dfrac{1}{\alpha}\dfrac{v}{c^2}(x'_2-x'_1)\neq 0$，即 K 上测得此两个事件一定不是同时发生的；若 $t_2'=t_1'$，$x_1'=x_2'$，则 $\Delta t=0$，即 K 上测得此两个事件一定是同时发

生的;若 $t'_2 \neq t'_1$,$x'_1 \neq x'_2$,则 Δt 是否为零不一定,即 K 上测得此两个事件是否同时发生不一定.

从以上讨论中可以看到"同时"是相对的,这与经典力学截然不同.上述结果表明:在 K 系中观察到上述两件事可以是先后发生的,因此,在相对论中,同时性的概念是相对的,即在一个惯性系中是在不同的地方同时发生的两件事,在另一个惯性系中则可能是不同时发生的.

2. 运动物体长度缩短问题

设有一杆静止在 K 系中的 X 轴上,K 系中的观察者测得杆长为 $l = x_2 - x_1$,而 K' 系中的观察者测得此杆长为 $l' = x'_2 - x'_1$,这里两个端点 A 和 B 的坐标 x'_1 和 x'_2 是 K' 系中的观察者在同一时刻 t' 测量得到的坐标值,依据洛伦兹变换,有

$$x_2 = \frac{x'_2 + vt'}{\sqrt{1-(v/c)^2}}, \quad x_1 = \frac{x'_1 + vt'}{\sqrt{1-(v/c)^2}}$$

以上两式相减得

$$x_2 - x_1 = \frac{x'_2 - x'_1}{\sqrt{1-(v/c)^2}}$$

即

$$l' = l\sqrt{1-(v/c)^2} \tag{4.3.2}$$

由(4.3.2)式知:$l' < l$,即在 K' 系中测得的物体长度较短.同理,在 K' 系中 X' 轴上静止的杆,在 K' 上测得的长度也短了,因为所有惯性系都是等价的.

结论　物体静止的时候,测得的物体长度叫固有长度,记为 L_0,物体沿长度方向以速率 v 运动的时候,测得的此物体的长度记为 L,不妨叫作运动长度,狭义相对论的理论结果指出,运动长度小于固有长度,即有

$$L = L_0\sqrt{1-\beta^2}\ (\beta = v/c), \quad L < L_0 \tag{4.3.3}$$

在低速情形下,式(4.3.3)所反映的长度收缩效应很小,可略去不计,因为 $v \ll c$ 时,$\beta = v/c \ll 1$,$L \approx L_0$.但在高速运动中,长度收缩效应非常显著,例如,$v = 0.98c$ 时,若 $L_0 = 20$ m,则 $L = L_0\sqrt{1-\beta^2} = 20\sqrt{1-(0.98)^2} \approx 4$ (m).

例 4.2　有惯性系 K 和 K',K' 相对于 K 以速率 v 沿 x 轴正方向运动.$t = t' = 0$ 时,K 与 K' 的相应坐标轴重合,有一固有长度为 L_0 的棒静止在 K' 系的 $O'\text{-}x'y'$ 平面上,在 K' 系上测得与 x' 轴正向夹角为 θ'.在 K 系上测量时,(1) 棒与 x 轴正方向夹角为多少?(2) 棒的长度为多少?

解　(1) 如图 4.3 所示,设 l_x、l_y 为 K 上测得杆长在 x、y 方向的分量,l'_x、l'_y 为 K' 上测得杆长在 x'、y' 方向的分量,有

$$\tan\theta = \frac{l_y}{l_x} = \frac{l'_y}{l'_x\sqrt{1-\frac{v^2}{c^2}}} = \tan\theta'\frac{1}{\sqrt{1-\frac{v^2}{c^2}}} \Rightarrow \theta = \arctan\left[\frac{1}{\sqrt{1-\frac{v^2}{c^2}}}\tan\theta'\right]$$

(2) 棒的长度是

$$l=\sqrt{l_x^2+l_y^2}=\sqrt{l_x'^2\left(1-\frac{v^2}{c^2}\right)+l_y'^2}$$

$$=L_0\sqrt{\cos^2\theta'\left(1-\frac{v^2}{c^2}\right)+\sin^2\theta'}=L_0\sqrt{1-\frac{v^2}{c^2}\cos^2\theta'}$$

长度缩短只发生在运动方向上.

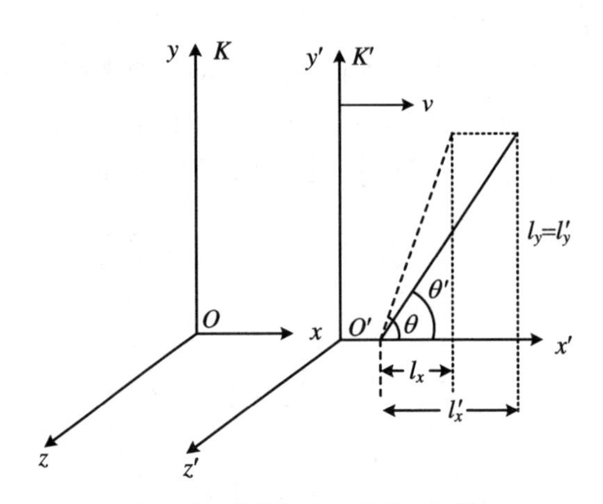

图 4.3　棒长与方向的关系计算

3. 时间延长问题

设在 K'系中空间坐标为$(x_0',0,0)$的某固定地点,有一物体内部前后发生两事件(如分子振动一个周期的起始点和终点,物体温度从初始 T_1 升高到终温 T_2 等),事件的时空坐标分别为$(t_1',x_0',0,0)$和$(t_2',x_0',0,0)$,使用该处的钟记录的这两事件的时间间隔为 $\Delta t'=t_2'-t_1'$.在 K 系上测得两事件的时空坐标为$(t_1,x_1,0,0)$,$(t_2,x_2,0,0)$,在 K 系上的钟记录这两个事件的时间间隔为 $\Delta t=t_2-t_1$,因为 K'系在运动,所以 $x_2\neq x_1$,且有

$$t_1=\left(t_1'-\frac{x_0'v}{c^2}\right)\Big/\sqrt{1-\beta^2},\quad t_2=\left(t_2'-\frac{x_0'v}{c^2}\right)\Big/\sqrt{1-\beta^2}$$

以上两式相减得 K 系上测得这两事件发生的时间间隔为

$$\Delta t=t_2-t_1=\frac{t_2'-t_1'}{\sqrt{1-\beta^2}}=\frac{\Delta t'}{\sqrt{1-\beta^2}}\tag{4.3.4}$$

可见,在 K 系中,测得的时间间隔要长些.$\Delta t'$是在某参照系中同一个固定地点上测得两事件间的时间间隔,称为固有时,在另一个以速率 v 与之做相对运动的参照系中,测得的时间间隔不妨称为运动时.运动时大于固有时就称之为时间的延缓效应,表明物体的运动速率越大,所观测的内部过程进行得就越缓慢.当速率比光速小得多时,这种时间延缓效应不明显,但当速率很大时,效应就非常显著.在高能物理实验中观测到的不稳定粒子的平均寿命证明,高速运动的不稳定粒子的平

均寿命比静止时的寿命大得多.

4.3.3 狭义相对论的速度变换关系

记 $u_x=\dfrac{\mathrm{d}x}{\mathrm{d}t},u_y=\dfrac{\mathrm{d}y}{\mathrm{d}t},u_z=\dfrac{\mathrm{d}z}{\mathrm{d}t},u_x'=\dfrac{\mathrm{d}x'}{\mathrm{d}t'},u_y'=\dfrac{\mathrm{d}y'}{\mathrm{d}t'},u_z'=\dfrac{\mathrm{d}z'}{\mathrm{d}t'}$,由洛伦兹变换求微分,得

$$\mathrm{d}x'=\frac{1}{\alpha}(\mathrm{d}x-v\mathrm{d}t),\quad \mathrm{d}y'=\mathrm{d}y,\quad \mathrm{d}z'=\mathrm{d}z,\quad \mathrm{d}t'=\frac{1}{\alpha}\left(\mathrm{d}t-\frac{v}{c^2}\mathrm{d}x\right)$$

由此有

$$u_x'=\frac{\mathrm{d}x'}{\mathrm{d}t'}=\frac{\frac{1}{\alpha}(\mathrm{d}x-v\mathrm{d}t)}{\frac{1}{\alpha}\left(\mathrm{d}t-\frac{v}{c^2}\mathrm{d}x\right)}=\frac{\frac{\mathrm{d}x}{\mathrm{d}t}-v}{1-\frac{v}{c^2}\frac{\mathrm{d}x}{\mathrm{d}t}}=\frac{u_x-v}{1-\frac{v}{c^2}u_x}\tag{4.3.5a}$$

$$u_y'=\frac{\mathrm{d}y'}{\mathrm{d}t'}=\frac{\mathrm{d}y}{\frac{1}{\alpha}\left(\mathrm{d}t-\frac{v}{c^2}\mathrm{d}x\right)}=\frac{\alpha\frac{\mathrm{d}y}{\mathrm{d}t}}{1-\frac{v}{c^2}\frac{\mathrm{d}x}{\mathrm{d}t}}=\frac{\alpha u_y}{1-\frac{v}{c^2}u_x}\tag{4.3.5b}$$

$$u_z'=\frac{\mathrm{d}z'}{\mathrm{d}t'}=\frac{\mathrm{d}z}{\frac{1}{\alpha}\left(\mathrm{d}t-\frac{v}{c^2}\mathrm{d}x\right)}=\frac{\alpha\frac{\mathrm{d}z}{\mathrm{d}t}}{1-\frac{v}{c^2}\frac{\mathrm{d}x}{\mathrm{d}t}}=\frac{\alpha u_z}{1-\frac{v}{c^2}u_x}\tag{4.3.5c}$$

同理,其速度逆变换为

$$u_x=\frac{u_x'+v}{1+\frac{u_x'v}{c^2}},\quad u_y=\frac{\alpha u_y'}{1+\frac{u_x'v}{c^2}},\quad u_z=\frac{\alpha u_z'}{1+\frac{u_z'v}{c^2}}\tag{4.3.6}$$

例 4.3　已知 $\boldsymbol{u}=\dfrac{c}{\sqrt{2}}\boldsymbol{i}+\dfrac{c}{\sqrt{2}}\boldsymbol{j}$,试计算 $|\boldsymbol{u}|$ 和 $|\boldsymbol{u}'|$.

解　因为 $u_x=u_y=\dfrac{c}{\sqrt{2}},u_z=0$,所以 $|\boldsymbol{u}|=\sqrt{u_x^2+u_y^2+u_z^2}=c$.由速度变换公式,有

$$u_x'=\frac{u_x-v}{1-\frac{v}{c^2}u_x}=\frac{\frac{c}{\sqrt{2}}-v}{1-\frac{v}{c^2}\frac{c}{\sqrt{2}}}=\frac{c(c-\sqrt{2}v)}{\sqrt{2}c-v}$$

$$u_y'=\frac{\frac{c}{\sqrt{2}}\sqrt{1-\frac{v^2}{c^2}}}{1-\frac{v}{c^2}\frac{c}{\sqrt{2}}}=\frac{c\sqrt{c^2-v^2}}{\sqrt{2}c-v}$$

$$u_z'=0$$

得

$$|\boldsymbol{u}|^2 = u_x'^2 + u_y'^2 + u_z'^2 = \frac{c^2[(c-\sqrt{2}v)^2 + (c^2 - v^2)]}{(\sqrt{2}c - v)^2} = c^2$$

即$|\boldsymbol{u}'| = c$.本例中$|\boldsymbol{u}| = |\boldsymbol{u}'| = c$符合光速不变原理.

4.4 狭义相对论动力学

经典力学对伽利略变换来说是协变的,在旧时空概念下,牛顿定律对任意惯性系成立.由于时空观的发展,洛伦兹变换代替了伽利略变换,经典力学的原有形式不再满足相对性原理.爱因斯坦认为,应该对经典力学进行改造或修正,以使它满足洛伦兹变换和洛伦兹变换下的相对性原理.经这种改造的力学就是相对论力学.当然,在低速($v \ll c$)情况下,相对论力学应该合理地过渡到经典力学.

4.4.1 相对论质量和动量

在经典力学中,根据动能定理,做功会使质点的动能增加,质点的运动速率将增大,速率增大到多大,原则上没有上限.而实验证明这是错误的.例如,在真空管的两个电极之间施加电压,用以对其中的电子加速.实验发现,当电子速率越高时加速就越困难,并且无论施加多大的电压,电子的速度都不能达到光速.这一事实意味着物体的质量不是绝对不变量,可能是速率的函数,随速率的增加而增大.在相对论力学中,以速率v运动的物体的质量m与它的静质量m_0的一般关系是

$$m = \frac{m_0}{\sqrt{1 - v^2/c^2}} \tag{4.4.1}$$

这就是相对论质速关系,这个关系改变了人们在经典力学中认为质量是不变量的观念.从上式还可以看出,当物体的运动速率无限接近光速时,其相对论质量将无限增大,其惯性也将无限增大,所以,施以任何有限大的力都不可能将静质量不为零的物体加速到光速c.可见,用任何动力学手段都无法获得超光速运动.这就从另一个角度说明了在相对论中光速是物体运动的极限速度.

可以证明,若定义动量

$$\boldsymbol{p} = m\boldsymbol{v} = \frac{m_0 \boldsymbol{v}}{\sqrt{1 - v^2/c^2}} \tag{4.4.2}$$

便可使动量守恒定律在洛伦兹变换下保持数学形式不变.式(4.4.2)表示的就是相对论动量,它并不正比于物体运动的速度v,但在低速情况下,相对论动量将过渡到经典力学中的形式.

例 4.4　已知在 K 系观测，静止的粒子质量为 $2m_0$，分裂后的两部分 A 和 B 以相同的速度 v 沿相反的方向运动，它们的(运动)质量相等，为 m'. 试回答以下问题：(1) 若粒子分裂前后质量相等，求 m' 和 m_0 的关系；(2) 求粒子分裂后 A 和 B 的静质量 m_0'；(3) 在 K 系观测，粒子分裂前后是否质量守恒.

解　如图 4.2 所示，K' 系相对于 K 系以速度 v 沿 x 轴正方向运动，在 K 系有一静止在 x_0 处的粒子，质量为 $2m_0$，由于内力的作用而分裂为质量相等的两部分 A 和 B，设 A 以速度 v 沿 x 轴正方向运动，质量为 $M_A(v)$，而 B 以速度 v 沿 x 轴负方向运动，质量为 $M_B(v)$，并且 $M_A(v) = M_B(v) = m'$.

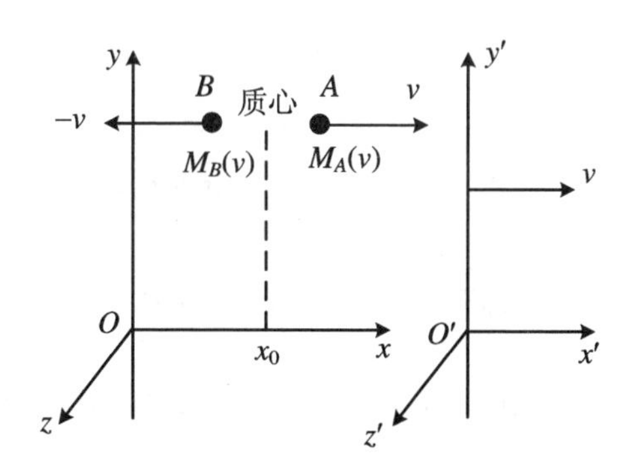

图 4.4　质量速度关系示意图

(1) 由于质量守恒，$2m_0 = M_A(v) + M_B(v)$，得 $m' = m_0$.

(2) 在 K' 系看来，A 是静止不动的，其质量是 m_0'，在 K 系看来，A 是运动的，其质量是 m'，它们的关系是 $m' = \dfrac{m_0'}{\sqrt{1-v^2/c^2}}$，所以有

$$m_0' = \sqrt{1-v^2/c^2}\,m' = \sqrt{1-v^2/c^2}\,m_0$$

(3) 现在在 K' 系下讨论. 分裂前质量是

$$\frac{2m_0}{\sqrt{1-v^2/c^2}} = \frac{2m_0'}{1-v^2/c^2}$$

B 的运动速度可由洛伦兹速度变换公式求得：

$$v_B' = \frac{-v-v}{1-(-v)v/c^2} = \frac{-2v}{1+v^2/c^2}$$

故 B 的质量是 $\dfrac{m_0'}{\sqrt{1-v_B'^2/c^2}} = \dfrac{1+v^2/c^2}{1-v^2/c^2}m_0'$. A 的质量是 m_0'，分裂后总质量是

$$m_0' + \frac{1+v^2/c^2}{1-v^2/c^2}m_0' = \frac{2m_0'}{1-v^2/c^2}$$

显然与分裂前质量相等，即在 K' 系下粒子分裂前后质量守恒.

4.4.2 相对论力学的基本方程

在经典力学中,质点动量的时间变化率等于作用于质点的合外力,即 $\boldsymbol{F}=\frac{\mathrm{d}(m\boldsymbol{v})}{\mathrm{d}t}=\frac{\mathrm{d}\boldsymbol{p}}{\mathrm{d}t}$,其中 m 是物体的质量,为恒量;$\boldsymbol{v}=\mathrm{d}\boldsymbol{r}/\mathrm{d}t$ 是物体相对于某惯性参照系K 的速度; $\boldsymbol{p}=m\boldsymbol{v}$ 是物体的动量;$\boldsymbol{F}$ 是物体所受的合外力.在相对论中,这一关系仍然成立,不过其中的动量应是式(4.4.2)表示的相对论动量,即有

$$\boldsymbol{F}=\frac{\mathrm{d}\boldsymbol{p}}{\mathrm{d}t}=\frac{\mathrm{d}}{\mathrm{d}t}\left(\frac{m_0\boldsymbol{v}}{\sqrt{1-v^2/c^2}}\right) \tag{4.4.3}$$

这就是相对论动力学的基本方程.显然,当质点的运动速度 $v\ll c$ 时,上式将回归到牛顿第二定律.可见,牛顿第二定律是物体在低速运动情况下相对论动力学方程的近似.

例 4.5 已知一静止质量为 m_0 的物体在恒力 $\boldsymbol{F}=F_0\boldsymbol{i}$ 作用下,由静止开始运动,求运动到 t 时刻的速度.

解 由于物体在恒力作用下由静止开始运动,其运动轨迹是直线,由式(4.4.3)有

$$\boldsymbol{F}=F_0\boldsymbol{i}=\frac{\mathrm{d}}{\mathrm{d}t}\frac{m_0v\boldsymbol{i}}{\sqrt{1-v^2/c^2}}$$

两边乘 $\mathrm{d}t$ 并积分得 $\int_0^t F_0\mathrm{d}t=\frac{m_0v}{\sqrt{1-v^2/c^2}}\Bigg|_0^v$,即 $F_0t=\frac{m_0v}{\sqrt{1-v^2/c^2}}$,解出速度 v 得

$$v=\frac{F_0tc}{\sqrt{(F_0t)^2-(m_0c)^2}}$$

显然,在 $t\rightarrow+\infty$ 时,$v\rightarrow c$.

4.4.3 相对论力学中质量和能量的关系

在相对论力学中,静止的物体具有能量 m_0c^2,称为物体的静能(固有内能),用 E_0 表示,即

$$E_0=m_0c^2 \tag{4.4.4}$$

而物体运动时具有总能量 mc^2,用 E 表示,有

$$E=mc^2=\frac{m_0}{\sqrt{1-v^2/c^2}}c^2 \tag{4.4.5}$$

这就是物体的质能关系,表明物体的质量和总能量这两个重要的物理量之间有着密切的联系.规定质点处于静止状态时,其动能等于零,则可定义物体运动时具有

的总能量与物体的静能之差就是物体的动能 W：

$$W = mc^2 - m_0 c^2 = \left(\frac{1}{\sqrt{1 - v^2/c^2}} - 1\right) m_0 c^2 \tag{4.4.6}$$

可以证明，在质点的运动速率 $v \ll c$ 的条件下，上式可近似表示为 $W = \frac{1}{2} m_0 v^2$（见习题 4.17）.

例 4.6　试由式(4.4.3)证明动能定理成立.

证明　由式(4.4.1)知质量的微分是

$$\mathrm{d}m = m_0 \mathrm{d}\left[\frac{1}{\sqrt{1 - (v/c)^2}}\right] = \frac{mv\mathrm{d}v}{c^2 - v^2} \tag{4.4.7}$$

即 $(c^2 - v^2)\mathrm{d}m = mv\mathrm{d}v$，由此可得 $c^2\mathrm{d}m = mv\mathrm{d}v + v^2\mathrm{d}m$，由式(4.4.6)知动能的微分是

$$\mathrm{d}W = c^2\mathrm{d}m = mv\mathrm{d}v + v^2\mathrm{d}m \tag{4.4.8}$$

由于 $\boldsymbol{v} \cdot \mathrm{d}\boldsymbol{v} = v_x \mathrm{d}v_x + v_y \mathrm{d}v_y + v_z \mathrm{d}v_z = \frac{1}{2}\mathrm{d}(v_x^2 + v_y^2 + v_z^2) = \frac{1}{2}\mathrm{d}v^2 = v\mathrm{d}v$，由式(4.4.3)得

$$\boldsymbol{F} \cdot \mathrm{d}\boldsymbol{r} = \frac{\mathrm{d}(m\boldsymbol{v})}{\mathrm{d}t} \cdot \mathrm{d}\boldsymbol{r} = \mathrm{d}(m\boldsymbol{v}) \cdot \frac{\mathrm{d}\boldsymbol{r}}{\mathrm{d}t} = [m\mathrm{d}\boldsymbol{v} + (\mathrm{d}m)\boldsymbol{v}] \cdot \boldsymbol{v} = mv\mathrm{d}v + v^2\mathrm{d}m$$

由此可见 $\mathrm{d}W = \boldsymbol{F} \cdot \mathrm{d}\boldsymbol{r}$，动能定理成立.

质点系碰撞或粒子分裂的过程中，若既不吸收能量又不放出能量，则反应前后质量守恒，将质量乘以光速的平方就得到反应前后总能量守恒，如例 4.4 的情形. 若反应前后质量不守恒，则在反应前后的过程中一定有能量吸收或放出. 当质量减少时表示有能量放出，反之伴随的是能量吸收. 让我们看一个例子.

例 4.7　一个氦核是由两个质子和两个中子结合而成的，假设粒子在结合前后的速度很小，对应的动能相对于静止能量可以忽略不计. 已知一个氦核的质量是 $m_a = 6.6425 \times 10^{-27}$ kg，一个质子的质量是 $m_p = 1.6736 \times 10^{-27}$ kg，一个中子的质量是 $m_n = 1.6750 \times 10^{-27}$ kg. 求：(1) 将两个质子和两个中子结合成一个氦核的过程中所放出的能量；(2) 结合成一摩尔氦核的过程中所放出的能量.

解　(1) 注意到 $2m_p + 2m_n > m_a$，即两个质子和两个中子结合成一个氦核的过程中，总质量减少，减少量为

$$\Delta m = (2m_p + 2m_n) - m_a = 0.0547 \times 10^{-27}(\mathrm{kg})$$

可知结合过程中有能量放出，按照质能关系，放出的能量为

$$\Delta E = \Delta mc^2 = 0.4923 \times 10^{-11}(\mathrm{J})$$

(2) 结合成一摩尔氦核的过程中所放出的能量为

$$N_0 \Delta E = 6.022 \times 10^{23} \times 0.4923 \times 10^{-11} = 2.965 \times 10^{12}(\mathrm{J})$$

这差不多相当于燃烧 100 吨煤所放出的热量.

4.4.4 动量和能量的关系

物体的动量 $p=\dfrac{m_0 v}{\sqrt{1-(v/c)^2}}$ 的平方是 $p^2=\dfrac{(m_0 v)^2 c^2}{c^2-v^2}$，总能量 $E=\dfrac{m_0 c^2}{\sqrt{1-(v/c)^2}}$ 的平方是

$$E^2=\frac{(m_0 c^2)^2 c^2}{c^2-v^2}=\frac{(m_0 c^2)^2(c^2-v^2+v^2)}{c^2-v^2}=(m_0 c^2)^2+\frac{(m_0 v)^2 c^4}{c^2-v^2}$$

由此得到

$$E^2=(pc)^2+(m_0 c^2)^2 \tag{4.4.9}$$

这就是相对论力学中动量和能量的关系，可以用图 4.5 所示的三角形来表示. 例如，对于光子，静止质量 $m_0=0$，设其能量为 E，由质能关系 $E=mc^2$ 知其运动质量为 $m=\dfrac{E}{c^2}$，由动量和能量的关系 $E^2=(pc)^2+(m_0 c^2)^2$，知其动量为 $p=\dfrac{E}{c}$.

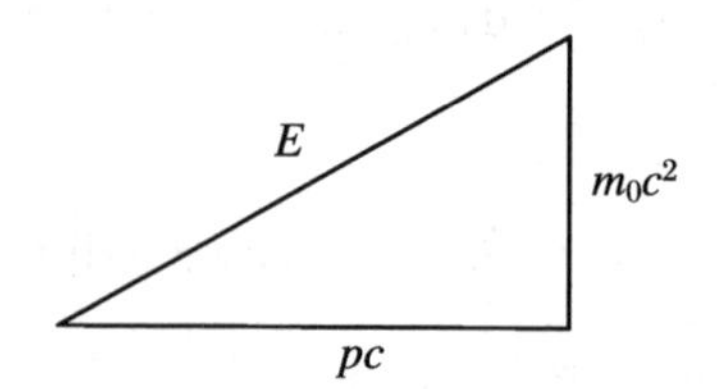

图 4.5 动量和能量的关系

习 题 4

4.1 已知某质点在 K' 系中的运动方程为 $x'=z'=0$，$y'=v'_{y0}t'$（v'_{y0} 为常量），质点由 $y'=0$ 运动到 $y'=1$，分别求在 K' 系和 K 系中该过程所经历的时间.

4.2 已知某质点在 K 系中的运动方程为 $x=z=0$，$y=ft$（变速直线运动）. 证明：

$$u'_y=\frac{\mathrm{d}y'}{\mathrm{d}t'}=\alpha\frac{\mathrm{d}f}{\mathrm{d}t}$$

4.3 狭义相对论的两条基本原理是________原理和________原理.

4.4 一宇宙飞船相对地球以 0.8c（c 表示真空中光速）的速度飞行，一光脉冲从船头传到船尾，飞船上的观察者测得飞船长为 90 m，则在地球上的观察者测得光脉冲从船头发出到达船尾的空间间隔为多少？

4.5 一观察者测得运动着的米尺为 0.5 m 长，求此米尺的移动速度.

4.6　静止长度为 $L=1200\ \mathrm{m}$ 的一列火车，相对车站以匀速 u 直线运动，车站的站台长度 $l=900\ \mathrm{m}$，车站上的观察者看到车尾通过站台进口时，车头正好通过站台出口.求：(1) 火车速率 u；(2) 火车上乘客测得的站台长度 l'.

4.7　如一观察者测出电子质量为 $1.25m_0$，问此时电子速度为多少？（m_0 为电子的静止质量.）

4.8　已知当某粒子静止时，质量为 m_0，试计算该粒子以速度 $v=0.98c$ 运动时的运动质量 m.

4.9　试就例 4.2 的情形证明在 K' 系下粒子分裂前后动量守恒.

4.10　如一观察者测出两个电子 A、B 分别以 $+0.8c$ 和 $-0.8c$ 的速度沿相反方向运动，求电子 A 相对于电子 B 的速度有多大？

4.11　在相对论的时空观中，以下说法正确的是(　　).

A. 在一个惯性系中两个同时发生的事件，在另一个惯性系中一定不同时

B. 在一个惯性系中两个同时发生的事件，在另一个惯性系中一定同时

C. 在一个惯性系中两个同时又同地发生的事件，在另一个惯性系中一定同时同地

D. 在一个惯性系中两个同时不同地发生的事件，在另一个惯性系中只可能同时不同地

4.12　设固有长度 $l_0=2.50\ \mathrm{m}$ 的汽车，以 $u=30.0\ \mathrm{m/s}$ 的速度沿直线行驶，问站在路旁的观察者按相对论计算该汽车长度缩短了多少？

4.13　某宇宙飞船以 $0.8c$ 的速度离开地球的观察者甲，甲接收到宇宙飞船上的宇宙员乙发出的两个光脉冲信号，甲从第一次接收光脉冲信号起到第二次接收光脉冲信号止的时间间隔为 9 s，则宇宙员乙测出的他发出两个光脉冲信号的时间间隔为(　　).

A. 5.4 s　　B. 3.0 s　　C. 9.0 s　　D. 5.0 s

4.14　一原子核以 $0.5c$ 的速度离开一观察者而运动.原子核在它运动方向上向上发射一电子，该电子相对于核有一 $0.8c$ 的速度，此原子核又向后发射了一光子指向观察者.对静止观察者来讲，(1) 电子具有多大的速度？(2) 光子具有多大的速度？

4.15　试就例 4.4 的情况证明：以物体 A 为参照系（K' 系）时系统的动量守恒.

4.16　已知一静止质量为 m_0 的物体，在力 $\boldsymbol{F}=F_0\cos(8t)\boldsymbol{i}$ 作用下由静止开始运动，求运动到 t 时刻的速度.

4.17　试证明：在质点的运动速率 $v \ll c$ 的条件下，物体的动能可近似表示为 $W=\frac{1}{2}m_0v^2$.

4.18　在热核反应 ${}_1^3\mathrm{H}+{}_1^2\mathrm{H}\to{}_2^4\mathrm{He}+{}_0^1\mathrm{n}$ 的过程中，如反应前后的动能很小，可

以不考虑,试求生成一个氦核$_2^4$He的过程中所释放出的热量.已知$_1^3$H的静止质量为5.0049×10^{-27} kg,$_1^2$H的静止质量为3.3437×10^{-27} kg,而$_2^4$He和$_0^1$n的静止质量分别为6.6425×10^{-27} kg和1.6750×10^{-27} kg.

4.19 由量子理论所导出的光子的能量为$E=h\nu$,其中ν是光子所对应的光波的频率,试求光子的运动质量以及光子的动量.

阅读材料

三体问题

三体问题是天体力学中的基本力学模型，它是指三个质量、初始位置和初始速度都是任意的可视为质点的天体，在相互之间万有引力作用下的运动规律问题.

现在已知，三体问题不能精确求解，即无法预测所有三体问题的数学情景，只有几种特殊情况已研究.

三体问题最简单的一个例子就是太阳系中太阳、地球和月球的运动.在浩瀚的宇宙中，星球的大小可以忽略不计，所以我们可以把它们看成质点.如果不计太阳系其他星球的影响，那么它们的运动就只是在引力的作用下产生的，所以我们就可以把它们的运动看成一个三体问题.

1. 概念简介

***N* 体问题**　可以用一句话概括：在三维空间中给定 N 个质点，如果在它们之间只有万有引力的作用，那么在给定它们的初始位置和速度的条件下，它们会怎样运动.

三体问题　天体力学中的基本力学模型.研究三个可视为质点的天体在相互之间万有引力作用下的运动规律问题.这三个天体的质量、初始位置和初始速度都是任意的.在一般三体问题中，每一个天体在其他两个天体的万有引力作用下的运动方程都可以表示成 3 个 2 阶的常微分方程或 6 个 1 阶的常微分方程.因此，一般三体问题的运动方程为 18 阶方程，必须得到 18 个积分才能得到完全解.然而，现在还只能得到三体问题的 16 个积分，因此还远不能解决三体问题.

2. 问题起源

在 20 世纪的第一次数学家大会(1900 年)上，伟大的数学家希尔伯特(David Hilbert)在他著名的演讲中提出了 23 个困难的数学问题，这些数学问题在 20 世纪的数学发展中起了非常重要的作用.在同一演讲中，希尔伯特也提出了他所认为的完美的数学问题的要求，后人称之为希尔伯特准则：问题既能被简明清楚地表达出来，然而问题的解决又是如此的困难，以至于必须要有全新的思想方法才能够实现.为了说明他的观点,希尔伯特举了两个最典型的例子:第一个是费马大定理,即代数方程 $x^n + y^n = z^n$ 在 n 大于2时是没有非零整数解的;第二个就是所要介绍的 N 体问题的特例——三体问题.值得一提的是,尽管这两个问题在当时还没有被解决,希尔伯特并没有把它们列进他的问题清单,但是在整整一百年后回顾,这两个问题对于20世纪数学的整体发展所起的作用恐怕要比希尔伯特提出的23个问题中任何一个都大.费马猜想经过全世界几代数学家几百年的努力,终于在1995年被美国普林斯顿大学(Princeton University)的怀尔斯(Andrew Wiles)解决,这被公认为20世纪最伟大的数学进展之一,因为除了解决了一个重要的问题,更重要的是在解决问题的过程中好几种全新的数学思想诞生了,难怪在问题解决后也有人遗憾地感叹一只会生金蛋的母鸡被杀死了.至于三体问题,则直到现在依然没有被完全解决.

希尔伯特

3. 研究方法

由于三体问题不能严格求解,在研究天体运动时,都只能根据实际情况采用各种近似的解法.研究三体问题的方法大致可分为3类:

第一类是分析方法,其基本原理是把天体的坐标和速度展开为时间或其他小参数的级数形式的近似分析表达式,从而讨论天体的坐标或轨道要素随时间的变化.

第二类是定性方法,采用微分方程的定性理论来研究长时间内三体运动的宏观规律和全局性质.

第三类是数值方法,直接根据微分方程的计算方法得出天体在某些时刻的具体位置和速度.

这三类方法各有利弊,对新积分的探索和各类方法的改进是研究三体问题很重要的课题.

4. 数学推断

根据牛顿万有引力定律和牛顿第二定律,我们可以得到:在三体问题中,作用于质点 Q_j 的力是

$$\sum_j \boldsymbol{F}_{ij} = \sum_j G\frac{m_i m_j}{r_{ij}^3}(\boldsymbol{r}_j - \boldsymbol{r}_i) \quad (j \neq i)$$

式中 m 为质点的质量;$\boldsymbol{r}$ 为质点的位置矢量;r_{ij} 为两质点间的距离;$\boldsymbol{F}_{ij}$ 为两质点间的作用力.三体问题的运动微分方程可写作

$$m_i\ddot{\boldsymbol{r}}_i = \sum_j G\frac{m_i m_j}{r_{ij}^3}(\boldsymbol{r}_j - \boldsymbol{r}_i) \quad (j \neq i; i,j = 1,2,3)$$

式中 $\ddot{\boldsymbol{r}}_i$ 为质点 Q_j 的加速度.上式在直角坐标轴上的投影式为

$$\begin{cases} m_i\ddot{x}_i = \sum_j G\frac{m_i m_j}{r_{ij}^3}(x_j - x_i) \\ m_i\ddot{y}_i = \sum_j G\frac{m_i m_j}{r_{ij}^3}(y_j - y_i) \\ m_i\ddot{z}_i = \sum_j G\frac{m_i m_j}{r_{ij}^3}(z_j - z_i) \end{cases} \quad (j \neq i; i,j = 1,2,3)$$

其中m_i是质点的质量,G 是万有引力常数,r_{ij}是两个质点m_i和m_j之间的距离,而x_i、y_i、z_i则是质点m_i 的空间坐标.所以三体问题在数学上就是这样 9 个方程的 2 阶常微分方程组,再加上相应的初始条件,共 19 阶.H.布伦斯和 H.庞加莱曾证明 N 体问题只有 10 个运动积分,即 3 个动量积分、3 个关于质心运动的积分、3 个动量矩积分和 1 个能量积分,而且它们都是代数式.应用这 10 个积分可将三体问题的 18 阶方程降低到 8 阶,再用"消去时间法"降低到 7 阶,然后用"消去节线法"可降低到 6 阶.如为平面三体问题,则可降为 4 阶.

而 N 体问题的方程也是类似的一个N^2 个方程的二阶常微分方程组.

当 $N=1$ 时,单体问题是个平凡的方程.单个质点的运动轨迹只能是直线匀速运动.当 $N=2$ 的时候(二体问题),问题就不那么简单了,但是方程组仍然可以化简成一个不太难解的方程,任何优秀的理科大学生大概都能轻易解出来.简单来说这时两个质点的相对位置始终在一个圆锥曲线上,也就是说如果我们站在其中一个质点上看另一个质点,那么另一个质点的轨道一定是椭圆、抛物线、双曲线的一支或者直线中的一种.二体问题又叫开普勒(Johannes Kepler)问题,它是在 1710 年被瑞士数学家约翰·伯努利(Johann Bernoulli)首先解决的.N 体问题的提出大概可以追溯到上千年前,但是这一问题的第一个完整的数学描述(像使用上面这样的微分方程)出现在牛顿的《自然哲学的数学原理》(*Philosophiae Naturalis Prinicipia Mathematica*,1687 年出版)一书中.在他的著作中,牛顿成功地运用微积分证明了开普勒的天文学三大定律,但是奇怪的是他的书里并没有给出二体问题的解,尽管这两者是紧密相关的,而且人们还相信牛顿当时完全有能力自己给出二体问题的解.

至于三体问题或者更一般的 $N(N>2)$体问题,在被提出以后的两百年里,被 18 和 19 世纪几乎所有著名的数学家都尝试过,但是问题的进展微乎其微.尽管在失败的尝试中微分方程的理论被不断地发展成为一门更成熟的数学分支,但是对于这些发展的源头——N 体问题,人们还是知道得太少了.终于在 19 世纪末期,也就是希尔伯特著名的演讲的前几年,人们期待的重大突破出现了……

5. 特殊情况

有 5 种特殊情况:

(1) 三星成一直线,边上两颗围绕当中一颗转.

(2) 三星成三角形,围绕三角形中心旋转.

(3) 两颗星围绕第三颗星旋转.

(4) 三个等质量的物体在一条8字形轨道上运动.

(5) 三颗恒星围绕一个点旋转.

6. 限制性三体问题

三体问题的特殊情况:当所讨论的三个天体中,有一个天体的质量与其他两个天体的质量相比,小到可以忽略时,这样的三体问题称为限制性三体问题.一般把这个小质量的天体称为无限小质量体,或简称小天体;把两个大质量的天体称为有限质量体.

把小天体的质量看成无限小,就可不考虑它对两个有限质量体的吸引,也就是说,它不影响两个有限质量体的运动.于是,就可近似为对两个有限质量体的运动状态的讨论,仍为二体问题,其轨道就是以它们的质量中心为焦点的圆锥曲线.根据圆锥曲线为圆、椭圆、抛物线和双曲线等四种不同情况,相应地限制性三体问题分四种类型:圆型限制性三体问题、椭圆型限制性三体问题、抛物线型限制性三体问题和双曲线型限制性三体问题.若小天体的初始位置和初始速度都在两个有限质量体的轨道平面上,则小天体将永远在运动.

希尔按限制性三体问题研究月球的运动,略去太阳轨道偏心率、太阳视差和月球轨道倾角,实际上这就是一种特殊的平面圆型限制性三体问题.他得到的周期解,就是希尔月球运动理论的中间轨道.

在小行星运动理论中,常按椭圆型限制性三体问题进行讨论,脱罗央群小行星的运动就是太阳-木星-小行星所组成的椭圆型限制性三体问题的等边三角形解的一个实例.布劳威尔还按椭圆型限制性三体问题来讨论小行星环的空隙.抛物线型限制性三体问题和双曲线型限制性三体问题在天体力学中则用得很少.人造天体出现后,限制性三体问题有了新的用途,常用于研究月球火箭和行星际飞行器运动的简化力学模型.

7. 研究进展

自“三体问题”被确认直至2013年的300多年中,人们只找到了3组周期性特解.2013年,有两位科学家一口气找到了13组新的周期性特解,震惊了科学界,他们是塞尔维亚物理学家米洛万·舒瓦科夫和迪米特拉·什诺维奇.他们在著名学术期刊《物理评论快报》上发表了论文,描述了他们的寻找方法:运用计算机模拟,先从一个已知的特解开始,然后不断地对其初始条件进行微小的调整,直到新的运动模式被发现.这13组特解非常复杂,在抽象空间“形状球”中,就像一个松散的线团.

三体问题特解的族数被扩充到了16组,这一成功令科学界欢欣鼓舞.多年来一直从事三体问题研究的美国科学家罗伯特·范德贝说:“我非常喜欢这一成果.”另一位美国科学家理查德·蒙哥马利说:“这些结果非常美妙,而且描述非常精彩.”中国科学家周海中表示:他们的成果加深了人们对天体运动的了解,促进了天体力学和数学物理的进一步发展,尤其是对人们研究太空火箭轨道和双星演化很有帮助.

第5章　机械振动和机械波

前面研究了质点和刚体的运动，其实，自然界中还有一类普遍的运动现象——振动和波.

一般来讲，任何一个物理量在某一定值附近的往复变化叫作振动. 振动现象十分普遍，例如心脏的跳动，摆钟的摆锤摆动，原子或分子在固体晶格中的运动，交流电在某一电流值附近周期性变化，电磁波传播过程中空间某点的电场强度或磁感应强度随时间做周期性变化，等等. 本章主要研究力学中的振动现象，即物体在某一位置附近的往复运动，称为机械振动.

振动在空间中的传播称为波，如声波、水面波、地震波、电磁波等. 机械振动在连续媒质中的传播即为机械波.

振动和波是横跨物理学众多领域而又十分重要的一种运动形态，振动和波的基本原理是声学、电工学、无线电学、光学、建筑学、地震学等学科研究的理论基础. 另一方面，不管属于哪类形式的振动和波，描述它们的数学方法都是类似的，它们都有干涉、衍射等波特有的现象. 因此，首先从研究力学中的机械振动和机械波开始，探讨振动和波的基本概念和基本规律，这将有助于对其他领域中振动和波的学习和理解，比如后面要讨论的光波和电磁波.

机械振动也是多种多样的，最简单、最基本的形式是简谐振动，一方面它的动力学方程和运动学方程有着最简单的形式，另一方面任何复杂的振动都可以分解为若干简谐振动. 因而，本章将主要介绍简谐振动及其在媒质中的传播——简谐波.

5.1　简谐振动

5.1.1　简谐振动的动力学特征和运动学特征

为了说明简谐振动的基本特征，首先来看弹簧振子的运动.

如图 5.1 所示的水平振动弹簧振子，劲度系数为 k 的轻弹簧左端固定在墙面上,右端系有一质量为 m 的置于光滑水平面上的滑块,拉伸或者压缩弹簧,系统就将做水平方向往返的周期性运动.可将滑块视作质点,弹簧处于原长时质点的位置作为坐标原点,建立如图5.1所示的一维直角坐标系,x 是滑块的位置坐标,又是质点相对原点的位移,也是弹簧的伸长量.在弹簧的弹性限度内,根据胡克定律,弹簧对质点的作用力与其伸长量之间有如下关系:

$$f = -kx \tag{5.1.1}$$

其中,负号表明弹性力与位移的方向相反,即弹性力始终指向平衡位置.我们知道,如果作用于质点的力总与质点相对于平衡位置的位移(线位移或角位移)成正比,且指向平衡位置,则此作用力称为线性回复力.所以,弹簧振子运动过程中,振子所受弹性力是线性回复力.

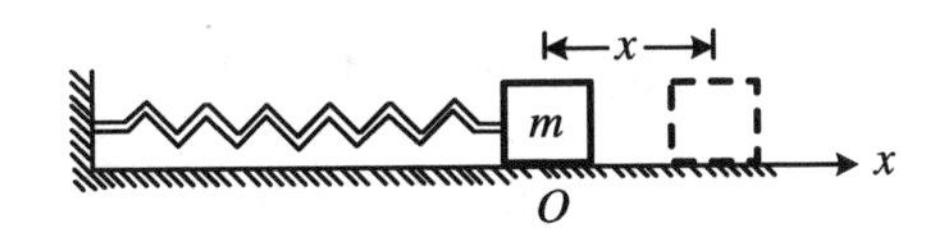

图5.1　水平振动的弹簧振子

由于滑块与水平面间的摩擦力可以忽略不计,重力与水平面的支持力平衡,所以,在滑块运动过程中,只受水平方向弹性力的作用.根据牛顿第二定律,滑块满足方程:

$$f = ma = -kx$$

而

$$a = \frac{\mathrm{d}^2 x}{\mathrm{d}t^2}$$

故

$$m\frac{\mathrm{d}^2 x}{\mathrm{d}t^2} = -kx$$

记 $k/m = \omega_0^2$(k,m 都为正值常数),有

$$\frac{\mathrm{d}^2 x}{\mathrm{d}t^2} + \omega_0^2 x = 0 \tag{5.1.2}$$

式(5.1.2)即弹簧振子的**动力学方程**.

如果知道初始条件:$t=0$ 时刻的坐标 x_0(初始坐标)和速度 v_0(初始速度),就可以由动力学方程(5.1.2)式解得

$$x = A\cos(\omega_0 t + \varphi) \tag{5.1.3}$$

式(5.1.3)即弹簧振子的**运动学方程**.

式(5.1.2)的具体解法如下:

$$\frac{\mathrm{d}^2 x}{\mathrm{d}t^2} + \omega_0^2 x = 0$$

可以改写成

$$\frac{\mathrm{d}^2 x}{\mathrm{d}t^2} = \frac{\mathrm{d}v}{\mathrm{d}t} = \frac{\mathrm{d}v}{\mathrm{d}x}\frac{\mathrm{d}x}{\mathrm{d}t} = v\frac{\mathrm{d}v}{\mathrm{d}x} = -\omega_0^2 x$$

分离变量:

$$v\mathrm{d}v = -\omega_0^2 x\mathrm{d}x$$

根据初始条件,两边取积分,有

$$\int_{v_0}^{v} v\mathrm{d}v = -\omega_0^2\int_{x_0}^{x} x\mathrm{d}x$$

解得

$$v = \omega_0\sqrt{A^2 - x^2}$$

其中 $A^2 = \left(\frac{v_0}{\omega_0}\right)^2 + x_0^2$. 所以

$$v = \frac{\mathrm{d}x}{\mathrm{d}t} = \omega_0\sqrt{A^2 - x^2}$$

分离变量:

$$\frac{\mathrm{d}x}{\sqrt{A^2 - x^2}} = \omega_0\mathrm{d}t$$

根据初始条件,两边取积分,有

$$\int_{x_0}^{x}\frac{\mathrm{d}x}{\sqrt{A^2 - x^2}} = \int_0^t \omega_0\mathrm{d}t$$

解得

$$\arcsin\left(\frac{x}{A}\right) - \arcsin\left(\frac{x_0}{A}\right) = \omega_0 t$$

记

$$\arcsin\left(\frac{x_0}{A}\right) = \theta$$

即 $\frac{x_0}{A} = \sin\theta$,所以

$$x = A\sin(\omega_0 t + \theta) = A\cos(\omega_0 t + \theta - \pi/2) = A\cos(\omega_0 t + \varphi)$$

其中,$\varphi = \theta - \pi/2$.

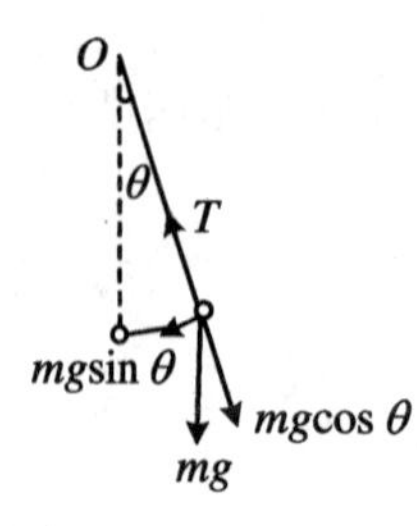

图 5.2 例 5.1 用图

例 5.1 如图 5.2 所示,一根不可伸长的细绳(长为 l)上端固定,下端系一质量为 m 的小球(可看成质点),使小球稍偏离平衡位置释放,小球即在铅直面内在平衡位置附近振动,这一装置称为单摆. 试求当摆角 θ 很小($\theta \leqslant 5^\circ$)时的动力学方程和运动学方程.

解 对单摆小球进行受力分析,如图 5.2 所示.

对参考点 O,应用转动定律,得

$$-mgl\sin\theta = I\beta = ml^2\frac{\mathrm{d}^2\theta}{\mathrm{d}t^2}$$

对于小角度摆动($\theta \leqslant 5^\circ$),$\sin\theta \approx \theta$,于是有

$$-mgl\theta = ml^2 \frac{d^2\theta}{dt^2}$$

令 $\omega_0^2 = g/l$,有

$$\frac{d^2\theta}{dt^2} + \omega_0^2\theta = 0 \tag{5.1.4}$$

解得

$$\theta = \theta_m \cos(\omega_0 t + \varphi) \tag{5.1.5}$$

式(5.1.4)、式(5.1.5)即分别为单摆的动力学方程和运动学方程.

弹簧振子和单摆的动力学方程以及运动学方程在形式上相同,因此,把动力学方程如式(5.1.2)、式(5.1.4),运动学方程如式(5.1.3)、式(5.1.5)的运动称为**简谐振动**.在不考虑媒质阻力的情况下,弹簧振子的振动,单摆和复摆的微幅振动,浮体在竖直方向上的微小振动,都是简谐振动.简谐振动是最基本、最简单的振动,任何复杂振动都可以分解为许多不同频率和振幅的简谐振动.

5.1.2 简谐振动的描述

由简谐振动的运动学方程式(5.1.3),对时间 t 求导,有

$$\frac{dx}{dt} = \frac{d}{dt}[A\cos(\omega_0 t + \varphi)]$$

$$\frac{d^2x}{dt^2} = \frac{d^2}{dt^2}[A\cos(\omega_0 t + \varphi)]$$

可得速度和加速度为

$$v = -A\omega_0\sin(\omega_0 t + \varphi) \tag{5.1.6}$$

$$a = -A\omega_0^2\cos(\omega_0 t + \varphi) \tag{5.1.7}$$

运动方程式(5.1.3)、速度方程式(5.1.6)、加速度方程式(5.1.7)存在着共同的特征量 A、ω_0、φ,下面分别讨论.

1. 振幅

式(5.1.3)中的常数 A 为物体离开平衡位置的最大位移的绝对值,称为**振幅**.A 确定了振动的范围和幅度.由式(5.1.2)的求解过程可知,振幅 A 决定于初始条件(x_0,v_0):

$$A^2 = \left(\frac{v_0}{\omega_0}\right)^2 + x_0^2 \tag{5.1.8}$$

同理,式(5.1.6) 中的 $A\omega_0$ 和式(5.1.7) 中的 $A\omega_0^2$ 分别表示速度振幅和加速度振幅.

2. 周期、频率、圆频率

物体完成一次完整的振动所需的时间叫作周期,用 T 表示.

对于简谐振动,应有

$$A\cos(\omega_0 t+\varphi)=A\cos[\omega_0(t+T)+\varphi]$$

余弦函数的周期为 2π,故 $\omega_0 T=2\pi$,即

$$T=\frac{2\pi}{\omega_0} \tag{5.1.9}$$

对于弹簧振子,$\omega_0^2=k/m$,代入式(5.1.9),得

$$T=2\pi\sqrt{\frac{m}{k}} \tag{5.1.10}$$

对于单摆,$\omega_0^2=g/l$,代入式(5.1.9),得

$$T=2\pi\sqrt{\frac{l}{g}} \tag{5.1.11}$$

单位时间内系统所做完整振动的次数称为频率,用 ν 表示.频率和周期互为倒数:

$$\nu=\frac{1}{T}=\frac{\omega_0}{2\pi} \tag{5.1.12}$$

显然,ω_0 与 ν 有简单关系:

$$\omega_0=2\pi\nu \tag{5.1.13}$$

故 ω_0 称为**圆频率**.

对于给定的弹簧振子(或单摆),m、k(l、g)都是确定的,所以其周期和频率完全由弹簧振子(或单摆)本身的性质所决定,而与其他因素无关.因此,这种周期称为**固有周期**,相应的频率称为**固有频率**.

3. 相位

尽管位移 x、速度 v、加速度 a 这三个决定简谐振动状态的物理量都是时间的函数,但它们其实都是由$(\omega_0 t+\varphi)$决定的.$(\omega_0 t+\varphi)$相同,振动的状态就相同.所以,$(\omega_0 t+\varphi)$才是决定简谐振动状态的物理量,称为**相位**,φ 叫作初相位,即 $t=0$ 时刻的相位.

若 $t=0$,由式(5.1.3)和式(5.1.6),得

$$\tan\varphi=-\frac{v_0}{x_0\omega_0} \tag{5.1.14}$$

可见,φ 也取决于初始条件(x_0,v_0).φ 与初始条件的对应关系如表 5.1 所示.

表 5.1 φ 所在象限判别表

初始条件	$x_0>0,v_0<0$	$x_0<0,v_0<0$	$x_0<0,v_0>0$	$x_0>0,v_0>0$
φ 所在象限	Ⅰ	Ⅱ	Ⅲ	Ⅳ

例 5.2 如图 5.3 所示,一弹簧振子在光滑水平面上,已知 $k=8.0\ \text{N}\cdot\text{m}^{-1}$,$m=0.32\ \text{kg}$,将物体从平衡位置向右拉到 $x=0.20\ \text{m}$ 处,并给以向左的$\sqrt{3}\ \text{m}\cdot\text{s}^{-1}$的速率,试求物体的振动方程.

解 以弹簧原长时物体所在位置为原点,建立如图 5.3 所示坐标系.设物体的

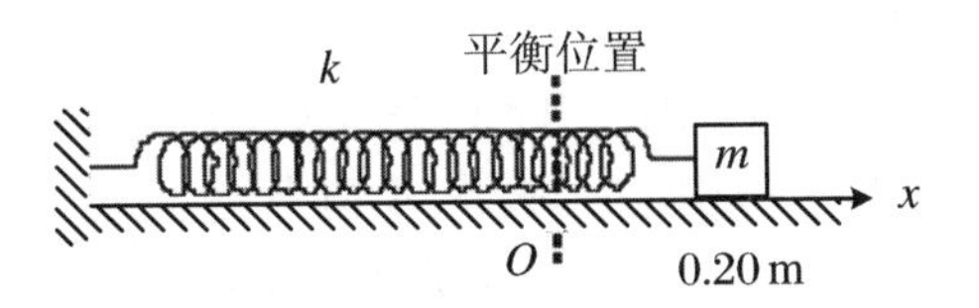

图 5.3 例 5.2 用图

运动方程为 $x = A\cos(\omega_0 t + \varphi)$，由题知

$$\omega_0 = \sqrt{k/m} = \sqrt{8.0/0.32} = 5(\mathrm{rad \cdot s^{-1}})$$

初始条件：$t = 0$ s 时，$x_0 = 0.20$ m，$v_0 = -\sqrt{3}\ \mathrm{m \cdot s^{-1}}$. 可得

$$A = \sqrt{x_0^2 + v_0^2/\omega_0^2} = \sqrt{0.20^2 + 3/5^2} = 0.40\ (\mathrm{m})$$

$$\varphi = \arctan[-v_0/(\omega_0 x_0)] = \arctan[(\sqrt{3}/5 \times 0.20)] = \arctan(\sqrt{3})(\mathrm{rad})$$

因为 $x_0 > 0$，$v_0 < 0$，所以 $\varphi = \pi/3(\mathrm{rad})$. 最后得物体的振动方程是

$$x = 0.40\cos(5t + \pi/3)(\mathrm{m})$$

简谐振动方程是研究简谐振动的重要内容，通过**待定系数法**可以快速获得简谐振动方程.

5.1.3 简谐振动的图示法

除了可以用动力学方程和运动学方程描述简谐振动外，还可以用更加直观的方式来描述. 下面我们来看简谐振动的图示法.

1. 简谐振动的 $x-t$，$v-t$，$a-t$ 图示法

根据简谐振动的运动学方程 $x = A\cos(\omega_0 t + \varphi)$，以 t 为横坐标，x 为纵坐标，画成 $x-t$ 图像. 振幅 A 决定着 $x-t$ 图像的高度，而振动频率 ν 影响图像的疏密，初相位 φ 决定图像在纵轴上的初始位置.

同理，根据简谐振动的速度方程：

$$v = -A\omega_0\sin(\omega_0 t + \varphi) = A\omega_0\cos\left(\omega_0 t + \varphi + \frac{\pi}{2}\right) \qquad (5.1.15)$$

以 t 为横坐标，v 为纵坐标，画成 $v-t$ 图像.

根据简谐振动的加速度方程：

$$a = -A\omega_0^2\cos(\omega_0 t + \varphi) = A\omega_0^2\cos(\omega_0 t + \varphi + \pi) \qquad (5.1.16)$$

以 t 为横坐标，a 为纵坐标，画成 $a-t$ 图像.

最简单的情况，取 $\varphi = 0$，三种图像如图 5.4 所示. 从图 5.4 可以看出，加速度、速度、位移依次落后 $T/4$ 或者说 $\pi/2$.

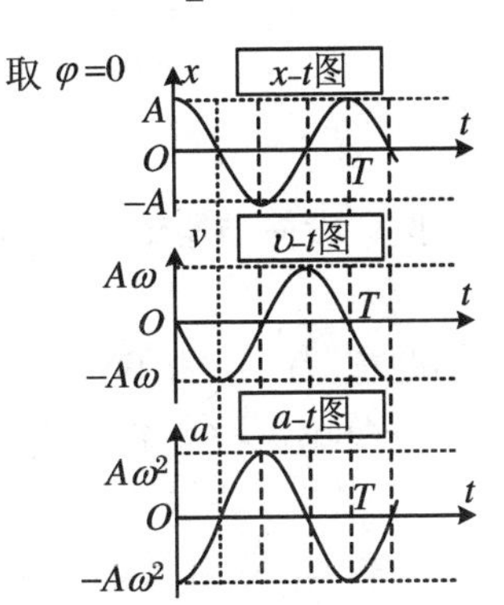

图 5.4 简谐振动图示

2. 简谐振动的旋转矢量图示法

建立 $O-xy$ 坐标系，自坐标原点 O 画一长度等于振幅 A 的矢量 $\boldsymbol{A}$，$t=0$ 时，矢量 $\boldsymbol{A}$ 与 Ox 轴的夹角等于初相位 φ，矢量 $\boldsymbol{A}$ 以角速度 ω_0 在 $O-xy$ 平面内绕着原点 O 沿逆时针方向旋转. 如图 5.5 所示，任一瞬时 t，矢量 $\boldsymbol{A}$ 与 Ox 轴的夹角为 $(\omega_0 t+\varphi)$，则矢量 $\boldsymbol{A}$ 的矢端在 Ox 轴上的投影是

$$x = A\cos(\omega_0 t + \varphi)$$

即可以用一个绕原点以匀角速度旋转的常模矢量矢端在 Ox 轴的投影来描述简谐振动：旋转矢量的长度代表简谐振动的振幅 A，故称为振幅矢量 $\boldsymbol{A}$；旋转矢量的角速度 ω_0 代表简谐振动的圆频率；旋转矢量与 Ox 轴的夹角 $(\omega_0 t+\varphi)$ 代表简谐振动的相位，对应关系如表 5.2 所示. 这就是简谐振动的旋转矢量图表示法.

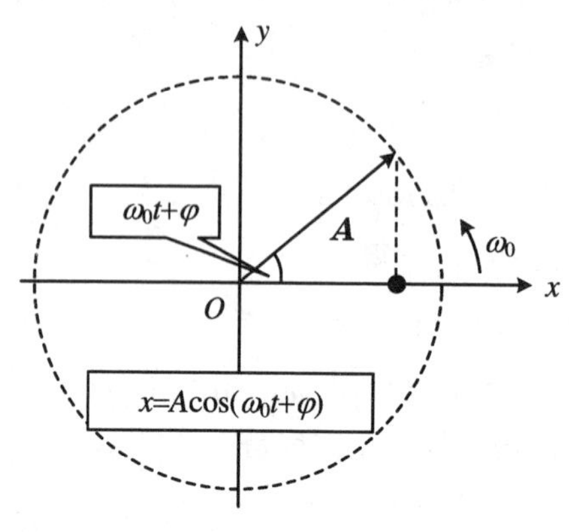

图 5.5　简谐振动旋转矢量图示

表 5.2　旋转矢量 $\boldsymbol{A}$ 与简谐振动对应关系表

旋转矢量 $\boldsymbol{A}(t)$	$\boldsymbol{A}$ 的长度	$\boldsymbol{A}$ 的旋转角速度	角位置	初始角位置
简谐振动 $x(t)$	振幅 A	圆频率 ω_0	相位 $\omega_0 t+\varphi$	初相位 φ

例 5.3　如图 5.6 所示，一质量为 0.01 kg 的物体做简谐振动，振幅为 0.08 m，周期为 4 s，起始时刻物体在 $x=0.04$ m 处，向 Ox 轴负方向运动. 试求由起始位置运动到 $x=-0.04$ m 处所需要的最短时间.

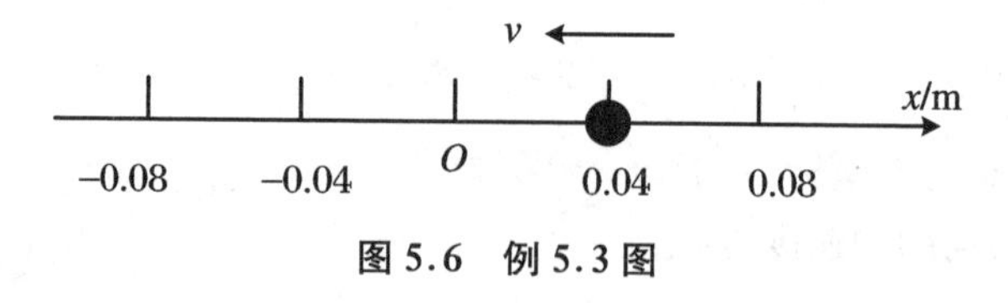

图 5.6　例 5.3 图

解　设简谐振动方程为

$$x = A\cos(\omega_0 t + \varphi)$$

根据题意，有 $A=0.08$ m，$T=4$ s，则 $\omega_0=2\pi/T=\pi/2$. 当 $t=0$ s 时，$x=0.04$ m，代入 $x=A\cos(\omega_0 t+\varphi)$，即有

$$0.04 = 0.08\cos\varphi$$

解得 $\varphi=\pm\pi/3$. 作旋转矢量图如图 5.7 所示，因为 $v_0<0$，则 $\varphi=\pi/3$，所以

$$x = 0.08\cos\left(\frac{\pi}{2}t + \frac{\pi}{3}\right)(\text{m})$$

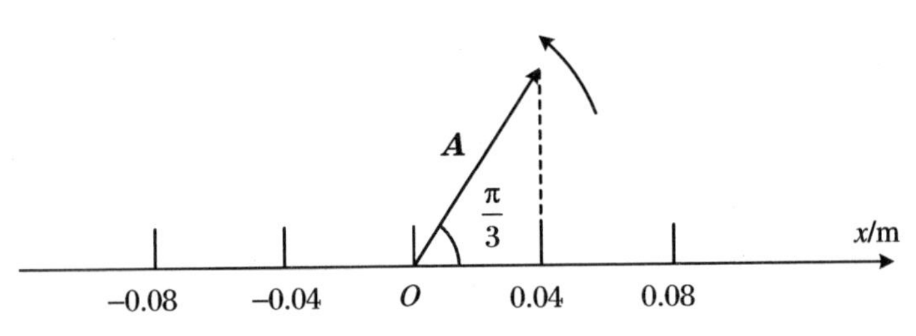

图 5.7　例 5.3 旋转矢量图

现需用最短时间由起始位置运动到 $x = -0.04$ m 处，作旋转矢量图如图 5.8 所示. 可见，$\omega_0 t = \pi/3$，其中 $\omega_0 = \pi/2$，所以

$$t = 2/3 = 0.667(\text{s})$$

此即由起始位置运动到 $x = -0.04$ m 处所需要的最短时间.

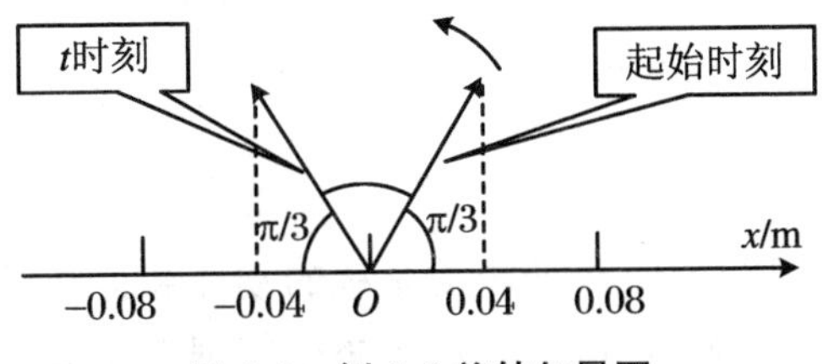

图 5.8　例 5.3 旋转矢量图

旋转矢量图非常直观地描述了简谐振动的特征，对于相位的判断、振动的合成分析非常便利，后面还可以用这种方法描述简谐波，甚至在光学和电磁学中也可以用旋转矢量图来进行描述.

同样可以用旋转矢量来表示速度和加速度. 画一长度等于振幅 $A\omega_0$ 的矢量，$t=0$时，矢量与 Ox 轴的夹角等于初相位 $(\varphi+\pi/2)$，矢量以角速度 ω_0 在 $O-xy$ 平面内绕着原点逆时针旋转，任一瞬时 t，矢量与 Ox 轴的夹角为 $(\omega_0 t+\varphi+\pi/2)$，其矢端在 Ox 轴上的投影是 $v = A\omega_0\cos(\omega_0 t+\varphi+\pi/2)$，与式(5.1.15)一致，此即速度旋转矢量. 画一长度等于振幅 $A\omega_0^2$ 的矢量，$t=0$ 时，矢量与 Ox 轴的夹角等于初相位 $(\varphi+\pi)$，矢量以角速度 ω_0 在 $O-xy$ 平面内绕着原点逆时针旋转，任一瞬时 t，矢量与 Ox 轴的夹角为 $(\omega_0 t+\varphi+\pi)$，则其矢端在 Ox 轴上的投影是 $a = A\omega_0^2\cos(\omega_0 t+\varphi+\pi)$，与式(5.1.16)一致，此即加速度旋转矢量. 如图 5.9 所示.

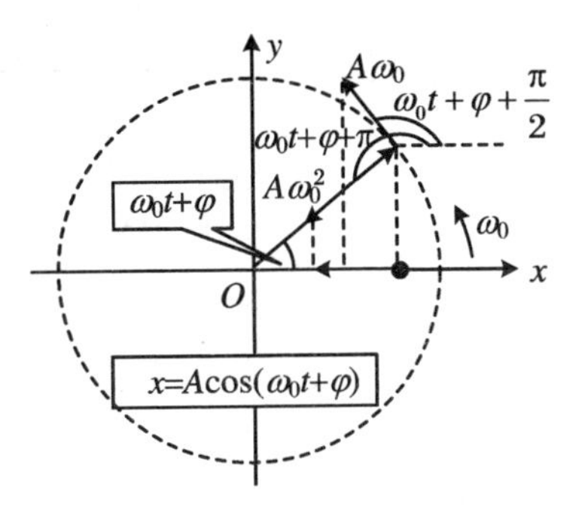

图 5.9　速度和加速度旋转矢量图

5.1.4 简谐振动的能量

以上讨论的简谐振动系统中的线性回复力都是保守力,且系统无外力和内力非保守力做功,所以简谐振动系统的机械能是守恒的.现以弹簧振子为例说明,其他形式的简谐振动应当具有相同的规律.

弹簧振子的动能为

$$E_k = \frac{1}{2}mv^2 = \frac{1}{2}m\omega_0^2 A^2 \sin^2(\omega_0 t + \varphi)$$

而 $\omega_0^2 = k/m$,所以动能又可表示为

$$E_k = \frac{1}{2}kA^2 \sin^2(\omega_0 t + \varphi) \tag{5.1.17}$$

弹簧振子系统的弹性势能为

$$E_p = \frac{1}{2}kx^2 = \frac{1}{2}kA^2 \cos^2(\omega_0 t + \varphi) \tag{5.1.18}$$

所以,弹簧振子系统的总机械能为

$$E = E_k + E_p = \frac{1}{2}kA^2 \tag{5.1.19}$$

式(5.1.17)和式(5.1.18)表明简谐振动系统的动能和势能都随时间周期性地变化,式(5.1.19)表明机械能为常量,决定于系统的弹性系数和振幅.如图5.10所示,动能最大时势能最小,动能最小时势能最大,它们之和即机械能则是一条平行于 t 轴的直线.也就是说,简谐振动的过程中机械能守恒,只是动能、势能相互转换.

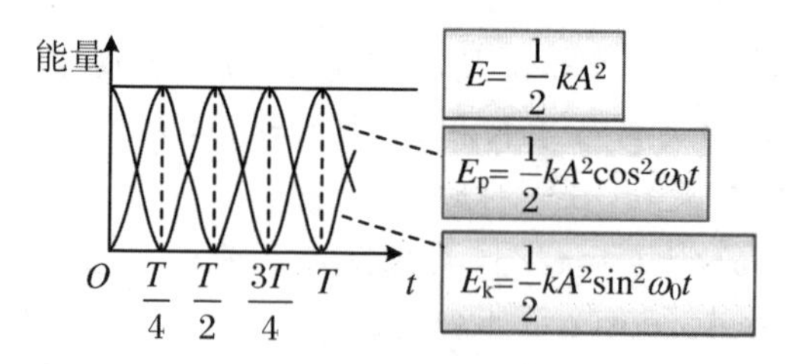

图 5.10 动能、势能、机械能曲线(取 $\varphi=0$)

5.2 简谐振动的合成

简谐振动是最简单、最基本的振动,通过傅里叶变换,复杂的振动可以由几个简谐振动合成而得到.例如,各种乐器所发出的悦耳动听的声音,实际上就是若干

种频率的简谐振动的合成.下面着重研究两个简谐振动的合成问题,对于多个简谐振动的合成可以同样分析.

5.2.1　两个同方向、同频率简谐振动的合成

设某一质点同时参与两个同方向、同频率的简谐振动,两个振动相应的运动学方程为

$$x_1 = A_1\cos(\omega_0 t + \varphi_1)$$
$$x_2 = A_2\cos(\omega_0 t + \varphi_2)$$

其中,ω_0 表示两个分振动共同的圆频率,x_1、x_2 分别表示两个分振动的位移,A_1、A_2 分别表示两个分振动的振幅,φ_1、φ_2 分别表示两个分振动的初相位.

1. 代数解析法

根据运动合成的法则,质点的合位移为

$$\begin{aligned} x &= x_1 + x_2 = A_1\cos(\omega_0 t + \varphi_1) + A_2\cos(\omega_0 t + \varphi_2) \\ &= (A_1\cos\varphi_1 + A_2\cos\varphi_2)\cos\omega_0 t \\ &\quad - (A_1\sin\varphi_1 + A_2\sin\varphi_2)\sin\omega_0 t \end{aligned} \tag{5.2.1}$$

记

$$\begin{aligned} A_1\cos\varphi_1 + A_2\cos\varphi_2 &= A\cos\varphi, \\ A_1\sin\varphi_1 + A_2\sin\varphi_2 &= A\sin\varphi \end{aligned} \tag{5.2.2}$$

于是,由式(5.2.1)有

$$x = A\cos\varphi\cos\omega_0 t - A\sin\varphi\sin\omega_0 t = A\cos(\omega_0 t + \varphi) \tag{5.2.3}$$

这表明,两个同方向、同频率的简谐振动合成后仍为一简谐振动,合振动的频率等于两个分振动的共同频率.根据式(5.2.2),合振动的振幅 A 与初相位 φ 决定于分振动的振幅 A_1、A_2 与初相位 φ_1、φ_2,即

$$A = \sqrt{A_1^2 + A_2^2 + 2A_1A_2\cos(\varphi_2 - \varphi_1)} \tag{5.2.4}$$

$$\tan\varphi = \frac{A_1\sin\varphi_1 + A_2\sin\varphi_2}{A_1\cos\varphi_1 + A_2\cos\varphi_2} \tag{5.2.5}$$

2. 几何分析法

建立参考轴 Ox,画出 $t=0$ 时两个分振动对应的旋转矢量 $\boldsymbol{A}_1$ 和 $\boldsymbol{A}_2$,它们与 Ox 轴的夹角分别等于 φ_1 和 φ_2,合振动对应的旋转矢量为 $\boldsymbol{A}$,与 Ox 轴的夹角等于 φ,如图5.11所示.

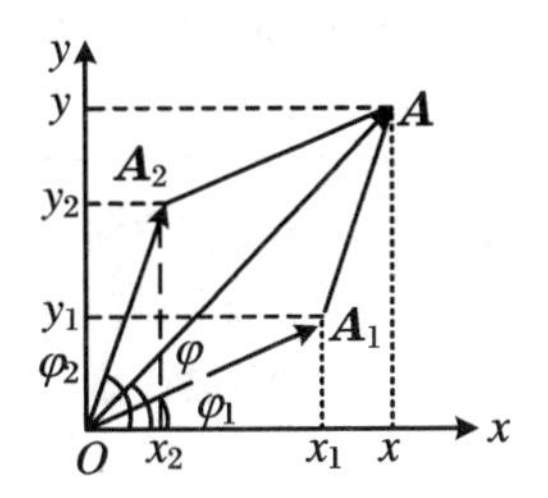

图5.11　两个同方向、同频率简谐振动合成的旋转矢量图

由于 $\boldsymbol{A}_1$ 和 $\boldsymbol{A}_2$ 以相同的角速度 ω_0 按逆时针方向旋转,它们之间的夹角始终不变,于是合振动矢量 $\boldsymbol{A}$ 的长度也保持不变,并同样以角速度 ω_0 按逆时针方向旋转.合振动的位移等于 t 时刻 $\boldsymbol{A}$ 在 Ox 轴上的投影,即

$$x = A\cos(\omega_0 t + \varphi)$$

所以,合振动是振幅为 A、初相位为 φ、圆频率与分振动圆频率相同的简谐振动.根据余弦定理可以求得合振动的振幅 A 与初相位 φ 仍为式(5.2.4)、式(5.2.5),结果与代数解析法完全一致.

例 5.4 有两个同方向、同频率的简谐振动,振动方程分别为

$$x_1 = 0.3\cos(0.5\pi t + \pi/4)(\text{mm}), \quad x_2 = A_2\cos(0.5\pi t + 3\pi/4)(\text{mm})$$

合振动的振幅为 0.5 mm,求振幅 A_2 和合成振动的初相位.

解 因为 $\varphi_2 - \varphi_1 = \pi/2$,所以

$$A = \sqrt{A_1^2 + A_2^2 + 2A_1A_2\cos(\varphi_2 - \varphi_1)} = \sqrt{A_1^2 + A_2^2}$$

解得

$$A_2 = 0.4(\text{mm})$$

又有

$$\tan\varphi = \frac{0.3\sin\frac{\pi}{4} + 0.4\sin\frac{3\pi}{4}}{0.3\cos\frac{\pi}{4} + 0.4\cos\frac{3\pi}{4}} = -7$$

即

$$\varphi = \arctan(-7) = 1.71(\text{rad})$$

所以,合成振动的初相位是 1.71 rad.

*5.2.2 多个同方向、同频率简谐振动的合成

设某一质点同时参与多个同方向、同频率的简谐振动,各振动相应的运动学方程分别是

$$x_1 = A_1\cos(\omega_0 t + \varphi_1)$$

$$x_2 = A_2\cos(\omega_0 t + \varphi_2)$$

$$\cdots\cdots$$

$$x_n = A_n\cos(\omega_0 t + \varphi_n)$$

则合振动方程为

$$x = x_1 + x_2 + \cdots + x_n$$

通过分振动两两逐一合成,可得

$$x = A\cos(\omega_0 t + \varphi)$$

其中,A 为合振动振幅,φ 为合振动初相位,可如式(5.2.4)、式(5.2.5)类似得到.可见,多个同方向、同频率简谐振动的合成仍为简谐振动.如图 5.12 所示.

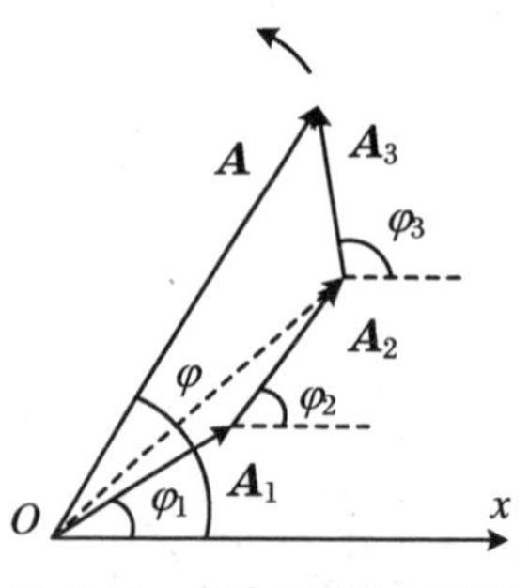

图 5.12 多个同方向、同频率简谐振动合成的旋转矢量图

若考虑特殊情况,$A_1 = A_2 = \cdots = A_n = A_0$,$\varphi_1 = \varphi_2 = \cdots = \varphi_n = \varphi_0$,合振动为

$$x = nA_0\cos(\omega_0 t + \varphi_0)$$

*5.2.3　两个同方向、不同频率简谐振动的合成

设某一质点同时参与两个同方向但频率不同的简谐振动,运动学方程分别为

$$x_1 = A_1\cos(\omega_1 t + \varphi_1)$$
$$x_2 = A_2\cos(\omega_2 t + \varphi_2)$$

为了突出频率不同引起的效果并简化计算,令两个分振动的振幅相等,$A_1 = A_2 = A$,即

$$x_1 = A\cos(\omega_1 t + \varphi_1)$$
$$x_2 = A\cos(\omega_2 t + \varphi_2)$$

由于 $\omega_1 \neq \omega_2$,我们总能找到某一时刻,使得两分振动的相位相同,若以此时刻为计时起点,即有 $\varphi_1 = \varphi_2 = \varphi$,于是有

$$x_1 = A\cos(\omega_1 t + \varphi)$$
$$x_2 = A\cos(\omega_2 t + \varphi)$$

则合振动为

$$\begin{aligned} x = x_1 + x_2 &= A\cos(\omega_1 t + \varphi) + A\cos(\omega_2 t + \varphi) \\ &= 2A\cos\left(\frac{\omega_1 - \omega_2}{2}t\right)\cos\left(\frac{\omega_1 + \omega_2}{2}t + \varphi\right) \end{aligned} \tag{5.2.6}$$

显然,合振动已经不是简谐振动.

讨论以下两种情况：

(1) 当两分振动的周期(或频率)之比为有理数时,即

$$\frac{T_2}{T_1} = \frac{\omega_1}{\omega_2} = \frac{p}{q} \tag{5.2.7}$$

其中 p、q 为互质整数,则当 $T = pT_1 = qT_2$ 时,即 $\omega_1 T = 2p\pi$,$\omega_2 T = 2q\pi$ 时,有

$$\begin{aligned} &\cos\frac{\omega_1 - \omega_2}{2}(t + T)\cos\left[\frac{\omega_1 + \omega_2}{2}(t + T) + \varphi\right] \\ &= \cos\left[\frac{\omega_1 - \omega_2}{2}t + (p - q)\pi\right]\cos\left[\frac{\omega_1 + \omega_2}{2}t + (p + q)\pi + \varphi\right] \\ &= \cos\left(\frac{\omega_1 - \omega_2}{2}t\right)\cos\left(\frac{\omega_1 + \omega_2}{2}t + \varphi\right) \end{aligned}$$

即合振动仍然具有周期性,合振动的周期正好是分振动的周期的最小公倍数,称为**主周期**.如式(5.2.7)不成立,那么合振动将不会具有周期性.

(2) 当两分振动的频率比较接近,即 $\omega_1 \approx \omega_2$ 时,式(5.2.6)右端的第一个因子比第二个因子变化缓慢得多,可以看成振幅在做周期性变化的准简谐振动.引入

$$\omega_{平} = \frac{\omega_1 + \omega_2}{2},\quad \omega_{调} = \frac{|\omega_1 - \omega_2|}{2}$$

并分别称之为平均圆频率和调制圆频率,由式(5.2.6),有

$$x = (2A\cos\omega_{调} t)\cos(\omega_{平} t + \varphi)$$

进一步记 $A_{调}(t) = |2A\cos\omega_{调} t|$，表示变化的振幅，则有

$$x = A_{调}(t)\cos(\omega_{平} t + \varphi) \tag{5.2.8}$$

可见，合振动可以看作振幅按照 $|2A\cos(\omega_1 - \omega_2)t/2|$ 做缓慢周期性变化的、圆频率等于平均圆频率 $(\omega_1 + \omega_2)/2$ 的“准简谐振动”. 两个振动方向相同、频率接近的简谐振动合成时，合振动振幅周期性变化的现象叫作**拍**. 如图 5.13 所示.

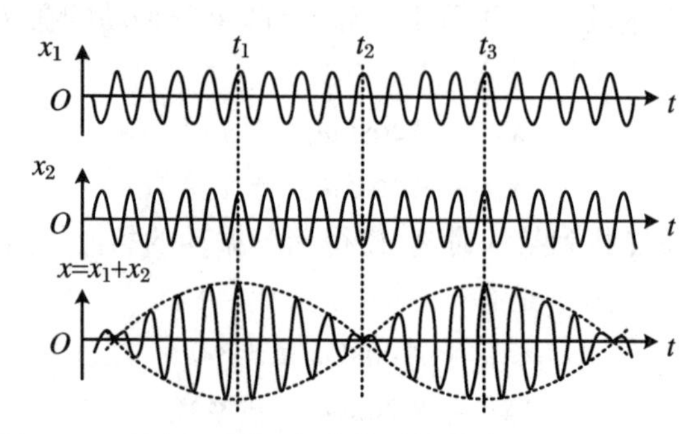

图 5.13　两个同方向、频率接近的简谐振动合成形成拍

*5.2.4　两个相互垂直、同频率简谐振动的合成

设某一质点在 $O-xy$ 平面上同时参与两个频率相同但振动方向互相垂直的简谐振动，一个沿 x 方向，另一个沿 y 方向，相应的分振动的运动学方程分别是

$$x = A_x\cos(\omega_0 t + \varphi_1) \tag{5.2.9}$$

$$y = A_y\cos(\omega_0 t + \varphi_2) \tag{5.2.10}$$

从式(5.2.9)、式(5.2.10)中消去时间因子 t，我们得到合振动的轨迹方程是

$$\frac{x^2}{A_x^2} + \frac{y^2}{A_y^2} - \frac{2xy}{A_xA_y}\cos(\varphi_1 - \varphi_2) = \sin^2(\varphi_1 - \varphi_2) \tag{5.2.11}$$

可见合振动的轨迹是广义的椭圆.

(1) 当 $\varphi_2 - \varphi_1 = 2n\pi(n = 0, \pm 1, \pm 2, \cdots)$时，由式(5.2.11)，有

$$\frac{x^2}{A_x^2} + \frac{y^2}{A_y^2} - \frac{2xy}{A_xA_y} = 0$$

解得

$$y = \frac{A_y}{A_x}x \tag{5.2.12}$$

可见合振动轨迹是位于第一、三象限的线段，$-Ax \leqslant x \leqslant Ax, -Ay \leqslant y \leqslant Ay$.

(2) 当 $\varphi_2 - \varphi_1 = (2n+1)\pi(n = 0, \pm 1, \pm 2, \cdots)$时，由式(5.2.11)，有

$$\frac{x^2}{A_x^2} + \frac{y^2}{A_y^2} + \frac{2xy}{A_xA_y} = 0$$

解得

$$y = -\frac{A_y}{A_x}x \tag{5.2.13}$$

可见合振动轨迹是位于第二、四象限的线段，$-Ax \leqslant x \leqslant Ax$，$-Ay \leqslant y \leqslant Ay$.

(3) 当 $\varphi_2 - \varphi_1 = (2n + 1/2)\pi (n = 0, \pm 1, \pm 2, \cdots)$时，由式(5.2.11)，有

$$\frac{x^2}{A_x^2} + \frac{y^2}{A_y^2} = 1 \tag{5.2.14}$$

可见合振动的轨迹是以 x 轴、y 轴为对称轴的椭圆.

(4) 当相位差取一般情况时，合振动的轨迹将是方位、形状各不相同的椭圆.

总之，两个相同频率但振动方向互相垂直的简谐振动，其合振动的轨迹可能为直线、圆或椭圆，轨迹的形状和运动方向由分振动的相位差和振幅决定，如图 5.14 所示.

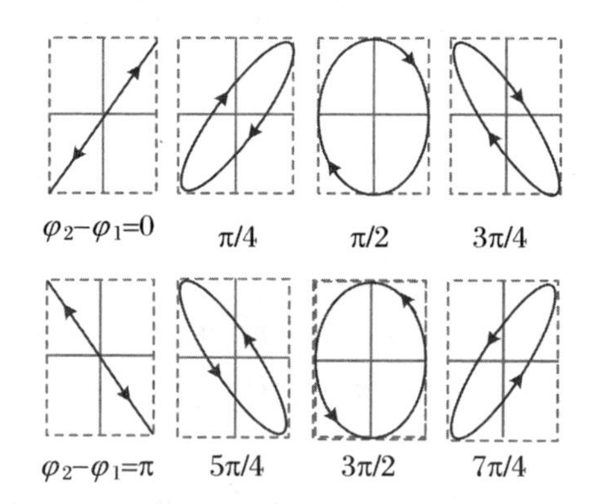

图 5.14　两个相互垂直、同频率简谐振动的合成

*5.2.5　两个相互垂直、不同频率简谐振动的合成

设某一质点在 $O-xy$ 平面上同时参与两个频率不相同而振动方向互相垂直的简谐振动，一个沿 x 方向，另一个沿 y 方向，相应的分振动的运动学方程分别是

$$x = A_x\cos(\omega_1 t + \varphi_1)$$
$$y = A_y\cos(\omega_2 t + \varphi_2)$$

则合振动的轨迹一般不能形成稳定的图案，只有当分振动的频率之比恰为互质整数比值，即 $\omega_1/\omega_2 = m/n$(m，n 为互质整数)时，合振动的轨迹才是稳定的曲线. 所形成曲线的形状依赖于分振动的频率之比以及初相位差，所得的图形称为利萨如图，如图 5.15 所示.

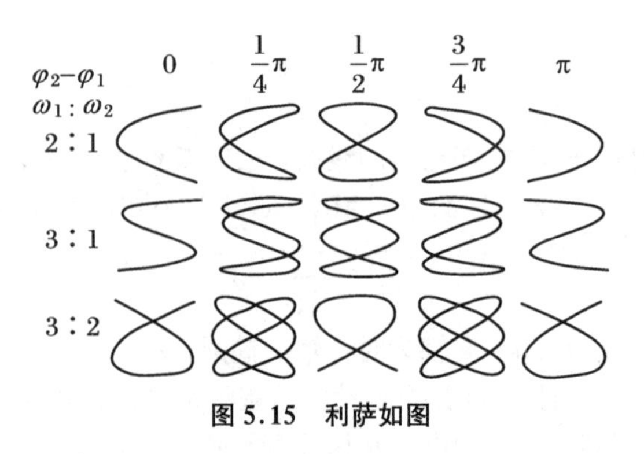

图 5.15　利萨如图

*5.3　阻尼振动　受迫振动　共振

5.3.1　阻尼振动

以上讨论的简谐振动,只是一种理想模型.事实上,自然界中摩擦力、空气阻力等无处不在,振动的机械能将逐渐转变为其他形式的能量.本节讨论阻力对振动的影响.

当物体运动速度不大时,阻力与速率成正比,比如黏滞阻力.仍以放置于水平面上的弹簧振子为例,以弹簧原长时振子所在位置为原点,沿着振子运动方向建立 Ox 轴.质点所受阻力为

$$f_c = -\delta v = -\delta\frac{\mathrm{d}x}{\mathrm{d}t} \tag{5.3.1}$$

其中 δ 称为阻尼系数,它与物体的形状及周围媒质等有关,负号表示阻力与质点运动速度方向相反.

根据牛顿第二定律,弹簧振子的动力学方程可写为

$$m\frac{\mathrm{d}^2x}{\mathrm{d}t^2} = -kx - \delta\frac{\mathrm{d}x}{\mathrm{d}t}$$

令

$$\omega_0^2 = k/m,\quad 2\beta = \delta/m \tag{5.3.2}$$

其中,ω_0 是阻力不存在时系统的固有圆频率,β 称为衰减常数.于是有

$$\frac{\mathrm{d}^2x}{\mathrm{d}t^2} + 2\beta\frac{\mathrm{d}x}{\mathrm{d}t} + \omega_0^2x = 0 \tag{5.3.3}$$

显然,这是个二阶常系数齐次线性微分方程.

上述方程的具体求解过程如下:

设式(5.3.3)有形如 $A\mathrm{e}^{\lambda t}$ 的解,特征方程是 $\lambda^2+2\beta\lambda+\omega_0^2=0$,由此解得

$$\lambda_1=-\beta+\sqrt{\beta^2-\omega_0^2},\quad \lambda_2=-\beta-\sqrt{\beta^2-\omega_0^2}$$

(1) 当 $\beta<\omega_0$ 时,有

$$\lambda_1=-\beta+\mathrm{i}\sqrt{\omega_0^2-\beta^2},\quad \lambda_2=-\beta-\mathrm{i}\sqrt{\omega_0^2-\beta^2}$$

记 $\omega'=\sqrt{\omega_0^2-\beta^2}$,则动力学方程式(5.3.3) 的解是

$$x=(A_1\mathrm{e}^{\mathrm{i}\omega' t}+A_2\mathrm{e}^{-\mathrm{i}\omega' t})\mathrm{e}^{-\beta t}$$

取实部并化简,有

$$x=A\mathrm{e}^{-\beta t}\cos(\omega' t+\varphi') \tag{5.3.4}$$

其中,A 与 φ' 是由初始条件决定的常数.

式(5.3.4)表示质点在做运动幅度不断减小的往复运动,这种振动状态称为弱阻尼(或小阻尼、欠阻尼)状态,其 $x-t$ 曲线如图 5.16 所示.

(2) 当 $\beta>\omega_0$ 时,动力学方程式(5.3.3)的解是

$$x=A_1\mathrm{e}^{-(\beta-\sqrt{\beta^2-\omega_0^2})t}+A_2\mathrm{e}^{-(\beta+\sqrt{\beta^2-\omega_0^2})t} \tag{5.3.5}$$

其中,A_1 与 A_2 同样是由初始条件决定的常数. 式(5.3.5)表明质点的运动不是周期性的,只能较缓慢地回到平衡位置,这种情形称为过阻尼.

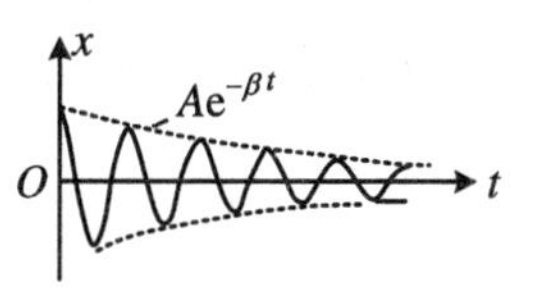

图 5.16 弱阻尼振动

(3) 当 $\beta=\omega_0$ 时,动力学方程式(5.3.3)的解是

$$x=(A_1+A_2 t)\mathrm{e}^{-\beta t} \tag{5.3.6}$$

式(5.3.6)显然也不表示往复运动,振子能较快回到平衡位置. 这种运动状态叫作临界阻尼状态. 天平的指针,电流表、电压表的指针最好处于临界阻尼状态.

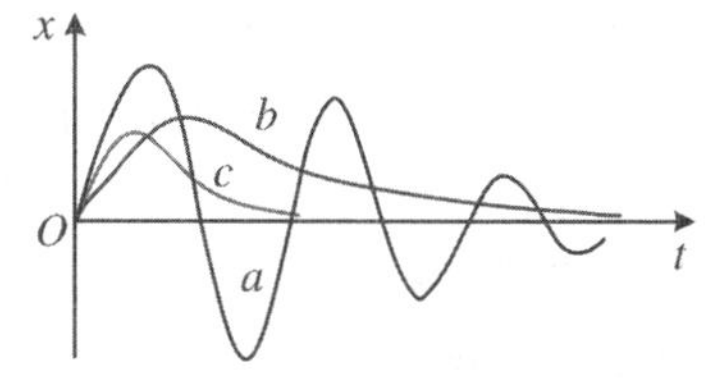

图 5.17 三种阻尼振动曲线的比较

关于阻尼的常见应用还有弹簧阻尼器、液压阻尼器、脉冲阻尼器、旋转阻尼器、风阻尼器、黏滞阻尼器、阻尼铰链、阻尼滑轨等.

三种阻尼振动的 $x-t$ 曲线比较如图 5.17 所示,图中曲线 a 表示弱阻尼振动,曲线 b 表示过阻尼振动,曲线 c 表示临界阻尼振动.

5.3.2 受迫振动

上面研究了阻尼振动,可见振动过程的机械能一般都有损耗,要使振动能够持续,外界必须不断地补充能量. 比如可以通过外加策动力对系统做功来实现. 这种外加的策动力称为强迫力. 振动系统在强迫力作用下的振动叫作受迫振动.

设强迫力为 $f(t)=F_0\cos\omega t$(其中 F_0 为外力幅值),根据牛顿第二定律,有阻尼的弹簧振子的动力学方程是

$$m\frac{d^2x}{dt^2}=-kx-\delta\frac{dx}{dt}+F_0\cos\omega t \tag{5.3.7}$$

令

$$\omega_0^2=k/m,\quad 2\beta=\delta/m,\quad f_0=F_0/m \tag{5.3.8}$$

则受迫振动的动力学方程为

$$\frac{d^2x}{dt^2}+2\beta\frac{dx}{dt}+\omega_0^2x=f_0\cos\omega t \tag{5.3.9}$$

显然,这是二阶常系数非齐次线性微分方程.式(5.3.9)的解由相应的齐次方程式(5.3.3)的通解和对应于右端的一个特解组成.

特解可以设为

$$x_1=B\cos(\omega t+\varphi)$$

代入式(5.3.9),得

$$B(\omega_0^2-\omega^2)(\cos\omega t\cos\varphi-\sin\omega t\sin\varphi)-$$
$$2\beta\omega B(\sin\omega t\cos\varphi+\cos\omega t\sin\varphi)=f_0\cos\omega t$$

等式两端 $\cos\omega t$ 与 $\sin\omega t$ 的系数应分别相等,即

$$B(\omega_0^2-\omega^2)\cos\varphi-2\beta\omega B\sin\varphi=f_0$$
$$B(\omega_0^2-\omega^2)\sin\varphi+2\beta\omega B\cos\varphi=0$$

由此解得

$$B=\frac{f_0}{\sqrt{(\omega_0^2-\omega^2)^2+4\beta^2\omega^2}},\quad \tan\varphi=\frac{-2\beta\omega}{\omega_0^2-\omega^2} \tag{5.3.10}$$

所以,以弱阻尼为例(过阻尼和临界阻尼类似),受迫振动动力学方程的解是

$$x=Ae^{-\beta t}\cos(\omega' t+\varphi')+B\cos(\omega t+\varphi) \tag{5.3.11}$$

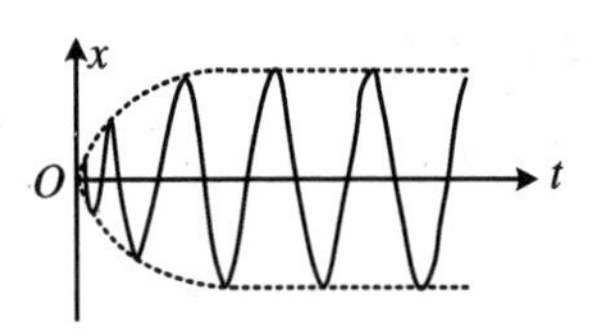

图 5.18　受迫振动

其中,A 与 φ' 由初始条件决定,B 与 φ 则由式(5.3.10)决定.式(5.3.11)包含两项,第一项为阻尼振动,它随时间的推移而趋于消失,称为暂态解;第二项为与策动力频率相同、振幅为 B 的周期振动,它不随时间衰减,故称稳态解.受迫振动的 $x-t$ 曲线如图 5.18 所示.可见,最终存在的是稳态解部分,对于过阻尼和临界阻尼也是如此.

5.3.3　共振

有一种特殊的受迫振动现象:当驱动力的频率和固有频率具有一定的关系时,受迫振动的振幅或者速度急剧增大,这种现象相应称为**位移共振**或者**速度共振**.

1. 位移共振

系统做受迫振动时,振幅达到极大值的现象称为位移共振.把式(5.3.10)中的第一式对 ω 求导并令其为零,得共振频率 ω_r 为

$$\omega_r = \sqrt{\omega_0^2 - 2\beta^2} \tag{5.3.12}$$

2. 速度共振

系统做受迫振动时，速度幅值达到极大值的现象称为速度共振.利用求极值的规则也可以求出速度共振的条件是 $\omega_r = \omega_0$.

当然，还可以进一步讨论加速度共振.

生活中有许多共振现象，如乐器的音响共振、动物耳中基底膜的共振、电路的共振等.人类也在其技术中利用或者试图避免共振现象.例如，利用原子、分子共振可以制造各种光源如日光灯、激光，电子表以及原子钟等；利用核磁共振可以研究物质的电子结构和测量核磁矩.值得一提的是，与微观粒子共振有关的诺贝尔物理学奖得奖项目很多，如布洛赫和珀塞尔关于核磁共振技术的发明，卡斯特勒光泵技术的发明，穆斯堡尔效应的发现，巴索夫、普洛霍洛夫和汤斯发明的脉塞和激光，丁肇中和利希特发现的 J/Ψ 粒子等.

5.4　机械波的形成和基本特征

5.4.1　机械波的形成

机械振动在连续弹性媒质中的传播形成机械波.可见机械波的形成必须同时满足两个条件：一要有振源，二要有传播机械振动的连续弹性媒质.

例如投石入水，水面将形成以石子入水处为中心的涟漪，并且由近及远向四周扩散，但是水面上原来静止的漂浮物只会在原地附近小范围内上下振动.可见，物质并未随波动传播，而是在原地发生周期性的振动，只是这种周期性振动的形式从石子落水处开始向四周传播.

根据媒质内质元振动方向与波的传播方向的关系，机械波可以分为横波和纵波，如图 5.19 所示.

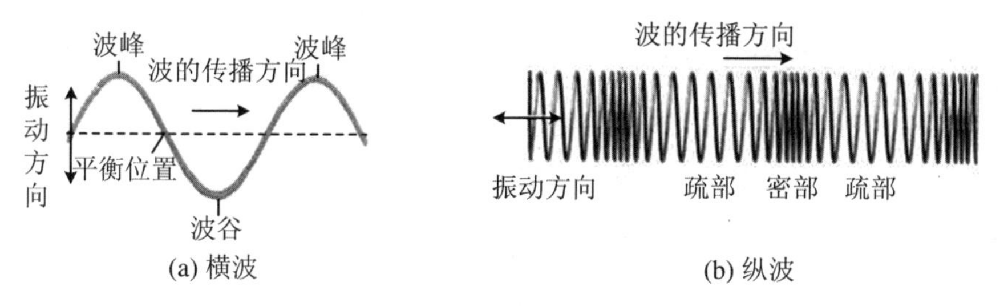

(a) 横波　　(b) 纵波

图 5.19　横波和纵波

1. 横波

机械波在媒质中传播时，媒质中的每个质元均在自己的平衡位置附近振动，如果媒质中各质元的振动方向垂直于波的传播方向，这种波称为横波. 横波传播过程中交替出现波峰和波谷，横波仅可在固体中传播.

2. 纵波

机械波在媒质中传播时，若媒质中各质元的振动方向平行于波的传播方向，这种波称为纵波. 纵波传播过程中交替出现疏部和密部. 例如声波就是一种典型的纵波.

5.4.2 波长 波的周期和频率 波速

同样可以用一些特征量来描述机械波，分述如下.

1. 波长

波在一个周期内所传播的距离称为波长，记作 λ. 波长也是沿波的传播方向，两个相邻的相位差为 2π 的振动质点之间的距离，即一个完整波形的长度.

2. 波的周期和频率

波前进一个波长的距离所需要的时间称为周期，记作 T. 单位时间内传播的完整波的数目称为频率，记作 ν. 由于波源每做一次全振动，波就传播一个波长的距离，波的周期（或频率）就等于波源振动的周期（或频率），因而波的周期（或频率）只与波源有关，而与传播媒质无关.

3. 波速

波动过程中，某一振动状态（或振动相位）单位时间内所传播的距离称为波速（或相速），记作 u.

所以，存在如下波长 λ、波速 u 和周期 T 之间的关系：

$$\lambda = uT \tag{5.4.1}$$

而周期和频率互为倒数，即有

$$u = \lambda/T = \lambda\nu \tag{5.4.2}$$

波速 u 与媒质的性质有关，对于在固体媒质中传播的波动，横波的波速为

$$u = \sqrt{\frac{G}{\rho}}$$

纵波的波速为

$$u = \sqrt{\frac{E}{\rho}}$$

对于在流体媒质中传播的波动，波速为

$$u = \sqrt{\frac{K}{\rho}}$$

其中，ρ 为媒质的密度，G、E、K 分别为媒质的剪切模量、弹性模量和体变模量.

5.4.3 波线　波面　波前

还可以用几何的方法更直观形象地描述机械波.

1. 波线

沿波的传播方向作的有方向的线称为波线.

2. 波面

某一时刻,媒质中振动相位相同的点连接成的曲面称为波阵面,简称波面.

3. 波前

某一时刻,最前面的波面,即离波源最远的波面称为波前.

在均匀、各向同性的媒质中波的传播方向与波面垂直,即波线与波面垂直且指向波前进的方向.

根据波面的形状,可将波分为平面波和球面波.波面为平面的波称为平面波,平面波的波线是互相平行的直线.波面为球面的波称为球面波,球面波的波线是会聚于球心的直线.例如,点波源在均匀、各向同性媒质中发出的波是球面波;而照射到地面的太阳光波,由于距离很远,可近似看成平面波.球面波和平面波的波线、波面与波前如图 5.20 所示.

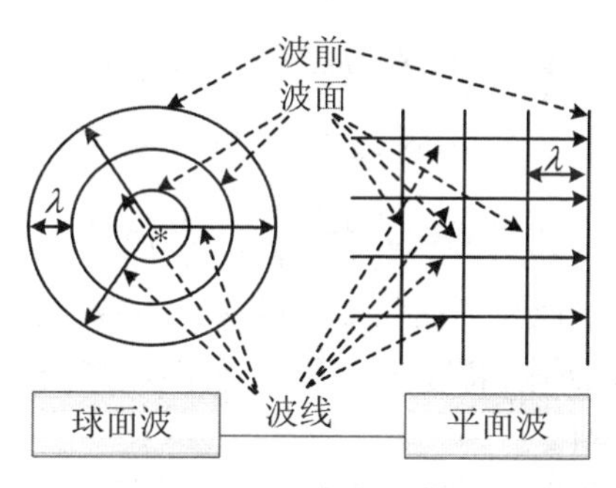

图 5.20　波线和波面

5.5　平面简谐波

如果波源做简谐振动,且波所到之处,媒质中各质点也相继做简谐振动,这样形成的波称为简谐波.如果简谐波的波面是平面,就是平面简谐波.下面研究在无吸收、各向同性、均匀无限大媒质中传播的最简单、最基本的机械波——平面简谐波.首先建立平面简谐波的运动学方程.

5.5.1 平面简谐波的波函数

设一平面简谐波沿 Ox 轴正向传播，以振源为 O 点，沿着质元振动方向建立 Oy 轴，则振源 O 点的运动规律为

$$y = A\cos(\omega_0 t + \varphi) \tag{5.5.1}$$

其中，A、ω_0 和 φ 分别为振源的振幅、圆频率和初相位.

对于离原点 x 处的质元，它的振动与原点处的质元的振动具有完全相同的振幅和频率，只是 x 处质元的振动比原点处质元的振动要滞后，滞后的时间显然等于波从原点传到 x 处所经历的时间，即 $\Delta t = x/u$，于是 x 处质元的运动规律为

$$\begin{aligned} y &= A\cos[\omega_0(t - \Delta t) + \varphi] \\ &= A\cos\left[\omega_0\left(t - \frac{x}{u}\right) + \varphi\right] \end{aligned} \tag{5.5.2}$$

令 $k = \omega_0/u = 2\pi/\lambda$，则平面简谐波的运动学方程可写为

$$y = A\cos(\omega_0 t - kx + \varphi) \tag{5.5.3}$$

$$y = A\cos\left[2\pi\left(\frac{t}{T} - \frac{x}{\lambda}\right) + \varphi\right] \tag{5.5.4}$$

以上讨论的是沿 Ox 轴正向传播的波，如果波沿 Ox 轴负向传播，相应地可得到

$$y = A\cos\left[\omega_0\left(t + \frac{x}{u}\right) + \varphi\right] \tag{5.5.5}$$

$$y = A\cos(\omega_0 t + kx + \varphi) \tag{5.5.6}$$

$$y = A\cos\left[2\pi\left(\frac{t}{T} + \frac{x}{\lambda}\right) + \varphi\right] \tag{5.5.7}$$

式(5.5.2)～式(5.5.7)统称为平面简谐波的运动方程(或波函数).

以上是以波源作为 O 点，若波源不在 O 点，平面简谐波的运动方程又当如何？下面通过例 5.5 可以得到.

例 5.5 平面简谐波沿 Ox 轴正方向传播，传播速度为 u. 已知坐标为 x_0 的 P_0 点处质点的振动规律为 $y_0 = A\cos(\omega_0 t + \varphi)$，求波的表达式.

解 在 Ox 轴上任取一点 P，设其坐标为 x，振动由 P_0 点传到 P 点所需的时间为 $\Delta t = (x - x_0)/u$，因而 P 处质点振动方程为

$$y = A\cos\{\omega_0[t - (x - x_0)/u] + \varphi\}$$

由于 P 的任意性，故上式即为该平面简谐波的表达式.

例 5.6 一平面简谐波 $y = 0.2\sin[\pi(0.5x - 30t)]$，$x$、$y$ 的单位为厘米，t 的单位为秒. 求波的振幅、波长、频率、波速以及 $x = 1\ \text{cm}$ 处质元振动的初相位.

解 根据题意，有

$$\begin{aligned} y &= 0.2\sin[\pi(0.5x - 30t)] \\ &= 0.2\cos\left[30\pi\left(t - \frac{x}{60}\right) + \frac{\pi}{2}\right] \end{aligned}$$

与 $y=A\cos\left[\omega_0\left(t-\frac{x}{u}\right)+\varphi\right]$相比较,可得

$$A=0.2(\text{cm}),\quad \nu=\omega_0/2\pi=15(\text{s}^{-1}),\quad u=60(\text{cm}\cdot\text{s}^{-1}),\quad \varphi=\pi/2(\text{rad})$$

所以,$\lambda=u/\nu=60/15=4(\text{cm})$.

$x=1$ cm 处质元振动的初相位为

$$-\frac{30\pi}{60}\times 1+\frac{\pi}{2}=0$$

5.5.2　平面简谐波波函数的物理含义

平面简谐波的波函数是关于时间 t 和位置 x 的二元函数,下面我们分别从时间和空间角度看看它的物理含义.

(1) 当 $x=x_0$,即只研究媒质中平衡位置在 $x=x_0$ 处的质元的运动状态时,式(5.5.3)可写为

$$\begin{aligned}y&=A\cos(\omega_0 t-kx_0+\varphi)\\&=A\cos[\omega_0 t+(-kx_0+\varphi)]\end{aligned}$$

可见,波函数表示 $x=x_0$ 处质元的简谐振动方程.

(2) 当 $t=t_0$,即只研究某一确定的 $t=t_0$ 时刻媒质中各质元的运动状态时,式(5.5.3)可写为

$$\begin{aligned}y&=A\cos(\omega_0 t_0-kx+\varphi)\\&=A\cos[-kx+(\omega_0 t_0+\varphi)]\end{aligned}$$

可见,波函数表示 $t=t_0$ 时刻波线上各点相对其平衡位置的位移,即此刻的**波形**.

(3) 若 x、t 均变化,波函数式(5.5.3)表示波形沿传播方向的运动情况,称为**行波**.如图5.21所示.

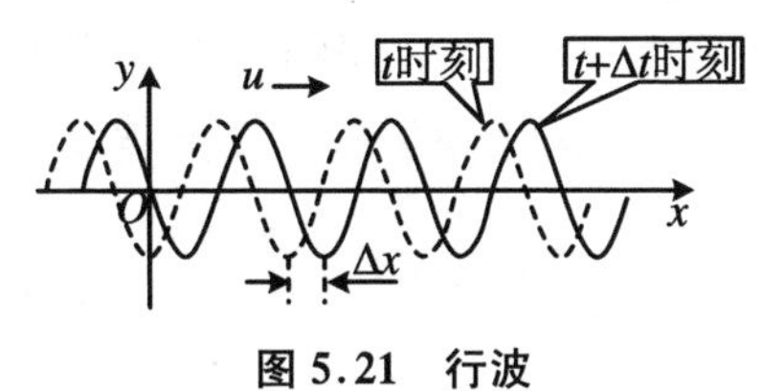

图5.21　行波

5.6　波的能量、能流密度

波的传播过程既是振动形式和相位的传播过程,又是能量的传播过程.机械波传到哪里,哪里的媒质就由静止开始振动,因而具有动能;同时由于媒质的形变,因而也具有势能,因此机械波传到哪里,哪里就有机械能.但是媒质本身不会随着波

的传播方向发生明显的位移,可见,不传递物质而传递能量是波动的基本性质.

5.6.1 能量密度

以绳索上传播的横波为例,设波沿 Ox 轴正方向传播,取线元 $\mathrm{d}m=\lambda\mathrm{d}x$,线元的动能为

$$\mathrm{d}E_{\mathrm{k}}=\frac{1}{2}v^2\mathrm{d}m=\frac{1}{2}\left(\frac{\partial y}{\partial t}\right)^2\mathrm{d}m$$
$$=\frac{1}{2}\lambda A^2\omega_0^2\sin^2\left[\omega_0\left(t-\frac{x}{u}\right)+\varphi\right]\mathrm{d}x$$

可以证明,线元的势能 $\mathrm{d}E_{\mathrm{p}}$ 与动能相等,因而线元的机械能为

$$\mathrm{d}E=\mathrm{d}E_{\mathrm{k}}+\mathrm{d}E_{\mathrm{p}}=\lambda A^2\omega_0^2\sin^2\left[\omega_0\left(t-\frac{x}{u}\right)+\varphi\right]\mathrm{d}x$$

在波动传播的媒质中,任一线元的动能、势能、机械能均随 x、t 做周期性变化.值得注意的是,这种变化是同相位的.

波动能量分布在波所传播到的媒质中,单位体积媒质中的波动能量称为能量密度,记作 w,即有

$$w=\frac{\mathrm{d}E}{\mathrm{d}V}=\frac{\lambda\mathrm{d}x}{\mathrm{d}V}A^2\omega_0^2\sin^2\left[\omega_0\left(t-\frac{x}{u}\right)+\varphi\right]$$
$$=\rho A^2\omega_0^2\sin^2\left[\omega_0\left(t-\frac{x}{u}\right)+\varphi\right] \tag{5.6.1}$$

能量密度 w 显然是 x、t 的函数,它在一个周期内的平均值称为平均能量密度,记作 $\overline{w}$.

$$\overline{w}=\frac{1}{T}\int_0^T w\mathrm{d}t=\frac{1}{2}\rho\omega_0^2A^2 \tag{5.6.2}$$

平均能量密度和圆频率的平方成正比,和振幅的平方成正比.对各向同性、均匀媒质中的一般平面简谐波,式(5.6.1)、式(5.6.2)依然成立.

5.6.2 能流 平均能流密度

能量随着波动过程进行传播,单位时间内垂直通过某一面积的能量称为能流,记作 P.设在媒质中垂直于波速 u 取面积 S,则单位时间内通过 S 的能量等于体积 uS 中的能量,即为该面积的能流,如图 5.22 所示.

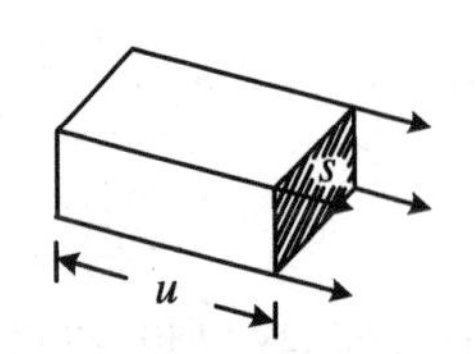

图 5.22 体积 uS 内的能量在单位时间内通过 S

显然能流 P 是周期性变化的,取一个周期的时间平均值,即得单位时间内垂直通过面积 S 的平均能量,称为平均能流,记作 $\overline{P}$.

$$\bar{P} = \bar{w}uS$$

具体到空间中某一点,单位时间内垂直通过单位面积的平均能量称为平均能流密度,又称为波的强度,记作 I.

$$I = \frac{\bar{P}}{S} = \bar{w}u = \frac{1}{2}\rho A^2 \omega_0^2 u \tag{5.6.3}$$

平均能流密度的单位是 $W \cdot m^{-2}$,量纲是$[I] = M \cdot T^{-3}$.

例 5.7　一简谐空气波,沿直径为 0.14 m 的圆柱形管传播,波的强度为 $9\times10^{-3}\ W \cdot m^{-2}$,频率为 300 Hz,波速为 $300\ m \cdot s^{-1}$.求:(1) 波的平均能量密度和最大能量密度;(2) 相位差为 2π 的两个波面间波的能量.

解　(1) 因为 $I = \bar{w}u$,故有

$$\bar{w} = \frac{I}{u} = \frac{9\times10^{-3}}{300} = 3\times10^{-5}(J \cdot m^{-3})$$

因为能量密度为

$$w = \rho\omega_0^2 A^2 \sin^2\left[\omega_0\left(t - \frac{x}{u}\right) + \varphi\right]$$

所以

$$w_{max} = \rho\omega_0^2 A^2 = 2\bar{w} = 2\times3\times10^{-5} = 6\times10^{-5}(J \cdot m^{-3})$$

(2) 相邻的两个波面间波的能量为

$$\Delta W = \bar{w}\times V = \bar{w}\times S\lambda = \bar{w}\times\pi\left(\frac{d}{2}\right)^2\times\frac{u}{\nu}$$

$$= 3\times10^{-5}\times3.14\times\left(\frac{0.14}{2}\right)^2\times\frac{300}{300} = 4.62\times10^{-7}(J)$$

5.7　波的干涉和衍射

5.7.1　惠更斯原理

机械波究竟是怎样传播的?球面波和平面波的传播如图 5.23 所示,惠更斯原理可以做出定性的解释:媒质中波动传播到的各点都可以看作是发射子波的波源,其后的任意时刻,这些子波的包络就是新的波前,称为**惠更斯原理**.

5.7.2　波的叠加原理

波在媒质中传播时,经常会遇到叠加问题.下面介绍波相遇时的规律——波的

叠加原理.

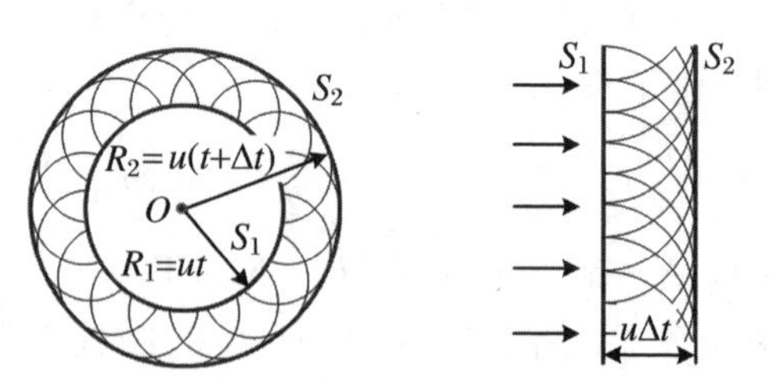

图 5.23 球面波和平面波的传播

实验表明,若有两列或两列以上的波在媒质中同时传播,相遇之后,它们仍然保持各自原有的特征(如频率、波长、振幅、振动方向等)不变,并按照原来的方向继续前进,好像没有遇到过其他波一样;在相遇区域内任一点的振动,为各列波单独存在时在该点所引起的分振动位移的矢量和,这称为**波的叠加原理**.

5.7.3 波的干涉

两列波叠加时,如满足一定的条件,会出现某些地方振动始终加强,而另一些地方振动始终减弱的现象,称为波的干涉现象.能产生干涉现象的两列波称为相干波.相干波的相干条件:频率相同、振动方向相同,并且两列波相位差保持恒定.

如图 5.24 所示,设 S_1、S_2 为两相干波源,其振动方程分别为

$$y_{10} = A_1\cos(\omega_0 t + \varphi_{10}), \quad y_{20} = A_2\cos(\omega_0 t + \varphi_{20})$$

它们传播到 P 点引起的振动分别为

$$y_1 = A_1\cos\left[\omega_0\left(t - \frac{r_1}{u}\right) + \varphi_{10}\right] = A_1\cos\left[\omega_0 t + \left(\varphi_{10} - 2\pi\frac{r_1}{\lambda}\right)\right]$$

$$y_2 = A_2\cos\left[\omega_0\left(t - \frac{r_2}{u}\right) + \varphi_{20}\right] = A_2\cos\left[\omega_0 t + \left(\varphi_{20} - 2\pi\frac{r_2}{\lambda}\right)\right]$$

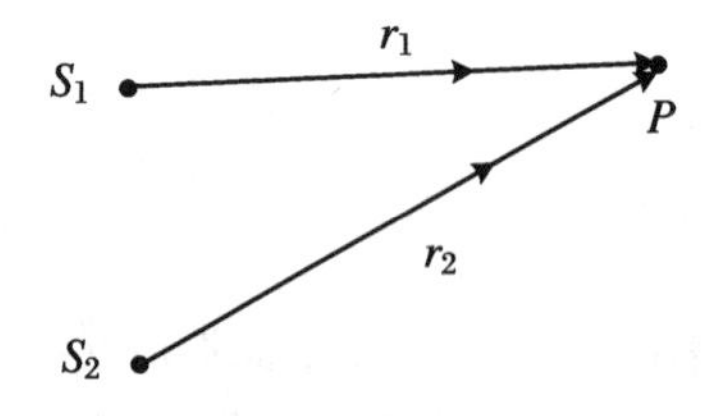

图 5.24 波的干涉

在 P 点的振动为同方向、同频率振动的合成,合振动为

$$y = y_1 + y_2 = A\cos(\omega_0 t + \varphi_0)$$

其中

$$\tan\varphi_0=\frac{A_1\sin(\varphi_{10}-2\pi\frac{r_1}{\lambda})+A_2\sin(\varphi_{20}-2\pi\frac{r_2}{\lambda})}{A_1\cos(\varphi_{10}-2\pi\frac{r_1}{\lambda})+A_2\cos(\varphi_{20}-2\pi\frac{r_2}{\lambda})}$$

$$A^2=A_1^2+A_2^2+2A_1A_2\cos\Delta\varphi$$

$$\Delta\varphi=(\varphi_{20}-\varphi_{10})-2\pi\frac{r_2-r_1}{\lambda}$$

由于波的强度正比于振幅,所以合振动的强度为

$$I=I_1+I_2+2\sqrt{I_1I_2}\cos\Delta\varphi$$

1. 干涉相长

若

$$\Delta\varphi=(\varphi_{20}-\varphi_{10})-2\pi(r_2-r_1)/\lambda=2n\pi\quad(n=0,\pm1,\pm2,\cdots)$$

合振动的振幅

$$A=A_{\max}=A_1+A_2$$

合振动的强度

$$I=I_{\max}=I_1+I_2+2\sqrt{I_1I_2}$$

2. 干涉相消

若

$$\Delta\varphi=(\varphi_{20}-\varphi_{10})-2\pi(r_2-r_1)/\lambda=(2n+1)\pi\quad(n=0,\pm1,\pm2,\cdots)$$

合振动的振幅

$$A=A_{\min}=|A_1-A_2|$$

合振动的强度

$$I=I_{\min}=I_1+I_2-2\sqrt{I_1I_2}$$

若 $\varphi_{20}=\varphi_{10}$,干涉相长条件为 $r_2-r_1=n\lambda$,干涉相消条件为 $r_2-r_1=(2n+1)\lambda/2$. 可见具体出现怎样的干涉现象决定于两方面因素:一是波源的初相位,二是所处的空间位置.

5.7.4 驻波

在诸多的干涉现象中,当满足一定的条件时,会产生一种特别的干涉现象——**驻波**.

1. 驻波的形成

振幅、传播速度都相同的两列相干波,在同一直线上沿相反方向传播时叠加而形成的一种特殊的干涉现象称为驻波.如图 5.25 所示.

2. 驻波方程

设两列波的波函数分别是

$$y_1=A\cos(\omega_0t-kx+\varphi)$$

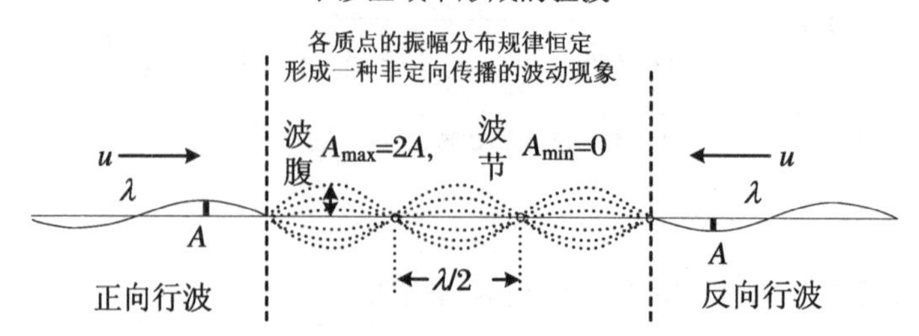

图 5.25　驻波的形成

$$y_2 = A\cos(\omega_0 t + kx + \varphi)$$

两列波相遇并合成后,合振动为

$$\begin{aligned} y &= y_1 + y_2 = A\cos(\omega_0 t - kx + \varphi) + A\cos(\omega_0 t + kx + \varphi) \\ &= (2A\cos kx)\cos(\omega_0 t + \varphi) \end{aligned} \tag{5.7.1}$$

式(5.7.1)即合成波的表达式,称为驻波方程.合成波的振幅由因子$|2A\cos kx|$决定,在确定的 x 处,其振动相位仅随时间 t 变化,不再呈现相位在空间的传播,所以我们称这种波为驻波.

3. 驻波特点

(1) 振幅

根据式(5.7.1),振幅由因子$|2A\cos kx|$确定,不同的 x 处振幅不同,且随 x 做周期性的变化.

当 $kx = n\pi$ 时,有

$$x = \frac{n\pi}{k} = n\frac{\lambda}{2} \quad (n = 0, \pm 1, \pm 2, \cdots) \tag{5.7.2}$$

此时$|\cos kx| = 1$,振幅取最大值 $2A$,这些位置称为**波腹**.

当 $kx = (n + 1/2)\pi$ 时,有

$$x = \frac{(n + 1/2)\pi}{k} = (2n + 1)\frac{\lambda}{4} \quad (n = 0, \pm 1, \pm 2, \cdots) \tag{5.7.3}$$

此时$|\cos kx| = 0$,振幅恒为零,这些位置称为**波节**.

由式(5.7.2)、式(5.7.3)可知,相邻两波腹之间或相邻两波节之间的距离均为 $\lambda/2$,而相邻波腹和波节之间的距离等于 $\lambda/4$.波腹和波节彼此相间,交替出现,如图 5.26 所示.

(2) 相位

由式(5.7.1)可知,相邻两波节之间质点振动同相位,任一波节两侧振动相位相反,如图 5.27 所示.

(3) 能量

驻波的能量无长距离传播,只是在相邻的波腹和波节间往复变化,动能主要集中在波腹,势能主要集中在波节.

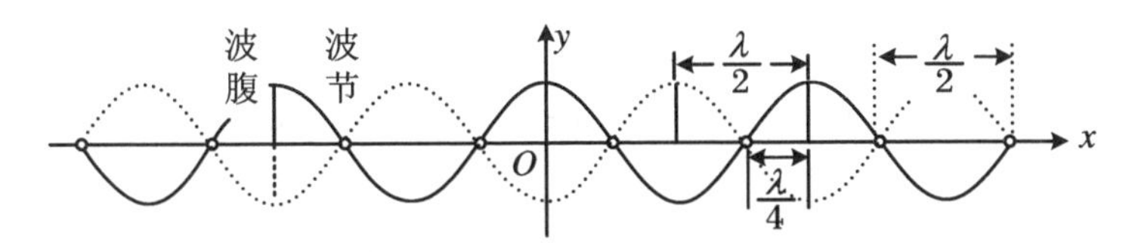

图 5.26　驻波的振幅分布

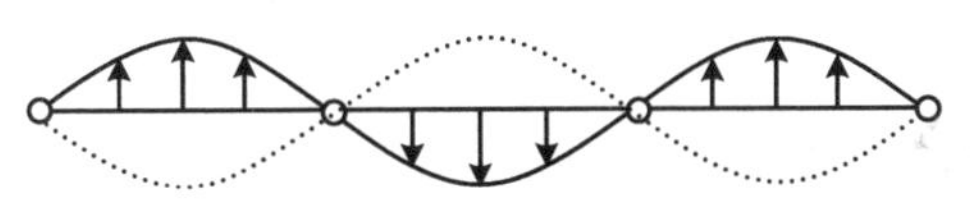

图 5.27　驻波的相位特点

5.7.5　波的衍射

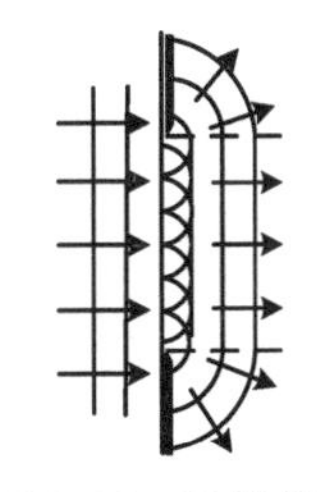

图 5.28　波的衍射

波在传播过程中还有一种特别的现象：遇到障碍物时，波能绕过障碍物的边缘，在障碍物的阴影区内继续传播，这一现象称为**衍射**. 如图 5.28 所示.

5.8　多普勒效应

前面研究的波动中，波源和观察者相对于媒质都是静止的. 奥地利物理学家多普勒在 1842 年发现了波源或观察者相对媒质运动会造成观测频率发生改变的现象，称为**多普勒效应**.

为简单起见，设波源和观察者的运动都在二者的连线上，并以 v 表示观察者相对媒质的速度，以靠近波源为正；以 v_s 表示波源相对媒质的速度，以靠近观察者为正；媒质中的波速为 u，下面分几种情况讨论.

1. 波源不动，观察者相对媒质运动（$v_s=0$ 而 $v\neq0$）

波源不动，观察者相对媒质运动，如图 5.29 所示. 若观察者相对媒质运动速度为 v，则相对观察者的波速为 $u'=u+v$.

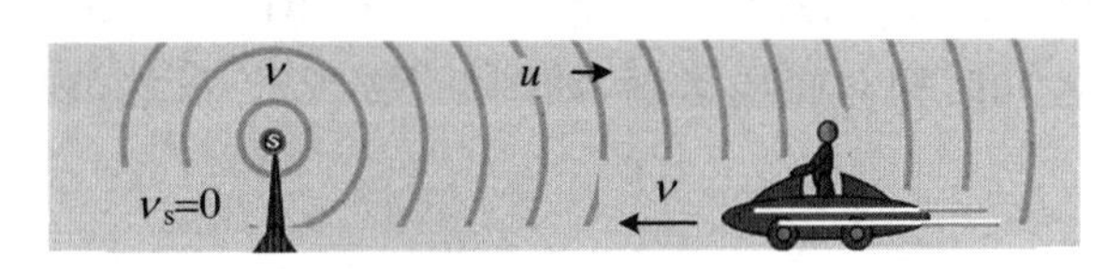

图 5.29　波源不动、观察者相对媒质运动

在相对媒质静止的参照系中，波长 λ、波速 u 和频率 ν 之间的关系是

$$\nu = \frac{u}{\lambda} \tag{5.8.1}$$

观察者的观测频率 ν'应为他所观测到的波速 u'与观测到的波长 λ'之比，即

$$\nu' = \frac{u'}{\lambda'} = \frac{u + v}{\lambda} \tag{5.8.2}$$

代入式(5.8.1)，有

$$\nu' = \frac{u + v}{u}\nu \tag{5.8.3}$$

式(5.8.3)中 $v>0$ 表示观察者靠近波源，则观测频率高于波源频率；$v<0$ 表示观察者远离波源，则观测频率低于波源频率.

2. 观察者不动，波源相对媒质运动($v_s \neq 0$ 而 $v = 0$)

观察者不动，波源相对媒质运动，如图 5.30 所示.

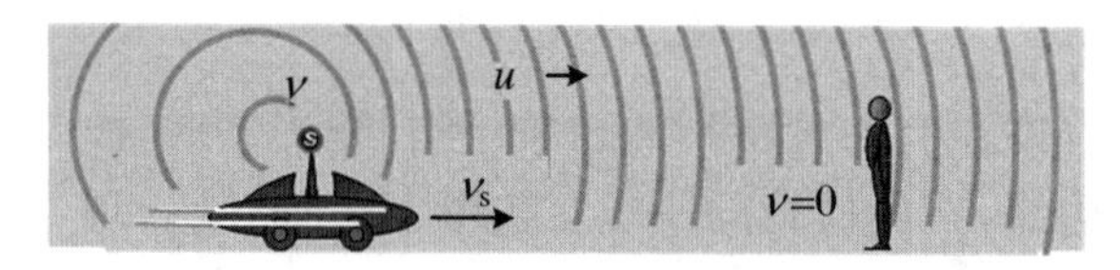

图 5.30　观察者不动、波源相对媒质运动

如图 5.31 所示，波源在一个周期内运动了 $v_s T$，因而观测波长为

$$\lambda' = \lambda - v_s T = (u - v_s)T$$

观测频率为

$$\nu' = \frac{u'}{\lambda'} = \frac{u}{(u \quad v_s)T} = \frac{u}{u - v_s}\nu \tag{5.8.4}$$

式(5.8.4)中 $v_s>0$ 表示波源靠近观察者，则观测频率高于波源频率；$v_s<0$ 表示波源远离观察者，则观测频率低于波源频率.

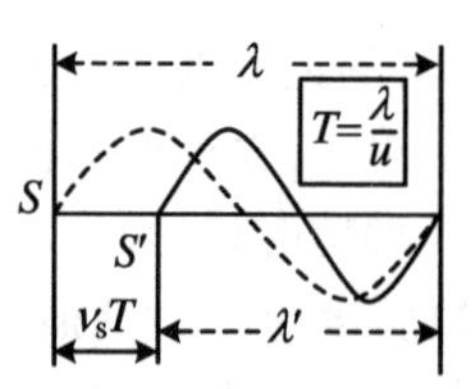

图 5.31　多普勒效应

3. 波源与观察者同时相对媒质运动($v_s \neq 0, v \neq 0$)

波源与观察者同时相对媒质运动，如图 5.32 所示. 显然，观察者观测到的频率为

$$\nu' = \frac{u + v}{u - v_s}\nu \tag{5.8.5}$$

$v>0$ 表示观察者靠近波源，$v<0$ 表示观察者远离波源；$v_s>0$ 表示波源靠近观察者，$v_s<0$ 表示波源远离观察者，总之，当观察者和波源两者相互靠近时，观测频率

高于波源频率，当观察者和波源两者相互远离时，观测频率低于波源频率.

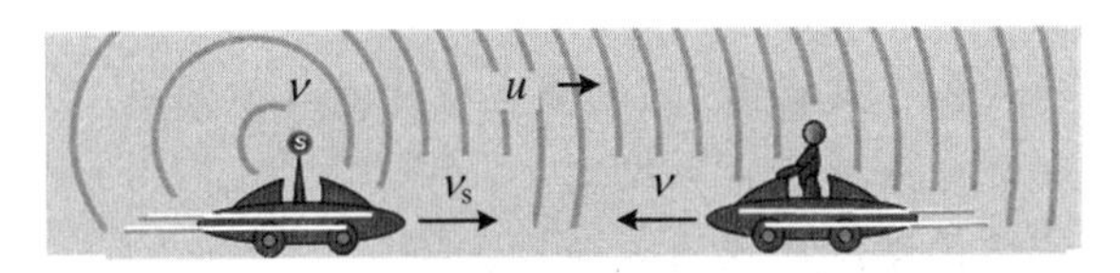

图 5.32　波源与观察者同时相对媒质运动

如果观察者和波源的运动方向不沿着二者连线，实验表明在垂直于二者连线方向没有横向多普勒效应，所以，只需要根据观察者和波源沿着二者连线方向速度的投影来研究多普勒效应即可.

多普勒效应在交通、医疗、国防等多方面都有着普遍的应用，例如多普勒测速仪、彩超、卫星定位系统等.

例 5.8　如图 5.33 所示，利用多普勒效应监测车速，固定波源发出频率为 100 kHz 的超声波，当汽车向波源行驶时，与波源安装在一起的接收器接收到从汽车反射回来的波的频率为 110 kHz. 已知空气中的声速为 330 m · s^{-1}，求车速.

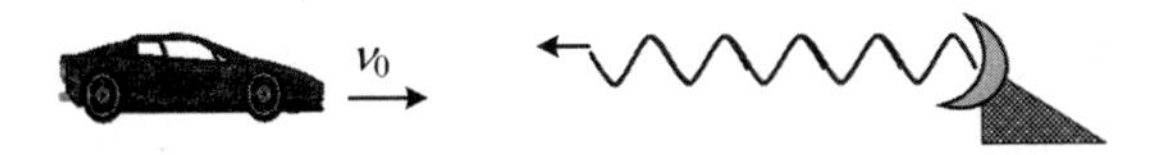

图 5.33　例 5.8 用图

解　当车为接收器时，接收到的频率为

$$\nu' = \frac{u + v_0}{u}\nu$$

当车为波源时，固定接收器接收到的频率为

$$\nu'' = \frac{u}{u - v_0}\nu'$$

其中，$u = 330\ \text{m} \cdot \text{s}^{-1}$，$\nu = 100\ \text{kHz}$，$\nu'' = 110\ \text{kHz}$. 所以，车速为

$$v_0 = \frac{\nu'' - \nu}{\nu'' + \nu}u = 15.7(\text{m} \cdot \text{s}^{-1})$$

习　题　5

*5.1　一长为 l 的匀质细棒绕端点做微角度摆动，则其周期与同样质量单摆的周期相同时，单摆长应为(　　).

A. $3l/2$　　B. $2l/3$　　C. $3/2l$　　D. $2/3l$

5.2　波在均匀媒质中传播时，其空间的周期性和波对时间的周期性(　　).

A. 由 λ 表示　　B. 由 T 表示

C. 由 λ 和 T 分别表示　　D. 波速改变时，两种周期性全被破坏

5.3　以下正确的观点是(　　).

A. 一切波的存在除了波源外，还需要在空间存在媒质

B. 一切媒质中都可传播横波和纵波

C. 机械波的传播是媒质质点的流动形成的

D. 机械波匀速传播过程中各质点的速度都是匀速的

E. 以上都不正确

5.4　一个机器内某零件的振动规律为 $x=0.4\sin\omega t+0.3\cos\omega t$，$x$ 的单位为 cm，$\omega=20\ \mathrm{rad\cdot s^{-1}}$. 求这个振动的振幅、最大速度及最大加速度.

5.5　两个在同一直线上做频率相同的简谐振动的合振动振幅为 10 cm，合振动的相位超前第一个振动 $\pi/6$，第一个振动的振幅 $A_1=8.0$ cm. 求第二个振动的振幅 A_2 及它与第一个振动的相位差.

5.6　一质点同时参与四个同方向、同频率的简谐振动，它们的振动方程分别为 $x_1=A\cos\omega t$，$x_2=A\cos(\omega t+\pi/3)$，$x_3=A\cos(\omega t+2\pi/3)$，$x_4=A\cos(\omega t+\pi)$. 试求合振动方程.

5.7　一个无阻尼的弹簧振子做受迫振动，强迫力的角频率 $\omega=5\ \mathrm{rad\cdot s^{-1}}$ 时发生共振，给质量块增加 1 kg 的质量，当 $\omega=4.8\ \mathrm{rad\cdot s^{-1}}$ 时发生共振. 求弹簧振子原来的质量块的质量及弹簧的劲度系数.

5.8　如图 5.34 所示，质量为 m 的薄板挂在弹簧的下端，若空气的阻力可以不计，系统在空气中的振动周期为 T_1. 又知系统在某液体中的振动周期为 T_2，液体的阻力可表示为 $-2\eta Av$，其中 A 为薄板的面积，v 为速度，η 为液体的黏度. 试证：

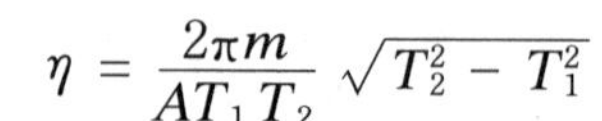

$$\eta=\frac{2\pi m}{AT_1T_2}\sqrt{T_2^2-T_1^2}$$

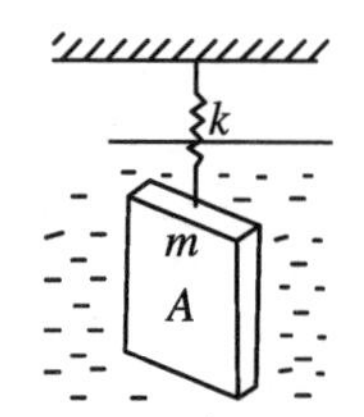

图 5.34　题 5.8 用图

5.9　一波的频率为 $20\ \mathrm{s^{-1}}$，波速为 $80\ \mathrm{m\cdot s^{-1}}$，振幅为 0.02 m，求：

(1) 波的相位相差 45° 的两个点间的距离.

(2) 在一给定点处，时间相隔 0.01 s 的两位移之相位差.

(3) 在一给定点处，时间相隔 0.01 s 的质元的两个位置的最大距离.

(4) 在一给定点处，振动相位相差 45° 的质元的两个位置的最大距离.

5.10　一平面简谐波沿 x 轴正方向传播，波速为 $20\ \mathrm{m\cdot s^{-1}}$，在距原点 5 m 处，质点振动方程为 $y=0.03\cos(2\pi t)$，求波动方程.

5.11　一平面简谐波的波动表达式为 $y=0.02\cos\pi(5t-x/10)$，求：

(1) 该波的波速、波长、周期和振幅.

(2) $x=20$ m 处质点的振动方程及该质点在 $t=2$ s 时的振动速度.

(3) $x=2$ m、6 m 两处质点振动的相位差.

5.12 一平面简谐波在 $t=3T/4$ 时波形图如图 5.35 所示.要求:(1) 画出 $t=0$ 时的波形图;(2) 求 O 点振动方程;(3) 求波函数方程.

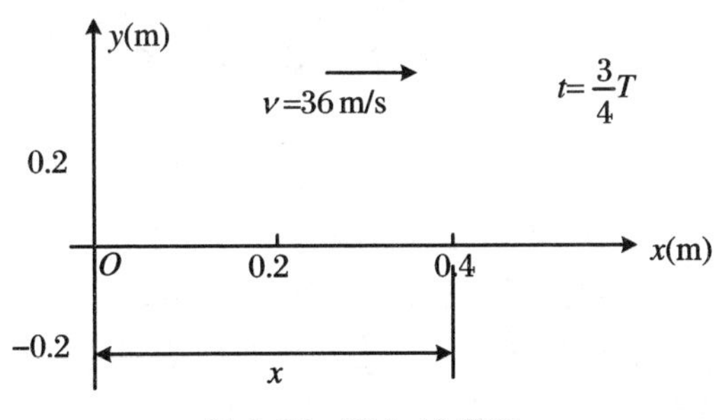

图 5.35 题 5.12 用图

5.13 如图 5.36 所示,A、B 为同一媒质中二相干波源,振幅相等,频率为 100 Hz,B 为波峰时,A 恰为波谷.若 A、B 相距 30 m,波速为 400 $m\cdot s^{-1}$,求 A、B 连线上因干涉而静止的各点的位置.

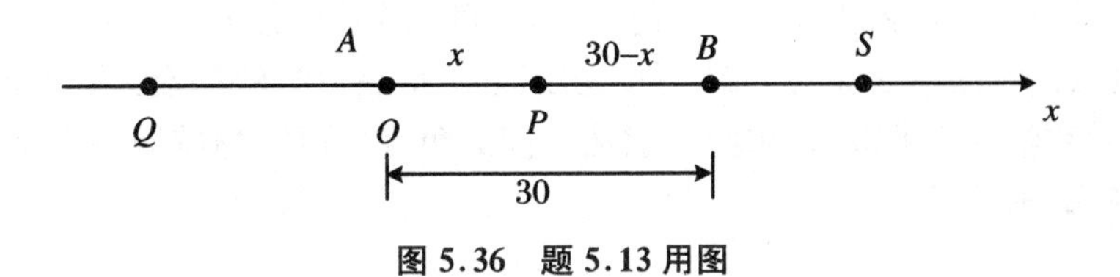

图 5.36 题 5.13 用图

5.14 在位于 x 轴的弦线上有一驻波,测得 $x=n+5/6$(m)($n=0,\pm1,\pm2,\cdots$)处为波节,在波腹处,最大位移 y_{max} 为 5 m,从平衡位置到最大位移历时 0.5 s,以弦线上所有质元均处于平衡位置时开始计时,写出该驻波的表达式.

5.15 一个声学运动探测器发射 50 kHz 的信号并接收回声,如果回声有多普勒频移,频率大于 100 Hz 运动物体就被记录下来.设空气中的声速为 330 $m\cdot s^{-1}$,要被探测器记录,运动物体需以多大的速率向着或离开探测器运动?

第二篇　气体动理论和热力学基础

宏观物质都是由大量分子组成的，组成物质的分子做永不停息的无规则运动，称为热运动.我们把与温度有关的现象称为热现象.热运动是物质运动的一种基本形式，热现象是它的宏观表现.气体动理论和热力学基础讨论宏观物质的热运动以及与热相联系的各种规律.

一般地，对热运动宏观效果的研究有两种不同的方法：一是从热现象的基本定律出发，通过逻辑推理及演绎，得出热现象的宏观理论，由此建立的理论称为热力学；二是从物质的微观结构出发，运用统计的方法，找出物质的微观量与宏观量之间的关系，由此建立的理论称为统计物理学.

热力学是具有最大普遍性的一门科学，它可以应用于任何宏观的物质系统，但它对热现象的本质缺乏深入了解.统计物理学使得热力学的理论具有更深刻的意义，但它对数学的要求很高.它们分别从不同的角度去研究物质的热运动，二者相辅相成，缺一不可.

第 6 章　气体动理论基础

描述系统内部单个分子运动状态的物理量称为微观量，而用来表征系统宏观性质的物理量称为宏观量.宏观量和微观量之间必然存在着某种联系.本章以物质由数量很大的微观粒子组成为前提，用力学规律和统计方法研究物质宏观性质的微观本质.

6.1　分子动理论的基本观念

6.1.1　物质由大量分子组成

古希腊的德谟克利特曾认为物质由不可分割的被称为“原子”的粒子组成，法国的伽桑狄进而假设物质内的原子可在空间各方向上不停地运动，英国的道尔顿从微观结构的角度去揭示宏观现象的本质，意大利的阿伏伽德罗提出了“在同温同压下相同体积的任何气体都含有相同数量的分子”的分子假说.

宏观物质是不连续的，它是由大量分子组成的(注意:物理学中的分子和化学中的分子含义不一样，物理学中把组成物质的分子、原子、离子、电子等微粒都称为分子;这里的大量是指物质内所含分子的数目很大，大到可以与阿伏伽德罗常数相比较).比如，气体很容易被压缩;液体在高压作用下也是可压缩的，对于变压器油来说，相对压缩量在 100 MPa 时为 4%，到 700 MPa 时达到 16%;在 20000 个大气压下压缩钢筒中的油，发现油可透过筒壁渗出.这些事实说明气体、液体、固体都是不连续的，它们都由大量分子组成.

6.1.2　分子在永不停息地做无规则热运动

物质不仅由大量分子组成，而且每个分子都在永不停息地做无规则热运动.现以分子的扩散与布朗运动为例予以说明.

1. 扩散

扩散现象是指物质分子从分子数密度(单位体积空间内所含有的分子数)高的

区域向分子数密度低的区域转移直到均匀分布的现象.扩散的速率与物质的浓度梯度成正比.扩散是由于分子热运动而产生的质量迁移现象,主要是由于分子数密度梯度引起的.目前认为,分子热运动在绝对零度以下不会发生.

气体分子热运动的速率很大,在 0 ℃时空气分子热运动的平均速率约为 $400\ m \cdot s^{-1}$.每个分子的运动轨迹都是无规则的折线,分子间极为频繁地互相碰撞.温度越高,分子的运动就越剧烈.由于极为频繁的碰撞,分子运动速度的大小和方向时刻都在改变,分子沿一定方向的迁移就相当慢,所以气体扩散的速度比气体分子运动的速度要慢得多.例如,用分子数密度不同的同种气体实验,扩散也会发生,其结果是整个容器中气体密度处处相同.在液体间和固体间也会发生扩散现象.如,钢件的表面渗碳(提高钢件的硬度和强度)和渗铝(提高钢件的耐热性)就是固体间分子扩散的应用;清水中滴入几滴红墨水,过一段时间,整个水体都变为红色.

从微观上看,气体扩散现象是大量气体分子做无规则热运动时,分子之间发生相互碰撞的结果.这种碰撞迫使分子数密度大的区域的分子整体向分子数密度小的区域转移,直至最后达到均匀一致.在扩散过程中,迁移的分子不是单向的,只是分子数密度大的区域向分子数密度小的区域迁移的分子数,多于分子数密度小的区域向分子数密度大的区域迁移的分子数.

2. 布朗运动

分子热运动的最形象化的实验是布朗运动.布朗运动可在气体和液体中进行,它是大量分子集体行为的结果.做布朗运动的粒子非常微小(直径 1～10 μm),它们在周围液体或气体分子的碰撞下,产生一种涨落不定的净作用力,导致微粒的不均衡性,造成布朗运动.布朗运动中粒子本身的运动并不是分子的热运动.布朗运动并不是分子运动本身,而是间接反映并证明了分子热运动,成为分子运动论和统计力学发展的基础,它代表了一种随机涨落现象.布朗运动的特点是:无规则;永不停歇;颗粒越小,温度越高,布朗运动越明显.

实验表明:扩散的快慢和布朗运动的剧烈程度与温度的高低有明显的关系.一般把大量分子的无规则运动称为热运动,热运动是物质运动的一种基本形式,热现象是它的宏观表现.

6.1.3 分子之间存在相互作用力

既然物质由大量分子组成,大量分子能聚集而形成固体、液体和气体,说明分子间存在相互吸引力.同时,构成物质的分子间存在着缝隙,并非紧密无间,这表明分子间还存在相互排斥力.分子之间同时存在着引力和斥力,它们都随距离的增大而减小.其合力具体表现为相互吸引还是相互排斥,取决于分子间的距离.分子间存在的这种相互作用力称为分子力.当 $r_0 = 10^{-10}$ m 时,分子力为零,所以分子间的距离 r_0 的位置称为平衡位置;当 $r > r_0$ 时,分子力表现为引力;当 $r < r_0$ 时,分

子力表现为斥力.一般认为,当分子间距离大于分子力的有效作用距离(约10^{-9} m)时,分子力可忽略不计,这个有效距离称为分子力的有效作用半径.分子力是短程力,是保守力.

分子力和热运动是决定物质宏观性质的基本因素,是系统处于平衡状态的辩证统一体.分子力作用倾向于使分子聚集一起,在空间形成某种有序排列;而热运动却力图造成混乱,存在向外扩散的趋势.

6.2 平衡态 理想气体状态方程

6.2.1 平衡态

温度是表征物体冷热程度的物理量,是反映系统内部分子无规则运动剧烈程度的物理量.系统内部分子运动得越剧烈,温度越高;系统内部分子运动得越不剧烈,温度越低.凡是跟温度有关的现象均称为热现象,热现象是自然界中的一种普遍现象.

在不受外界影响的条件下,系统的各种宏观性质都不再随时间变化的状态称为该系统的平衡态.热力学系统处于平衡态一般需同时满足力学平衡条件、热学平衡条件和化学平衡条件,即要求系统内部的力学参量(如压强)、热学参量(如温度)和化学参量(如分子数密度)处处均匀一致.

(1) 力学平衡条件是指:系统内部各部分之间、系统与外界之间应达到力学平衡,一般地,力学平衡反映为系统内部的压强处处均匀一致.

(2) 热学平衡条件是指:系统内部的温度处处均匀一致.

(3) 化学平衡条件是指:系统各部分的化学组成也应是处处均匀一致.

我们把描述处于平衡状态的热力学系统属性的物理量称为该系统的状态参量.显然,系统的状态参量有很多种,一般包括力学参量(如压强)、几何参量(如体积)、化学参量(如物质的量)和电磁参量(如电场强度、磁感应强度)等.因为热力学研究一切与温度有关的现象,所以温度属于热力学的特征参量.

若热力学系统处于平衡状态,则该系统的各种状态参量都将唯一确定.我们把不满足平衡态定义的状态称为非平衡状态.在自然界中,平衡状态是相对的、特殊的与局部的,非平衡状态才是绝对的、普遍的和全局的.

6.2.2 理想气体状态方程

1. 气体实验定律

一定质量的理想气体系统，当温度保持不变时，它的压强和体积的乘积是一个常数，即 $pV = C$，这称为等温玻意耳-马略特定律.

一定质量的理想气体系统，当压强保持不变时，它的体积与温度成正比，即$\dfrac{V}{T} = C$，这称为等压盖-吕萨克定律.

一定质量的理想气体系统，当体积保持不变时，它的压强与温度成正比，即$\dfrac{p}{T} = C$，这称为等容查理定律.

式中常数 C 由气体系统的种类、质量和环境等因素决定.

2. 理想气体状态方程

一般地，我们把满足气体实验定律和阿伏伽德罗定律的气体称为理想气体.反映理想气体在平衡态下各状态参量之间的关系式称为理想气体状态方程.显然，由气体实验定律可得到一定质量的理想气体的两平衡态参量之间的关系式为

$$\frac{p_1 V_1}{T_1} = \frac{p_2 V_2}{T_2} \tag{6.2.1}$$

在标准状态（$p_0 = 1$ atm，$T_0 = 273.15$ K）下，1 mol 任何气体的体积 $V_0 = 22.4\times10^{-3}$ m^3.因此，对 ν mol 理想气体而言，由式(6.2.1)可以得出

$$\frac{pV}{T} = \nu\frac{p_0 V_0}{T_0} = \nu R \tag{6.2.2}$$

由此得到理想气体状态方程：

$$pV = \nu RT = \frac{m}{M}RT \tag{6.2.3}$$

式中 R 称为普适气体常量，它表示 1 mol 理想气体在标准状况下的$\dfrac{pV}{T}$的值，其值为 $R = \dfrac{p_0 V_0}{T_0} = 8.31\ \mathrm{J\cdot mol^{-1}\cdot K^{-1}} = 0.082\ \mathrm{atm\cdot L\cdot mol^{-1}\cdot K^{-1}}$.

由式(6.2.3)可以得到理想气体的密度的表达式为

$$\rho = \frac{m}{V} = \frac{pM}{RT} \tag{6.2.4}$$

由式(6.2.4)可知，理想气体状态方程的另一形式为

$$\frac{p_2}{\rho_2 T_2} = \frac{p_1}{\rho_1 T_1} \tag{6.2.5}$$

例 6.1 在标准状态下，理想氧气的摩尔质量 $M = 32\times10^{-3}\ \mathrm{kg\cdot mol^{-1}}$，求氧

气的密度.

解　$\rho=\dfrac{pM}{RT}=\dfrac{1.01\times10^{5}\times32\times10^{-3}}{8.31\times300}=1.296(\mathrm{kg\cdot m^{-3}})$.

6.2.3　混合理想气体状态方程

我们把由多种化学纯理想气体组合而成的气体称为混合理想气体.在混合理想气体系统中,各组分理想气体的温度和占有的体积与混合理想气体相等.把各组分单独存在时的压强称为各组分的分压强,则混合理想气体的压强等于各组分的分压强之和,这就是道尔顿分压定律,即

$$p=\sum_i p_i \tag{6.2.6}$$

其中各组分的理想气体状态方程为

$$p_iV=\frac{m_i}{M_i}RT \tag{6.2.7}$$

则混合理想气体的状态方程为

$$pV=\frac{m}{M}RT \tag{6.2.8}$$

其中,p、V、T 分别为混合理想气体的压强、体积和温度,M 为平均摩尔质量.显然混合理想气体的状态方程与化学纯理想气体的状态方程形式相同.

6.3　理想气体压强公式　温度的微观意义

在分子动理论观点的基础上,从微观上对理想气体可做以下假设:

(1) 分子本身的线度相对于分子之间的平均距离而言要小得多,可以忽略不计,故可以将分子看成质点,其运动遵从牛顿运动定律.

(2) 除碰撞瞬间外,分子做匀速直线运动,即分子间相互作用力可以忽略.

(3) 分子与分子之间、分子与器壁之间的碰撞均可认为是完全弹性碰撞.

6.3.1　理想气体压强公式

在没有外场时,处于平衡态的气体分子应均匀分布于容器中,任何分子都没有运动速度的择优方向,这称为分子混沌性假设.

根据分子混沌性假设,系统内所有的分子质量为 m,都以同一速率 $\bar{v}$ 运动,且分子向各个方向运动的概率是相等的,将空间分为 $\pm x$、$\pm y$、$\pm z$ 六个方向,即分子

向每个方向运动的概率都是$\frac{1}{6}$.定义单位时间内碰撞到单位面积器壁上的分子数为分子碰壁数,用 Γ 表示.假设理想气体系统的分子数密度为 n,则分子碰壁数 $\Gamma=\frac{1}{6}n\bar{v}$.

在理想气体系统中,现考虑沿 $+x$ 方向以速率 $\bar{v}$ 运动的分子与面积为 A 的器壁碰撞的情形.

如图 6.1 所示,每个分子与器壁碰撞一次引起的动量改变量为 $-m\bar{v}-m\bar{v}=-2m\bar{v}$,由动量定理知,这就是器壁对分子的作用力 f 在作用时间 Δt 内形成的冲量 $f\Delta t$,则器壁对分子的作用力为 $f=\frac{-2m\bar{v}}{\Delta t}$.根据牛顿第三定律,分子与器壁每碰撞一次,分子对器壁的作用力为 $f'=-f=\frac{2m\bar{v}}{\Delta t}$.则在 Δt 时间内,碰撞到面积为 A 的器壁的所有分子对器壁的作用力为 $F=\frac{1}{6}n\bar{v}A\Delta t\cdot\frac{2m\bar{v}}{\Delta t}=\frac{1}{3}nm\bar{v}^2A$.所有分子施予器壁的压强为

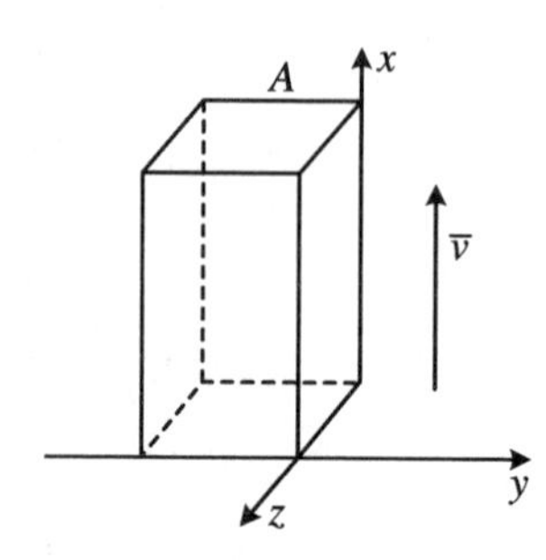

图 6.1　压强公式推导示意图

$$p=\frac{F}{A}=\frac{1}{3}nm\bar{v}^2 \tag{6.3.1}$$

考虑到 $\bar{v}^2\approx\overline{v^2}$,则式(6.3.1)可改写为

$$p=\frac{1}{3}nm\overline{v^2} \tag{6.3.2}$$

因分子的平均平动动能$\overline{\varepsilon_t}=\frac{1}{2}m\overline{v^2}$,所以式(6.3.2)又可改写成

$$p=\frac{2}{3}n\overline{\varepsilon_t} \tag{6.3.3}$$

式(6.3.2)和式(6.3.3)称为理想气体的压强公式.它们表明:理想气体的压强正比于分子数密度和分子的平均平动动能.

对于系统内部,压强公式也有类似的结论.对于任意形状的容器,式(6.3.2)和式(6.3.3)也适用.

6.3.2　温度的微观意义

因 $pV=\nu RT=\frac{N}{N_A}RT$,即

$$p=\frac{N}{V}\cdot\frac{R}{N_A}T=nkT \tag{6.3.4}$$

将式(6.3.4)代入式(6.3.3),得

$$\overline{\varepsilon_t} = \frac{3}{2}kT \tag{6.3.5}$$

其中 k 称为玻尔兹曼常量，有

$$k = \frac{R}{N_A} = \frac{8.31}{6.02 \times 10^{23}} = 1.38 \times 10^{-23}(\mathrm{J \cdot K^{-1}})$$

上式就是理想气体分子的平均平动动能与系统温度之间的关系，它是分子动理论的基本公式之一. 这个公式说明了宏观温度的微观意义：温度反映了物体内部分子无规则运动的剧烈程度. 气体的温度越高，分子的平均平动动能越大，分子无规则运动的程度越剧烈；气体的温度越低，分子的平均平动动能越小，分子无规则运动的程度越不剧烈. 因此，温度是表征系统内部分子热运动剧烈程度的宏观物理量，是大量分子热运动的集体表现. 对于单个或少数分子，说它具有多高温度是完全没有意义的.

6.4　麦克斯韦速率分布律

6.4.1　麦克斯韦速率分布律

分子动理论认为，气体系统内大量分子无规则热运动导致分子之间频繁地相互碰撞，分子以大小不同的速率向各个方向运动，在频繁的碰撞过程中，分子间不断交换动量和能量，使每一分子的速度不断变化.

处于平衡态的气体，每个分子瞬时速度的大小、方向都在随机地变化，但总的来说，气体分子的速率介于一定速率范围内的概率（即速率分布函数）是不会改变的.

1859 年，英国的麦克斯韦假设处于平衡态的理想气体分子在三个方向上做独立运动，导出了麦克斯韦速率分布律，表达式为

$$f(v)\mathrm{d}v = 4\pi\left(\frac{m}{2\pi kT}\right)^{3/2} \cdot \mathrm{e}^{-\frac{mv^2}{2kT}} \cdot v^2\mathrm{d}v \tag{6.4.1}$$

其中 k 为玻尔兹曼常量，m、T 分别为单个气体分子的质量及气体系统温度.

$f(v)$为概率分布密度，对应的速率分布曲线如图 6.2 所示. 图中左边阴影区域面积表示速率介于$v \sim v+\mathrm{d}v$ 之间的分子数占总分子数之比，右边阴影区域面积表示分子速率介于 $v_1 \sim v_2$ 内的分子数占总分子数之比，其数值为

$$\int_{v_1}^{v_2} f(v)\mathrm{d}v = \int_{v_1}^{v_2} 4\pi \cdot \left(\frac{m}{2\pi kT}\right)^{3/2} \cdot \mathrm{e}^{-\frac{mv^2}{2kT}} \cdot v^2\mathrm{d}v$$

整条速率分布曲线下图形的总面积为

$$\int_0^\infty f(v)\mathrm{d}v = \int_0^\infty 4\pi\left(\frac{m}{2\pi kT}\right)^{3/2} \cdot \mathrm{e}^{-\frac{mv^2}{2kT}} \cdot v^2\mathrm{d}v = 1 \tag{6.4.2}$$

这说明麦克斯韦速率分布是归一化的.

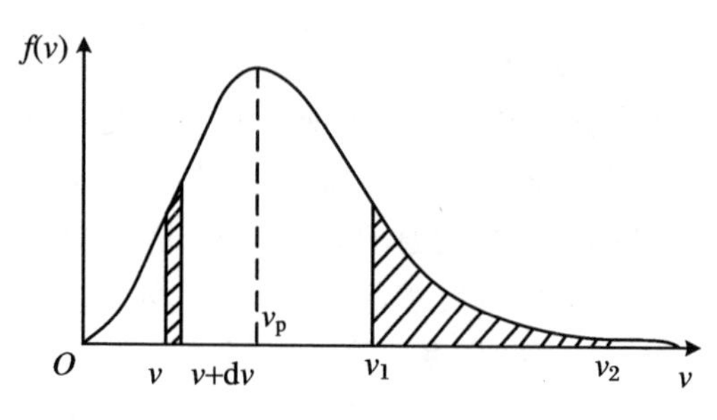

图 6.2　速率分布曲线图

6.4.2　三种特征速率

这里提到的三种特征速率分别是平均速率、方均根速率、最概然速率，它们均表示处于平衡状态下的理想气体系统的一种统计速率.

1. 平均速率 $\bar{v}$

热力学中的平均速率与力学中的平均速率是两个完全不同的概念，前者表示热力学系统中所有分子运动速率的算术平均值，而后者表示力学系统在单位时间内经过的路程.

$$\bar{v} = \int_0^\infty vf(v)\mathrm{d}v = \sqrt{\frac{8kT}{\pi m}} = \sqrt{\frac{8RT}{\pi M}} \tag{6.4.3}$$

2. 方均根速率 v_{rms}

方均根速率是热力学系统中所有分子运动速率的平方的平均值再开平方根后得到的速率.

因

$$\overline{v^2} = \int_0^\infty v^2 f(v)\mathrm{d}v = \frac{3kT}{m}$$

故

$$v_{\mathrm{rms}} = \sqrt{\overline{v^2}} = \sqrt{\frac{3kT}{m}} = \sqrt{\frac{3RT}{M}} \tag{6.4.4}$$

3. 最概然速率 v_{p}

在速率分布曲线图上，与 $f(v)$ 为极大值时对应的速率是最概然速率（也称最可几速率），以 v_{p} 表示，如图 6.2 所示. 若将速率分布曲线图上的横坐标分成许多间隔相等的速率区间，则包含有最概然速率的那个间隔内的分子数占总分子数之比是最大的.

因为速率分布函数是一连续函数，则由$\left.\frac{\mathrm{d}f(v)}{\mathrm{d}v}\right|_{v=v_\mathrm{p}}=0$，可得

$$v_\mathrm{p}=\sqrt{\frac{2kT}{m}}=\sqrt{\frac{2RT}{M}} \tag{6.4.5}$$

从式(6.4.5)可见，m 越小或 T 越大，则 v_p 越大.

由式(6.4.3)、式(6.4.4)、式(6.4.5)知，三种特征速率之比为

$$v_\mathrm{p}:\bar{v}:v_\mathrm{rms}=1:1.128:1.224 \tag{6.4.6}$$

即它们三者之间相差不超过23%，且有 $v_\mathrm{p}<\bar{v}<v_\mathrm{rms}$.

一般地，平均速率用于讨论分子的运动，方均根速率用于讨论分子的能量，而最概然速率用于讨论分子运动的概率.

例6.2　在标准状态下，试求：(1) 理想氢气的平均速率；(2) 理想氧气的最概然速率；(3) 理想空气的方均根速率.

解　(1) $\bar{v}_{\mathrm{H}_2}=\sqrt{\frac{8RT}{\pi M}}=\sqrt{\frac{8\times 8.31\times 300}{3.14\times 2\times 10^{-3}}}=1782(\mathrm{m\cdot s^{-1}})$.

(2) $v_{\mathrm{pO}_2}=\sqrt{\frac{2RT}{M}}=\sqrt{\frac{2\times 8.31\times 300}{32\times 10^{-3}}}=395(\mathrm{m\cdot s^{-1}})$.

(3) $v_{\mathrm{rms空气}}=\sqrt{\frac{3RT}{M}}=\sqrt{\frac{3\times 8.31\times 300}{29\times 10^{-3}}}=508(\mathrm{m\cdot s^{-1}})$.

习　题　6

6.1　$\int_{v_1}^{v_2}Nvf(v)\mathrm{d}v$ 表示的物理意义是______________.

6.2　如图6.3所示，两条曲线分别表示处于相同温度下的氮气和氧气分子(理想气体)的速率分布曲线，则 a 曲线代表________分子，b 曲线代表________分子.

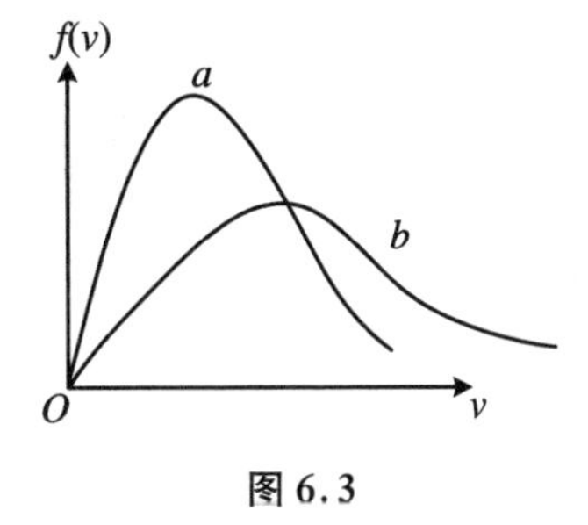

图6.3

6.3　一容器内贮有气体，其压强为1 atm，温度为27 ℃，密度为1.3 $\mathrm{kg\cdot m^{-3}}$，则气体的摩尔质量为________ $\mathrm{kg\cdot mol^{-1}}$，由此确定它是________气体.

6.4　对于处于平衡态的理想气体而言，$v_p:\bar{v}:v_\mathrm{rms}=$________.

6.5　物质的量相同的氦气(He)和氢气(H_2)，其压强和分子数密度相同，则它们的(　　).

A. 分子平均速率相同　　　B. 分子平均动能相等

C. 内能相等　　　　　　　D. 平均平动动能相等

6.6　一个容器内贮有1摩尔氢气和1摩尔氦气,若两种气体各自对器壁产生的压强分别为 p_1 和 p_2,则两者的大小关系是(　　).

A. $p_1 > p_2$　　B. $p_1 < p_2$　　C. $p_1 = p_2$　　D. 不确定

6.7　一定质量的某理想气体经历过程满足 $\frac{p}{T}$ = 恒量,则理想气体的分子数密度(　　).

A. 升高　　B. 不变　　C. 不能确定　　D. 降低

6.8　两瓶不同类的理想气体,其分子平均平动动能相等,但分子数密度不相等,则它们(　　).

A. 压强相等,温度相等　　　B. 温度相等,压强不相等

C. 压强相等,温度不相等　　D. 方均根速率相等

6.9　某柴油机的汽缸充满空气,压缩前其中空气的温度为 47 ℃,压强为 8.61×10^4 Pa.当活塞急剧上升时,可把空气压缩到原体积的 $\frac{1}{17}$,其压强增大到 4.25×10^6 Pa,求这时空气的温度.

6.10　已知某理想气体分子的方均根速率为 400 $\mathrm{m\cdot s^{-1}}$.当其压强为 1 atm 时,气体的密度为多大?

6.11　容器中贮有氧气,其压强 $p = 1$ atm,温度 $t = 27$ ℃.试求:(1) 单位体积内的分子数;(2) 氧气密度 ρ;(3) 分子的平均平动动能.

第 7 章　热力学基础

热力学是研究热现象的宏观理论，是根据实验总结出来的热力学定律，它用严密的逻辑推理的方法，研究宏观物体的热力学性质. 热力学不涉及物质的微观结构，它的主要理论基础是热力学定律.

7.1　能量按自由度均分定理　理想气体的内能

在常温下，对于单原子分子，其结构最简单，它的运动形式只有平动；对于双原子分子或多原子分子而言，它的运动形式除平动外，还有转动和振动(在常温下，振动一般可以忽略). 在讨论分子热运动能量时，应考虑分子各种运动形式的能量. 相应地，分子不仅具有平动能量，还可能存在转动能量和振动能量.

7.1.1　能量按自由度均分定理

1. 自由度

我们把完全确定一个物体在空间位置所需要的独立变量(如位置、动量等)，称为这个物体的自由度. 相应地，独立变量的数目称为自由度数. 在热力学中，自由度是分子运动方程中可以写成的独立坐标数. 一般地，单原子气体分子有 3 个平动自由度. 如，在笛卡儿坐标系中，氦气分子自由运动的自由度数为 3；只在一个平面上自由运动的分子的自由度数为 2；只在一个坐标轴上自由运动的分子的自由度数为 1.

2. 能量按自由度均分定理

根据$\overline{\varepsilon_t}=\frac{1}{2}m\overline{v^2}$和式(6.3.5)，考虑到$\overline{v_x^2}=\overline{v_y^2}=\overline{v_z^2}=\frac{1}{3}\overline{v^2}$，得

$$\frac{1}{2}m\overline{v_x^2}=\frac{1}{2}m\overline{v_y^2}=\frac{1}{2}m\overline{v_z^2}=\frac{1}{2}kT \tag{7.1.1}$$

式(7.1.1)表明，分子的每一个平动自由度上都具有相同的平动动能$\frac{1}{2}kT$，即分子的平动动能均匀地分配到每个平动自由度上.

根据分子混沌性假设,平动、转动和振动等每一种运动的机会是完全均等的,所以上述结论不仅适用于平动,也适用于转动和振动;它不仅适用于气体,还适用于固体和液体.即处于平衡状态的热力学系统(系统温度为 T),分子的每一个自由度都承担着相同的平均能量$\frac{1}{2}kT$.

这就是能量按自由度均分定理,简称能量均分定理.

7.1.2 理想气体的内能

由于系统内部状态发生变化,引起改变的贮存在系统内部的能量,称为该系统的内能.从微观上看,系统的内能一般包括分子由于无规则热运动而具有的各种形式的动能(平动能、转动能和振动能)和分子之间以及分子内各原子之间相互作用势能的总和(电子和原子核的能量可以忽略).系统的内能与系统状态间有一一对应的关系,系统处于平衡态时的内能是确定的,因而内能是状态量.内能用 U 表示,内能的单位为焦耳(J).

对于理想气体而言,分子之间无相互作用势能,理想气体的内能就是所有分子动能的总和.对于自由度数为 i 的分子来说,每个分子的总平均动能为$\frac{i}{2}kT$,则 ν mol理想气体的内能为

$$U = \nu \cdot N_{\mathrm{A}} \frac{i}{2}kT = \frac{i}{2}\nu RT \tag{7.1.2}$$

结果表明,一定量理想气体的内能完全取决于气体分子的自由度数和系统的温度,而与系统的压强和体积无关,即理想气体的内能是系统温度的单值函数.

例 7.1 试求常温($T=300$ K)下:(1) 氩气分子的平均平动能;(2) 40 g 氩气的内能.

解 (1) 氩气分子是单原子分子,平动自由度为3,因而平均平动动能为

$$\overline{\varepsilon_t} = \frac{3}{2}kT = \frac{3}{2} \times 1.38 \times 10^{-23} \times 300 = 6.21 \times 10^{-21}\,(\mathrm{J})$$

(2) 40 g 氩气的内能为

$$U = \frac{i}{2}\nu RT = \frac{3}{2} \times 1 \times 8.31 \times 300 = 3.74 \times 10^{3}\,(\mathrm{J})$$

7.1.3 热力学第零定律

在不受外界影响的情况下,若两个热力学系统 A 和 B 同时与第三个热力学系统 C 处于热平衡,则即使热力学系统 A 和 B 没有热接触,它们也必将处于热平衡状态,这一规律称为热平衡定律.

热平衡定律是英国物理学家福勒(Fower)于 1939 年提出的,因为它独立于热

力学第一、第二和第三定律，又是在这三个热力学定律之前发现的，故称为热力学第零定律.

热力学第零定律指出：互为热平衡的热力学系统之间必存在一个相同的特征——它们的温度是相同的. 它不仅给出了温度的概念，而且指出了判别温度是否相同的方法，为利用温度计测量温度提供了理论依据.

7.2　功和热量

7.2.1　热力学过程

一般地，热力学系统从一个平衡态到另一个平衡态的经历称为热力学过程. 如果所有经历的中间状态都是平衡态，则这样的热力学过程称为准静态过程. 严格说来，准静态过程是一个进行得无限缓慢，以致系统连续不断地经历着一系列平衡态的过程. 准静态过程是不可能达到的理想过程，但我们可尽量趋近它. 准静态过程要求系统内部各部分之间及系统与外界之间都始终同时满足力学平衡条件、热学平衡条件和化学平衡条件. 在状态图上，一个准静态过程可以用一条平滑的线（直线或曲线）表示. 反之，经历的中间状态不都是平衡态的热力学过程称为非静态过程.

热力学系统由某一状态出发，经过某一过程到达另一状态后，如果存在另一过程，它能使系统和外界完全复原，同时又完全消除原来过程对外界所产生的一切影响，则原来的过程称为可逆过程. 反之，如果无论采用何种办法都不能使系统和外界完全复原，则原来的过程称为不可逆过程.

一般地，无耗散的准静态过程是可逆过程，它是一种理想过程.

7.2.2　功

热力学中将力学平衡条件被破坏导致系统与外界之间发生传递的能量称为功. 这里的功是广义的，它不仅包括机械功，还包括电磁功等其他形式的功. 功的实质是能量，用 W 表示. 功的单位为焦耳(J).

热力学中关注的功一般是体积膨胀功（简称体积功），即由于系统体积改变而引起的功.

在无限小的准静态过程中，若外界施予气体系统的压强等于气体系统的压强 p，则外界对气体系统所做微功的表达式可写成

$$\bar{d}W = -p\,dV \tag{7.2.1}$$

如图 7.1 所示，图中阴影部分的面积表示该区间的微功 $\bar{d}W$，V_1 到 V_2 间曲线下的面积表示体积从 V_1 变化到 V_2 时外界对系统所做的功，可写为

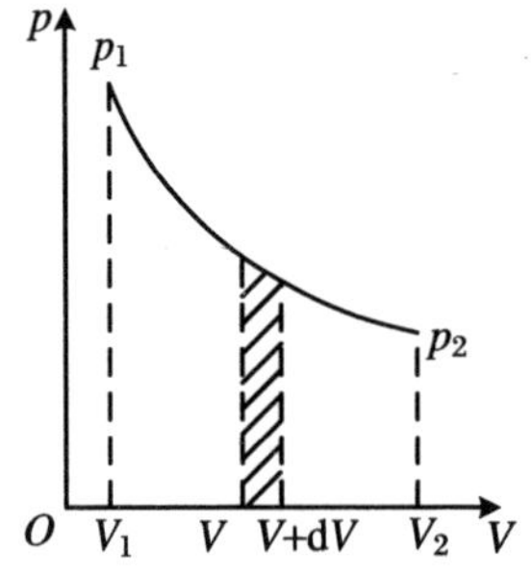

图 7.1　体积功示意图

$$W = -\int_{V_1}^{V_2} p\,dV \tag{7.2.2}$$

显然，$W<0$ 表示系统对外界做正功，反之，$W>0$ 表示外界对系统做正功.

7.2.3　热量

系统与外界间存在温度差时，系统与外界间存在热学相互作用，即系统与外界间的热学平衡条件被破坏.由于热学平衡条件被破坏导致系统与外界之间发生传递的能量称为热量.热量的实质也是能量，用 Q 表示，它是物体内能改变的一种量度.热量的单位为焦耳(J).

热量和功是系统状态变化中伴随发生的两种不同的能量传递形式，是不同形式能量传递的量度，它们都与状态变化的中间过程有关，因而热量和功都是过程量，不是状态量.

7.2.4　热容量

系统在某一过程中，改变单位温度所吸收(或放出)的热量叫作系统在该过程中的热容量.热容量与系统的性质以及系统状态的变化过程有关，它反映了系统吸收(或放出)热量的本领.

热容量用 C 表示，单位是焦耳/开(J/K).

一般地，如果在某过程中，当温度升高(或降低)ΔT 时，系统从外界吸收(或放出)的热量为 ΔQ，那么在该过程中系统的热容量

$$C = \lim_{\Delta T\to 0}\frac{\Delta Q}{\Delta T} = \frac{dQ}{dT} \tag{7.2.3}$$

反过来，热量也可用热容量 C 表示，如

$$Q = \int C\,dT \tag{7.2.4}$$

1. 比热容量

在某一过程中，单位质量的系统改变单位温度所吸收(或放出)的热量叫作系统在该过程中的比热容量，又称比热容，或称比热，用 c 表示.

显然，比热容量与热容量之间的关系满足 $c=\dfrac{C}{m}$.

2. 摩尔热容量

在某一过程中,单位物质的量的系统改变单位温度所吸收(或放出)的热量叫作系统在该过程中的摩尔热容量,用 C_m 表示.

显然,比热容量与热容量之间的关系满足 $C_m = \dfrac{C}{v}$.

3. 两种常见的热容量

一般而言,不同的过程有不同的热容量.若用 L 表示某一具体的过程,则相应的热容量可表示为 C_L.

最常见的热容量有定体热容量和定压热容量.

(1) 定体热容量

如果在体积不变的情况下,当温度升高(或降低)ΔT 时,系统从外界吸收(或放出)的热量为 ΔQ,那么在该过程中系统的热容量称为系统的定体热容,用 C_V 表示.

显然有

$$C_V = \lim_{\Delta T \to 0} \frac{(\Delta Q)_V}{\Delta T} = \frac{\mathrm{d}Q_V}{\mathrm{d}T} \tag{7.2.5}$$

相应地,定体比热容用 C_V 表示,摩尔定体热容量用 $C_{V,m}$ 表示.

(2) 定压热容量

如果在压强不变的情况下,当温度升高(或降低)ΔT 时,系统从外界吸收(或放出)的热量为 ΔQ,那么在该过程中系统的热容量称为系统的定体热容,用 C_p 表示.

显然有

$$C_p = \lim_{\Delta T \to 0} \frac{(\Delta Q)_p}{\Delta T} = \frac{\mathrm{d}Q_V}{\mathrm{d}T} \tag{7.2.6}$$

相应地,定压比热容用 C_p 表示,摩尔定压热容量用 $C_{p,m}$ 表示.

7.3 热力学第一定律及其应用

7.3.1 热力学第一定律

实验表明,系统在从同一初态变为同一末态的绝热过程中,外界对系统做的功是一个恒量,这个恒量就被定义为内能的改变量,即

$$U_2 - U_1 = W_{绝热} \tag{7.3.1}$$

对于非绝热过程,系统从外界吸收的热量也将以内能的形式储存起来.

总结起来就是，在热力学过程中，系统与外界交换的能量、功和系统内能之间可以相互转换，但总量不变，这就是热力学第一定律，显然热力学第一定律的实质是能量转换和守恒定律.

热力学第一定律的数学表达式为

$$U_2 - U_1 = Q + W \tag{7.3.2}$$

对于无限小的热力学过程，式(7.3.2)可改写为

$$\mathrm{d}U = \bar{\mathrm{d}}Q + \bar{\mathrm{d}}W \tag{7.3.3}$$

式(7.3.2)和式(7.3.3)表明，系统内能的增量，一方面来源于系统从外界吸收的热量，另一方面还来源于外界对系统所做的功.

不难看出，$\mathrm{d}U>0$ 代表系统的内能增加，$\mathrm{d}U<0$ 代表系统的内能减少；$\bar{\mathrm{d}}Q>0$ 代表系统从外界吸收热量，$\bar{\mathrm{d}}Q<0$ 代表系统向外界放出热量；$\bar{\mathrm{d}}W>0$ 代表外界对系统做正功，$\bar{\mathrm{d}}W<0$ 代表系统对外界做正功.

历史上，科学家们曾经研究过是否存在这样的机器：它不需要消耗任何能量，就可以源源不断地对外做功，这样的机器称为第一类永动机. 显然，第一类永动机违背了热力学第一定律，所以第一类永动机不可能制成，这是热力学第一定律的另一种表述形式.

7.3.2 热力学第一定律在理想气体中的应用

1. 等温过程

若系统变化前后的温度维持不变，则这样的过程称为等温过程.

此时，外界对系统所做的功为

$$W = -\int_{V_1}^{V_2} p\mathrm{d}V = -\nu RT\int_{V_1}^{V_2}\frac{\mathrm{d}V}{V} = -\nu RT\ln\frac{V_2}{V_1} \tag{7.3.4}$$

根据理想气体状态方程，式(7.3.4)可改写为

$$W = \nu RT\ln\frac{p_2}{p_1} \tag{7.3.5}$$

若系统等温膨胀，即 $V_2>V_1$，则 $W<0$，说明系统对外界做正功；反之，若系统被等温压缩，$W>0$，说明外界对系统做正功.

2. 等压过程

若系统变化前后的压强维持不变，则这样的过程称为等压过程.

此时，外界对系统所做的功为

$$W = -\int_{V_1}^{V_2} p\mathrm{d}V = -p\int_{V_1}^{V_2}\mathrm{d}V = -p(V_2 - V_1) \tag{7.3.6}$$

若系统等压膨胀，即 $V_2>V_1$，则 $W<0$，说明系统对外界做正功；反之，若系统被等压压缩，$W>0$，说明外界对系统做正功.

根据理想气体状态方程，式(7.3.6)可改写为

$$W = -\nu R(T_2 - T_1) \tag{7.3.7}$$

3.等体(容)过程

若系统变化前后的体积维持不变,则这样的过程称为等体过程,又称为等容过程.

此时,外界对系统所做的功为

$$W = -\int_{V_1}^{V_2} p\mathrm{d}V = 0 \tag{7.3.8}$$

即外界与系统之间没有功交换.

4. 绝热过程

一般地,我们把系统与外界之间没有热量交换的过程称为绝热过程.

绝热过程的定义式可表示为

$$\bar{\mathrm{d}}Q = 0 \tag{7.3.9}$$

注意,式(7.3.9)不能写成 $Q=0$.

它表示在系统与外界的每一个微过程中,二者都不交换热量.

绝热过程是一种理想过程,绝对的绝热过程不可能存在,但下述过程可近似看成为绝热过程:过程进行得很快,以至于系统来不及与外界发生热交换的过程;系统与外界发生热交换的量很小,以至于与系统自身的内能相比较可以忽略的过程.

绝热过程的过程方程的一种形式为泊松公式,表示为

$$pV^{\gamma} = 常量 \tag{7.3.10}$$

其中绝热系数 γ 一般为温度的函数,但当过程中温度变化不大时可看成是常量.

根据理想气体状态方程,绝热过程的过程方程还可表示为

$$TV^{\gamma-1} = 常量 \tag{7.3.11}$$

或

$$\frac{p^{\gamma-1}}{T^{\gamma}} = 常量 \tag{7.3.12}$$

对于理想气体,绝热过程中的功为

$$W_{绝热} = U_2 - U_1 = \nu C_{V,m}(T_2 - T_1) = \frac{\nu R}{\gamma - 1} \cdot (T_2 - T_1) = \frac{p_2 V_2 - pV_1}{\gamma - 1} \tag{7.3.13}$$

其中,角标 1、2 分别表示热力学系统的初、末状态.

7.4 循环过程 卡诺循环

7.4.1 循环过程

若热力学系统从初态出发经历一系列的中间状态，最后又回到初态，这样的过程称为循环过程.图7.2表示理想气体的任意一个准静态循环过程，$p-V$图上循环曲线所包围的面积表示该循环过程的净功.

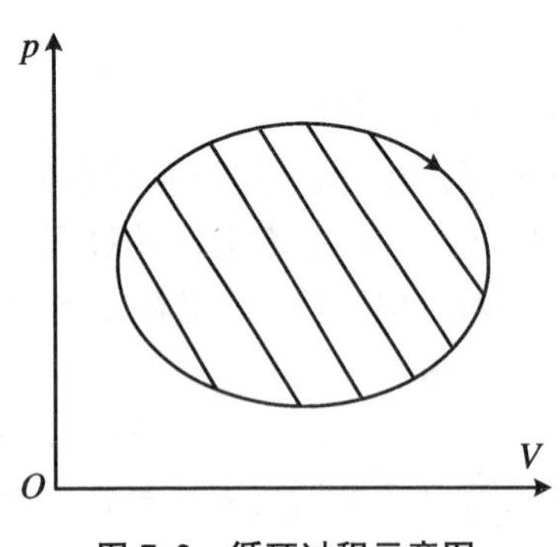

图7.2 循环过程示意图

循环分为两类：对于在$p-V$图上按顺时针方向进行的循环，称为正循环，此时系统对外界做净功；对于在$p-V$图上按逆时针方向进行的循环，称为反循环，此时外界对系统做净功.

以正循环方式工作的机器称为热机.衡量热机性能的重要参数是热机效率，用η表示.

热机效率定义为$\eta=\dfrac{W}{Q}$，它反映了热机把从外界吸收的热量转化为有用功的本领.热机效率越大，表示热机的能源利用效率越高.

对于热机，若从高温热源吸收的热量为Q_1，向低温热源放出的热量为Q_2，工作物质对外界做功为W，则由热力学第一定律，可得热机的效率为

$$\eta=\frac{W}{Q_1}=\frac{Q_1-Q_2}{Q_1}=1-\frac{Q_2}{Q_1} \tag{7.4.1}$$

相应地，以反循环方式工作的机器称为制冷机或热泵.衡量制冷机性能的重要参数是制冷机的制冷系数，用ε表示.

制冷系数定义为$\varepsilon=\dfrac{Q}{W}$，反映了制冷机在外界做功的情况下，从低温热源吸收热量的本领.制冷系数越大，表示制冷机的制冷效果越好.

对于制冷机，若外界对工作物质做功为W，从低温热源吸收的热量为Q_2，向高温热源放出的热量为Q_1，则由热力学第一定律，可得制冷机的制冷系数为

$$\varepsilon=\frac{Q_2}{W}=\frac{Q_2}{Q_1-Q_2} \tag{7.4.2}$$

7.4.2　卡诺循环

在研究蒸汽机时,法国工程师卡诺将整个循环看成由两个可逆等温过程及两个可逆绝热过程组成,这样的循环称为卡诺循环,如图7.3所示.

现讨论以 ν mol理想气体为工作物质的卡诺正循环的效率.若工作物质从高温热源 T_1 吸收的热量为 Q_1,向低温热源 T_2 放出的热量为 Q_2,并对外输出功 W.

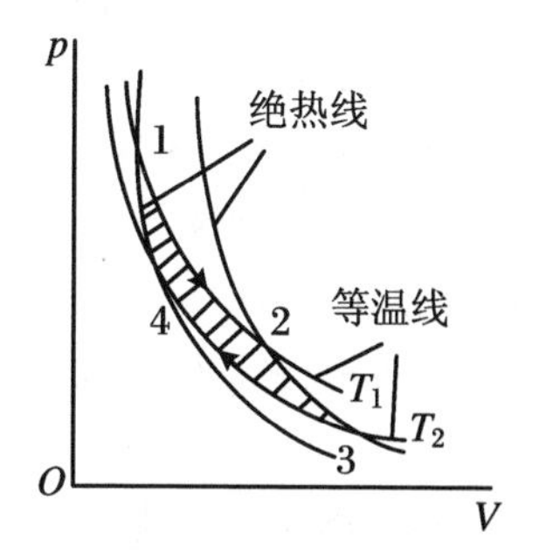

图7.3　卡诺循环示意图

在1－2等温膨胀过程中,工作物质吸热为

$$Q_1 = \nu R T_1 \ln \frac{V_2}{V_1}$$

在3－4等温压缩过程中,工作物质放热为

$$Q_2 = \nu R T_2 \ln \frac{V_4}{V_3}$$

2－3过程和4－1过程分别为绝热膨胀和绝热压缩过程.

根据式(7.3.11),不难得出卡诺循环的效率为

$$\eta = \frac{Q_1 - Q_2}{Q_1} = \frac{T_1 - T_2}{T_1} = 1 - \frac{T_2}{T_1} \tag{7.4.3}$$

显然,可逆卡诺循环的效率与工作物质的种类无关,它只与高温热源和低温热源的温度有关.不难发现,提高高温热源的温度或降低低温热源的温度是提高循环效率的两条有效途径.

同理,可得出卡诺制冷机的制冷系数为

$$\varepsilon_{卡} = \frac{T_2}{T_1 - T_2} \tag{7.4.4}$$

7.5　热力学第二定律

在研究热力学现象的过程中,人们发现,有些热力学过程存在方向性,如热量只能自动地从高温物体向低温物体传递,气体会自动地从分子数密度高的区域向分子数密度低的区域流动;有些热力学过程存在限度,如在没有外界影响的情况下,将两个温度不同的热力学系统进行热接触,当两个系统的温度相等时,从宏观上看,不再发生热传递现象.在研究卡诺定理时,人们提出了熵的概念.另外,如何提高热机的效率等问题都不能由热力学第零定律和热力学第一定律来解决,从而导致了热力学第二定律的发现.

7.5.1 热力学第二定律的两种表述

关于热力学第二定律,科学家们提出了形式不同的研究成果,其中最著名的当属开尔文表述和克劳修斯表述.

1. 热力学第二定律的开尔文表述

大量实验表明,热机都不可能从单一热源吸收热量并把它全部转化为有用功.功能够自发地、无条件地全部转化为热量,但热量转化为功是有限度的.1851 年,英国的开尔文把这一普遍规律总结为:不可能从单一热源吸收热量,使之完全转化为有用功而不产生其他影响.这就是热力学第二定律的开尔文表述(简称开氏表述).它也可表述为:功完全转化成热量是不可逆的,或者热量不能自发地完全转化为功.

第一类永动机被否决后,人们认识到能量是不能被凭空制造出来的,于是有人提出,设计一类装置,从海洋、大气或者宇宙中吸取热能,并将这些热能作为驱动永动机转动和功输出的源头,这种从单一热源吸热使之完全变为有用功而不产生其他影响的热机称为第二类永动机.第二类永动机并不违背热力学第一定律,但它仍然不可能被制成,因为它不满足热力学第二定律的开尔文表述,这表明机械能和内能的转化过程具有方向性.所以,热力学第二定律的开尔文表述还可表述为:第二类永动机不可能制成.

2. 热力学第二定律的克劳修斯表述

除功变热的不可逆性外,自然界还存在着大量其他的不可逆性.1852 年,德国的克劳修斯将热量传递的不可逆性总结为:在不引起其他影响的情况下,不可能把热量从低温热源传到高温热源.这就是热力学第二定律的克劳修斯表述(简称克氏表述).它也可表述为:热量不能自发地从低温热源传到高温热源.

7.5.2 两种表述的等效性

开氏表述和克氏表述分别揭示了功变热和热传递的不可逆性.它们描述的是两类热力学过程,表述也完全不同,为什么它们都被称为热力学第二定律呢?因为两种表述是完全等效的,下面用反证法予以证明.

若要证明由开氏(或克氏)表述成立推导出克氏(或开氏)表述也成立,可通过证明由开氏(或克氏)表述不成立推导出克氏(或开氏)表述也不成立.即只要违反其中的任一表述,必然会违反另一种表述,由此即可证明两者是完全等效的.

(1) 反证Ⅰ:若开氏表述不成立,则克氏表述也不成立.

如图 7.4(a)所示,假设 A 为违反开氏表述的热机,即热量可以自动地完全转化为功.令热机 A 从高温热源 T_1 吸热 Q_1,全部转化为功 W,则 $Q_1 = W$.另有一切

实可行的制冷机 B,在外界对它做功 W'的情况下,它从低温热源 T_2 吸热 Q_2',并向高温热源 T_1 放热 Q_1',则 $Q_1' = W' + Q_2'$. 调节制冷机 B 的冲程,使得 $W' = W$,现让两台机器联合运转,并让热机 A 输出的功 W 恰够提供制冷机 B 工作. 则联合运转机器的总效果是:工作物质从低温热源 T_2 净吸热 Q_2',向高温热源 T_1 净放热 $Q_1' - Q_1$,并对外不做功. 考虑到 $Q_1' = Q_1 + Q_2'$,则热量从低温热源 T_2 向高温热源 T_1 传递,并不产生其他影响. 显然,这违背了克氏表述.

(2) 反证Ⅱ:若克氏表述不成立,则开氏表述也不成立.

如图7.4(b)所示,假设 A 为违反克氏表述的制冷机,即热量可以自动地从低温热源向高温热源传递. 令它从低温热源 T_2 吸热 Q_2,并向高温热源 T_1 放热 Q_1,且 $Q_2 = Q_1$. 另有一切实可行的热机 B,它从高温热源 T_1 吸热 Q_1',向低温热源 T_2 放热 Q_2',并对外做功 W',显然 $Q_1' = W' + Q_2'$. 现调节热机 B 的冲程,使得 $Q_2' = Q_2$,并让两台机器联合运转. 联合运转机器的总效果是:工作物质从高温热源 T_1 净吸热 $Q_1' - Q_1$,对外做功 W'. 考虑到 $Q_1' - Q_1 = W'$,即工作物质吸收的热量全部用来对外做功,且并不产生其他影响. 显然,这违背了开氏表述.

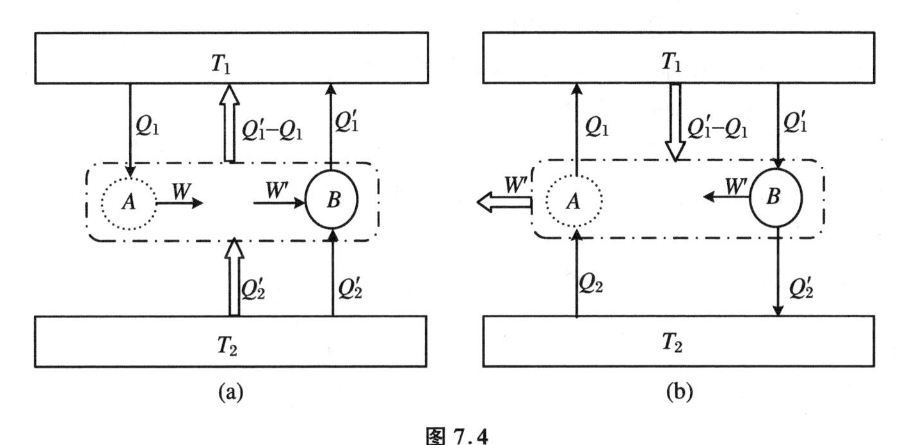

图 7.4

综上,热力学第二定律的克劳修斯表述和开尔文表述是完全等效的.

7.5.3 热力学第二定律的实质

实际上,热力学第二定律还可有其他表述形式,如普朗克表述、卡拉西奥多里表述、达尔文表述等. 每一条表述都只说明某一种过程的不可逆性. 所有这些表述都是等效的,因为自然界中所有的不可逆过程其本质是相同的.

热力学第二定律的实质是:一切与热相联系的自发实现的过程都是不可逆的,它表明自发发生的热力学过程必然是不可逆过程.

7.6 卡诺定理 熵

7.6.1 卡诺定理

1824 年,法国的卡诺在设计卡诺热机的同时,提出了卡诺定理,表述如下:

(1) 工作在相同的高温热源与相同的低温热源之间的一切可逆热机的效率都相等,与工作物质无关.

(2) 工作在相同的高温热源与相同的低温热源之间的一切热机中,不可逆热机的效率都不可能大于可逆热机的效率.

下面用反证法予以证明.

证明 (1) 假设可逆热机 A 和任意热机 B(可能是可逆热机,也可能是不可逆热机)都工作在相同的高温热源 T_1 和相同的低温热源 T_2 之间,并设可逆热机 A 的效率 η_A 小于任意热机 B 的效率 η_B,即 $\eta_{A可}<\eta_{B任}$.

如图 7.5(a)所示,若热机 A 从高温热源吸热 Q_1,向低温热源放热 Q_2,并对外做功 W;热机 B 从高温热源吸热 Q_1',向低温热源放热 Q_2',并对外做功 W'.

显然 $Q_1'-Q_2'=W'$,$Q_1-Q_2=W$.现调节热机 B 的冲程,使两部热机在每一循环中都输出相同的功,即使 $W'=W$,则有 $Q_1'-Q_2'=Q_1-Q_2$.将 $\eta_{A可}=\dfrac{Q_1-Q_2}{Q_1}$和 $\eta_{B任}=\dfrac{Q_1'-Q_2'}{Q_1'}$代入 $\eta_{A可}<\eta_{B任}$,即有$\dfrac{Q_1-Q_2}{Q_1}<\dfrac{Q_1'-Q_2'}{Q_1'}$,则 $Q_1>Q_1'$,$Q_2>Q_2'$.

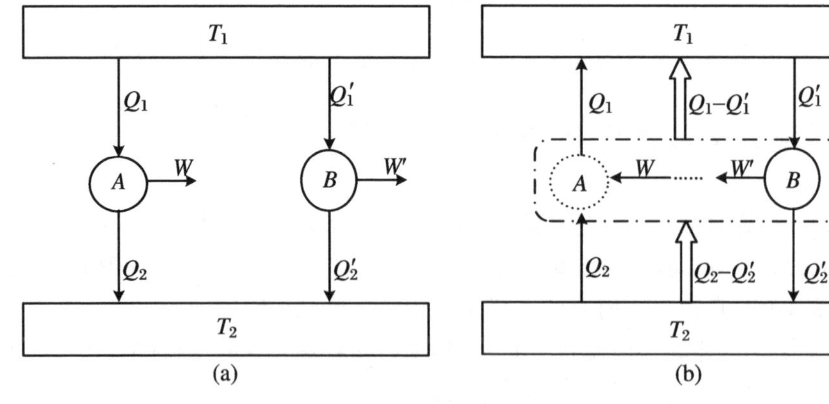

图 7.5

现使可逆机 A 逆向运转,作为制冷机用,再把 A 机与 B 机联合运转(如图 7.5(b)

所示),并令热机 B 的输出功 W' 恰提供制冷机 A 工作.联合运转的总效果是:工作物质从低温热源 T_2 净吸收热量 $Q_2 - Q_2'$,向高温热源 T_1 净放出热量 $Q_1 - Q_1'$,且与外界无功交换.考虑到 $Q_1 - Q_1' = Q_2 - Q_2'$,则在外界并未做功的情形下,联合机器将热量 $Q_2 - Q_2'$ 从低温热源 T_2 传递到高温热源 T_1,因而违背热力学第二定律的克氏表述.

所以,关于 $\eta_{A可} < \eta_{B任}$ 的假设不成立,即 A 机效率不小于 B 机的效率,表示为

$$\eta_{B任} \leqslant \eta_{A可} \tag{7.6.1}$$

(2) 若 B 机也是可逆热机,则令可逆机 B 逆向运转,并与 A 机联合运转,同理可证明

$$\eta_{A任} \leqslant \eta_{B可} \tag{7.6.2}$$

综上,若式(7.6.1)及式(7.6.2)要同时成立,则只有满足

$$\eta_{A可} = \eta_{B可} \tag{7.6.3}$$

$$\eta_{B不} \not> \eta_{A可} \tag{7.6.4}$$

这就证明了卡诺定理的表述形式.

说明 (1) 在上述证明过程中对工作物质的种类并没有做出限制,而以理想气体为工作物质,工作于高温热源 T_1 与低温热源 T_2 之间的可逆卡诺热机的效率为 $\eta_{可卡} = 1 - \dfrac{T_2}{T_1}$,则对于工作于高温热源 T_1 与低温热源 T_2 之间的任意可逆卡诺热机,都有 $\eta_{任} = 1 - \dfrac{T_2}{T_1}$.

(2) 卡诺定理是受当时在科学界中据支配地位的“热质说”影响提出的,显然“热质说”是错误的,但因为它可以由热力学第二定律得到证明,故其结论是正确的.这完全是由于历史的原因导致由错误的前提条件给出正确结论的一个巧合而已.

7.6.2 熵

根据卡诺定理,工作于相同的高温热源 T_1 及低温热源 T_2 之间的所有可逆卡诺热机的效率都应相等,而以理想气体为工质的卡诺热机的效率为 $\eta = 1 - \dfrac{T_2}{T_1}$,即 $\eta = 1 - \dfrac{Q_2}{Q_1} = 1 - \dfrac{T_2}{T_1}$,其中 Q_1 表示从高温热源吸收热量的数值,Q_2 表示向低温热源放出热量的数值.若认为 Q_2 是负值(负号表示放热),则有

$$\frac{Q_1}{T_1} + \frac{Q_2}{T_2} = 0 \tag{7.6.5}$$

因为两个绝热过程无热量传递,式(7.6.5)可改写为

$$\sum_{i=1}^{n}\frac{Q_i}{T_i}=0 \tag{7.6.6}$$

若所有的子过程都是连续的可逆过程,则式(7.6.6)可改写为

$$\oint\left(\frac{\bar{\mathrm{d}}Q}{T}\right)_{可逆}=0 \tag{7.6.7}$$

其中$\oint$表示沿可逆过程的闭合路径进行积分.

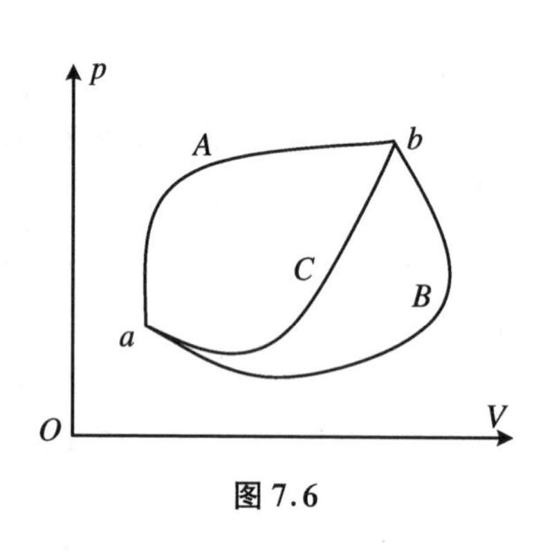

图 7.6

如图 7.6 所示,设有一任意可逆循环,它由路径 A 与 B 所组成,对于 a、b 两平衡态,按式(7.6.7),有$\oint\frac{\bar{\mathrm{d}}Q}{T}=\int_a^b\frac{\bar{\mathrm{d}}Q_A}{T}+\int_b^a\frac{\bar{\mathrm{d}}Q_B}{T}=0$,故$\int_a^b\frac{\bar{\mathrm{d}}Q_A}{T}=\int_a^b\frac{\bar{\mathrm{d}}Q_B}{T}$.

同理可证明,对 a、b 两态间的任意可逆路径 C,都有$\int_a^b\frac{\bar{\mathrm{d}}Q_A}{T}=\int_a^b\frac{\bar{\mathrm{d}}Q_B}{T}=\int_a^b\frac{\bar{\mathrm{d}}Q_C}{T}$.即对任意选定的初、末两平衡态 a、b,$\int_a^b\frac{\bar{\mathrm{d}}Q}{T}$仅与初、末状态有关,而与路径无关.

这说明$\frac{\bar{\mathrm{d}}Q}{T}$是一个态函数的微分量,定义这个态函数为熵,用 S 表示,即

$$\mathrm{d}S=\frac{\bar{\mathrm{d}}Q}{T} \tag{7.6.8}$$

$$S_b-S_a=\int_a^b\frac{\bar{\mathrm{d}}Q}{T} \tag{7.6.9}$$

熵的单位是 $\mathrm{J\cdot K^{-1}}$,一般可表示为 T、V 或 T、p 的函数.熵是系统无序程度大小的度量,它反映了系统将热量转变为功的本领.显然,系统可逆吸热时,熵增加;系统可逆放热时,熵减少.实验表明,一切不可逆绝热过程中的熵总是增加的,可逆绝热过程中的熵是不变的.

习　题　7

7.1　热力学第二定律的开尔文表述指出了____________的过程是不可逆的,而克劳修斯表述指出了____________的过程是不可逆的.

7.2　一定量的理想气体在等温膨胀过程中,吸收的热量全部用于____________.

7.3　4 mol 理想氧气,经一等容过程后,温度从 200 K 上升到 500 K,则气体吸

收的热量为____________J.

7.4　3 mol 的理想气体开始时处在压强 $p_1=6\times10^5$ Pa、温度 $T_1=500$ K 的平衡态,经过一个等温过程,压强变为 $p_2=3\times10^5$ Pa. 该气体在此等温过程中吸收的热量为____________J.

7.5　如图 7.7 所示,一定量的理想氦气,沿 1-2-3-1 过程变化. 1-2 过程系统内能增加了 300 J, 2-3 过程系统放热为 400 J, 3-1 过程为等温过程. 则 1-2 过程系统吸热____________J.

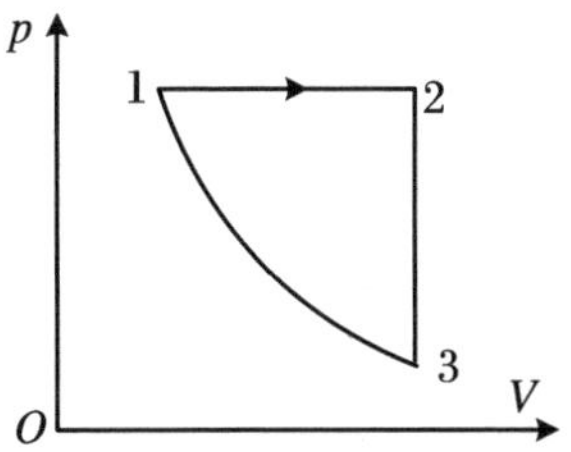

图 7.7

7.6　在下列说法中,正确的是(　　).

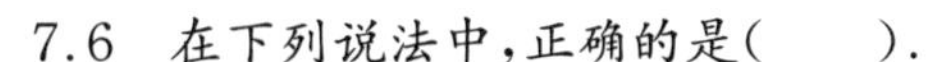

(1) 可逆过程一定是平衡过程;

(2) 平衡过程一定是可逆的;

(3) 不可逆过程一定是非平衡过程;

(4) 非平衡过程一定是不可逆的.

A. (1)、(4)　　B. (2)、(3)

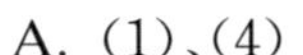

C. (1)、(2)、(3)、(4)　　D. (1)、(3)

7.7　"理想气体和单一热源接触做等温膨胀时,吸收的热量全部用来对外做功",对此说法,有以下几种评论,正确的是(　　).

A. 不违反热力学第一定律,但违反热力学第二定律

B. 不违反热力学第二定律,但违反热力学第一定律

C. 不违反热力学第一定律,也不违反热力学第二定律

D. 违反热力学第一定律,也违反热力学第二定律

7.8　设高温热源的温度是低温热源的温度的 n 倍,则在一个卡诺循环过程中,工作物质将把从高温热源得到的热量 Q_1 中的(　　)传递给低温热源.

A. nQ_1　　B. $(n-1)Q_1$　C. $\dfrac{Q_1}{n}$　　D. $\dfrac{Q_1}{n-1}$

7.9　在温度分别为 327 ℃和 27 ℃的高温热源和低温热源之间工作的热机,理论上的最大效率为(　　).

A. 25%　　B. 50%　　C. 100%　　D. 75%

7.10　一定量的理想气体经历某过程后,它的温度升高了,则根据热力学定律可以断定(　　).

(1) 该理想气体系统在此过程中吸热;

(2) 在此过程中外界对该理想气体系统做了正功;

(3) 该理想气体系统的内能增加了;

(4) 在此过程中理想气体系统既从外界吸了热,又对外做了正功.

A. (3)　　B. (1)、(3)　　C. (2)、(3)　　D. (3)、(4)

7.11　有 1 mol 的刚性理想氧气做如图 7.8 所示的循环过程. 若 $V_1=\dfrac{1}{4}V_2$,

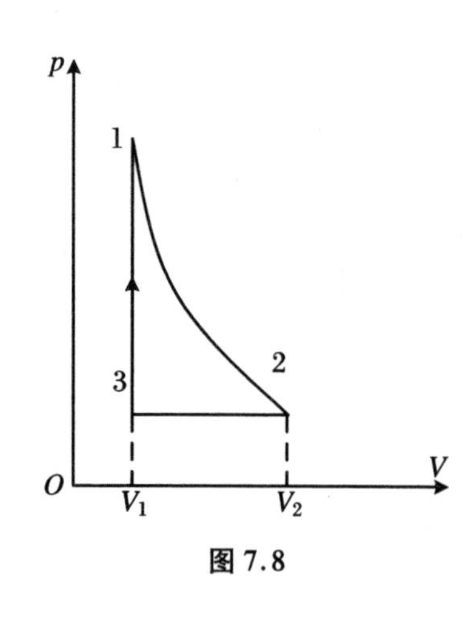

图 7.8

1-2为等温过程，其温度为 600 K，2-3 为等压过程，3-1 为等容过程，试求：(1) 3 态的温度；(2) 系统在每个过程中所做的功和吸收的热量；(3) 理想气体完成一个循环过程内能的变化；(4) 循环过程的效率.(ln 2 =0.7.)

7.12　一热力学系统由如图 7.9 所示的状态 a 沿 acb 过程到达状态 b 时，吸收了 560 J 的热量，对外做了 356 J 的功.

(1) 如果它沿 adb 过程到达状态 b 时，对外做了 220 J 的功，则它吸收了多少热量？

(2) 当它由状态 b 沿曲线 ba 返回状态 a 时，外界对它做了 282 J 的功，此时它将吸收多少热量？是吸了热，还是放了热？

7.13　如图 7.10 所示表示氮气的一循环过程，求循环效率.

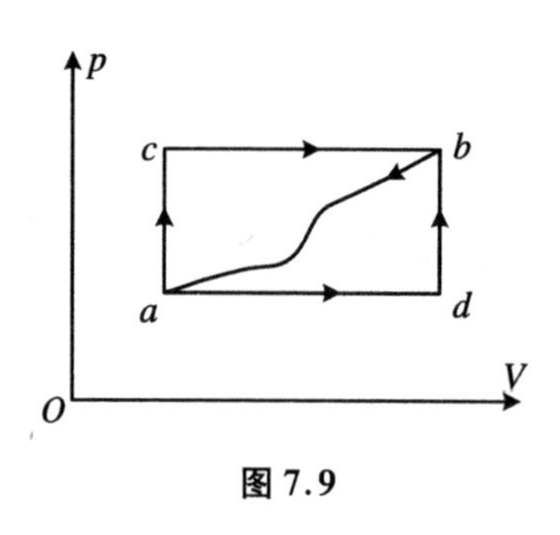

图 7.9

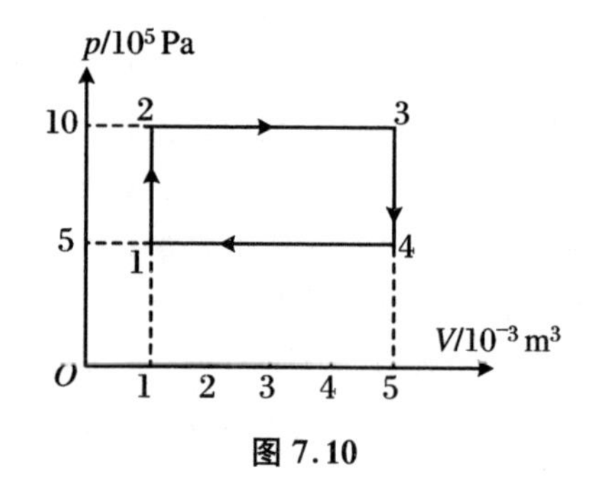

图 7.10

阅读材料

奇妙的低温世界

在超低温世界，橡皮会失去弹性，能像铜锣那样敲起来“当当”作响；猪肉会发出灼灼的黄光；韧性本来很好的钢，变得像陶瓷一样脆；当温度降到 -190 ℃，空气将变成浅蓝色液体；在绝对零度附近，氧气会像白色的沙砾，而氢气会像钢铁一样坚硬.

1. 冷冻的速度

炎热的夏天，待在有冷气的房间里是一件非常惬意的事.但在现实生活中，我们对“冷”的了解并不多，对如何利用“冷”也知之甚少.例如，早上起床准备吃早餐.我们面前有一杯刚煮好的热咖啡和一杯凉牛奶，为了让咖啡尽快凉下来，应该怎么办？是等上 5 分钟将牛奶加到咖啡中，还是将牛奶加到咖啡中再等 5 分钟呢？或许你会说：“这难道有区别吗？这两种做法看起来并没有什么不同.”但事实上，第一种方法确实能让咖啡更快地凉下来.这种现象是牛顿发现的，他说：“物体的温度与周围环境的温差越大，冷却的速度就越快.”因此，如果先加入牛奶，就会降低咖啡与周围空气的温差，这反而会减慢咖啡冷却的速度.

2. 寒冷是否有尽头

在我国的北方地区，最低气温在 -20 ℃以下.在地球的两极则更加寒冷，尤其是南极，有记录的最低气温为 -89.8 ℃，因此南极又被称为“世界寒极”.在月球背着太阳的阴面，温度竟然低到 -183 ℃.在太阳系里，离太阳最远的冥王星，接受的太阳光实在是太少了，据估测，它的表面温度可低至 -240 ℃.科学家们根据大量的实验推测，在宇宙的深处温度更低，在 -270 ℃左右.

寒冷是否有尽头？科学家们的回答是肯定的.可温度低到多少度才是尽头呢？这就是绝对零度，即 -273.15 ℃.英国一位物理学家对此做出了科学的解释：物体的温度越低，物体内大量分子做无规则热运动的速度就越小.当温度低到 -273.15 ℃时，分子的热运动速度将为 0，由于不可能有比静止更慢的运动，所以绝对零度是理论上的数值，也是自然界中物体的最低温度，它就是低温的尽头.

智利天文学家发现了宇宙最冷之地：回力棒星云. 这里的温度约为 −272 ℃，是已知的最接近绝对零度的地方.

3. 神奇的低温技术

在超低温条件下，许多金属的性质发生了脱胎换骨的变化. 韧性本来很好的钢，变得像陶瓷那样脆，敲一下，就会"粉身碎骨". 至于锡，用不着碰，它就已经变成一堆粉末了. 这种现象被称为"金属的冷脆现象"，其危害性很大，但也可造福人类. 比如，当战场上布满了地雷时，虽然用探雷器可以找到它，但是排雷是很危险的工作. 若将液态空气撒到这些地方，就会使这些地方的温度急剧下降，地雷中的弹簧就会变脆失去弹性，地雷因而就不会爆炸了.

低温技术在食品工业、中草药加工、涂料制造业等方面大有用途.

比如，清除海上石油污染是一大技术难题，人们现在设计出了低温清污法，在漂浮的石油层下喷洒液态氮，水面上的石油便会迅速凝结成颗粒，再将这些颗粒铲走，就能有效地保护海洋环境.

"低温魔术师"还使生命冷藏成为可能，金鱼冻僵又复活的实验，极其生动地说明了这一点. 目前，科学家们正在加紧探索其中的奥秘，以便寻找一种可以延长人类寿命的新途径.

4. 低温现象光怪陆离

低温就如同一位神奇的魔术师，可使物质的许多性质发生很大的变化，出现一些令人意想不到的奇特现象，给人以魔幻般的感觉. 温度越低，其魔力越大，魔法越神奇.

在超低温世界，橡皮会失去弹性，能像铜锣那样敲起来"当当"作响；猪肉会发出灼灼的黄光；蜡烛则会发出奇异的、浅绿色的光.

当温度降到 −190 ℃时，透明的空气会变成浅蓝色的液体，这已属于超低温世界. 此时，如果把一枚鸡蛋放进去，它便会发出浅蓝色的荧光，像一枚荧光蛋. 若把这枚鸡蛋摔在地上，它还具有极强的弹性，会像皮球一样立即弹起来. 倘若把鲜艳的花朵放进液态空气里，它便会失去原有的纤柔姿态，变得像玻璃一样亮光闪闪，非常脆，轻轻一敲还会发出"叮叮当当"的响声，重敲则会破碎. 从鱼缸里捞出一条美丽的活金鱼，将其头朝下放入浅蓝色的液态空气中，不一会儿金鱼就变得晶莹剔透，漂亮至极；捞出来则是硬邦邦的，仿佛是由水晶玻璃制成的精美的工艺品. 再将这只"玻璃金鱼"放回鱼缸里，过一段时间，金鱼竟然复活了. 如果把水银温度计插进液态空气里，水银柱立即会被冻得像钢铁一样坚硬，可以像钉子一样钉进木板里面去.

是不是很神奇、很不可思议呢？

在绝对零度附近，氧气会像白色的沙砾，氢气会像钢铁一样坚硬，各种气体都被冻成了固体. 不过唯有氦气特殊，它还是流动的液体. 当温度下降到 −268.95 ℃时，氦气才会变成很轻的透明液体；当温度下降到 −270.98 ℃时，液态的氦开始出现绝无仅有的奇妙现象——超流动性，它竟然会变成一种“能爬善攀”的液体.这时的液态氦显得毫无黏滞阻力，可以经过很细的管子从容器中流出，而且不受重力的牵制，以每秒0.3米的速度，从杯子内侧顺着杯壁迅速地向上爬，瞬间越过杯口，再沿着杯子的外壁爬下来.

铅铃在常温下摇起来就像一个闷葫芦，但在液态空气里浸过后，响声清脆美妙，犹如银铃一般悦耳动听.平常软而韧的铝丝在-100℃以下，简直就像钢丝弹簧一样坚硬且富有弹性.

摘自《读者·校园版》，2015年11月14日，作者：升龙

1978年诺贝尔物理学奖——低温研究和宇宙背景辐射

1978年诺贝尔物理学奖一半授予莫斯科苏联科学院的卡皮查(Pyotr L. Kapitsa，1894～1984)，以表彰他在低温物理学领域的发明和发现；另一半授予美国新泽西州霍姆德尔贝尔实验室德裔物理学家彭齐亚斯(Arno A. Penzias，1933～)和R.威尔逊(Robert W. Wilson，1936～)，以表彰他们发现了宇宙背景微波辐射.

卡皮查是俄国人，1894年7月9日出生于彼得堡附近的喀琅施塔得，父亲是一位军事工程师，母亲从事高等教育研究.1918年卡皮查毕业于彼得堡工学院，在彼得堡科技研究所电机研究室约飞领导的小组工作，表现出了出色的才能.他与谢苗诺夫合作，提出一种方法：用非均匀磁场干扰原子，以确定原子的磁矩.这个方法在斯特恩-盖拉赫实验中得到了发展和应用.

由于约飞的推荐，1921年卡皮查赴英国，到卡文迪什实验室当访问学者，在卢瑟福指导下做研究工作.1923年，卡皮查做成了一个重要实验：把云室置于强磁场中，观察到了粒子受磁场作用径迹发生的弯曲.1924年，卡皮查又提出一些能获得更强磁场的方法，得到了卢瑟福的大力支持，并被任命为卡文迪什实验室磁学研究的助理主任.卡皮查用脉冲方法获得了高达32 T的强磁场.此后他对磁致伸缩等现象进行了开创性的研究，1928年，发现置于极强磁场中的各种金属的电阻与磁场强度的线性关系.

接着，卡皮查把注意力转移到低温物理学，他对荷兰莱顿低温实验室和卡末林-昂内斯的研究进行了分析，设计了一套高效率的氦液化器.

卢瑟福非常器重卡皮查，为他创造尽可能好的条件.1929年，推荐他为英国皇家学会第一个外籍研究员，并以英国皇家学会的名义专门建立了一所研究强磁和低温的实验室——蒙德(Mond)实验室，以使卡皮查能充分发挥专长.卡皮查在卡

文迪什实验室成了重要的科研人员,不断创造出新的成果.

卡皮查每年夏季都回苏联莫斯科探亲.1934 年卡皮查又一次回到莫斯科参加一个科学会议,被留了下来.这对卢瑟福和卡文迪什实验室无疑是一个意想不到的打击,因为低温和磁学的研究显然会因此受到影响.后来,当卢瑟福得知卡皮查安然无恙,并受命任苏联科学院物理研究所所长时,就毅然应允把卡皮查在卡文迪什实验室使用的全套设备运往莫斯科,好让卡皮查继续他正在进行的研究.苏联政府则相应地给卡文迪什实验室一定的财政补偿,以购置新的设备.这件事情中,卢瑟福没有因为社会制度不同对苏联采取敌视态度,而是从科学事业出发,尽可能保证卡皮查的科研工作不致中断,实在是难得.对此,卡皮查深为感激.

卡皮查回到莫斯科后,利用从英国运回的设备继续研究强磁场和低温物理.1937 年,他发现了氦的超流现象.1978 年,卡皮查因低温物理方面的基本发明和发现,荣获诺贝尔物理学奖.卡皮查逝世于 1984 年 4 月 8 日.

1978 年诺贝尔物理学奖的另一半授予发现宇宙背景微波辐射的彭齐亚斯和 R.威尔逊.他们两人都是贝尔电话实验室的研究人员.1963 年初,他们把一台卫星通信接收设备改为射电望远镜,进行射电天文学研究.他们两人都在 1962 年取得了博士学位,彭齐亚斯来自哥伦比亚大学,威尔逊来自加州理工学院.原有设备是 1960 年为接收从“回声”卫星上反射回来的信号而建造的.他们改装成的射电望远镜主要由天线和辐射计组成.喇叭形反射天线宽约 6 m,由一个逐渐扩展的方形波导管(相当于喇叭)和一个扇形旋转抛物面反射器组成.喇叭的顶点跟抛物面的焦点重合,沿着抛物面轴线传播的平面波,聚焦到顶点由辐射计接收.测量辐射强度所用的辐射计安放在喇叭顶端的小室内,以减小噪声.他们装备了噪声最低的红宝石微波激射器,因此灵敏度有了保证.在正式工作之前,必须精确测量天线本身和背景的噪声,为此他们把天线与一个参考噪声源相比较.他们采用液氦致冷的一段波导管作为参考噪声源,它产生确定功率的噪声.由于这样的参考噪声源的功率只由平衡热辐射的特性决定,因此可取为噪声的基准.噪声功率一般用等效温度来表示.比较的结果是:总的天线温度测量值的误差估计是 0.3 K,实验结果在天线处所测得的总天线温度是 6.7±0.3 K.

根据他们第一次公布的数据,可以看到他们对天线各项噪声的等效温度做了具体分析:大气辐射温度为 2.3±0.3 K,天线和波导器件损耗温度为 0.8±0.14 K,背瓣温度小于 0.1 K,这样算来,天线的等效噪声温度只有 3.2±0.7 K.把总的天线温度 6.7±0.3 K 减去上述各项噪声源的温度,得到 3.5±1.01 K.他们惊奇地发现,多余温度值 3.5 K 远大于实验误差 1 K,如果找不到原因,并加以消除,他们是无法进行下一步测量计划的.

他们用了差不多一年的时间,耐心地找寻和分析可能产生多余温度的原因:会不会是银河系外离散源与银河系对天线产生了这一多余的温度?经过反复测试排除了这一可能性.会不会是地面来的噪声?不会,他们以精确的实验证明,背瓣的噪声值非常之低.

于是他们只好把天线本身看作多余噪声的来源.他们清洗和准直各部件之间的接头,在喇叭的铆接处贴上铝带以减小损耗,这样做仅仅使天线温度略有降低,不影响总的结果.甚至他们还注意到有一对鸽子栖息在喇叭的喉部,于是马上赶走鸽子,当他们发现喇叭喉部内表面有一层鸽子粪便时,他们认为总算找到了原因.于是,他们在 1965 年初拆开整个设备清洗.可是,多余的天线温度还是没有降低多少.

彭齐亚斯与威尔逊感到非常沮丧,实验的严密和精确已经达到了力所能及的极限,还找不到天线多余温度的原因.

正在这时,实验站附近的普林斯顿大学有一位实验天体物理学家迪克(R. H. Dicke)领导着一个小组也在开展一项探索性的研究.他设想是否可能存在宇宙早期的炽热高密度时期残留下来的某种可观测的辐射.迪克的猜测建立在宇宙“振荡”理论的基础上,即认为宇宙是反复地膨胀和收缩的.他猜想宇宙在“振荡”过程中会留下可观测的背景辐射并建议罗尔(P. G. Roll)和威尔金森(D. T. Wilkinson)进行观测.罗尔和威尔金森在普林斯顿大学的帕尔末(Palmer)物理实验室的屋顶上,动手建造辐射计和喇叭天线,以寻找这种宇宙背景辐射.迪克还建议皮布尔斯(P. J. E. Peebles)对这个问题进行理论分析,研究宇宙背景辐射测量结果的宇宙学意义.皮布尔斯于 1965 年 3 月写出了论文.他还在约翰·霍普金斯大学做过一次演讲,阐述了这种想法和推论.

1965 年春的一天,彭齐亚斯和麻省理工学院的射电天文学家伯克(B. Burke)通电话,顺便谈及他们难以解释的多余噪声温度.伯克想起在卡内基研究所工作的一个同事图涅耳(K. Turner)曾谈起听过皮布尔斯的演讲,于是建议彭齐亚斯与普林斯顿大学的迪克小组联系,可能他们对这天线接收到的难以理解的结果会有一些有趣的想法.彭齐亚斯与迪克通了电话,迪克首先寄来了一份皮布尔斯的预印本,接着迪克及其同事们访问了克劳福德山,看了彭齐亚斯和威尔逊的天线设备,并一起讨论了测量的结果.迪克小组相信彭齐亚斯和威尔逊的测量精度,认为他们测量到的正是要寻找的宇宙微波背景辐射.

于是,双方同时在《天体物理杂志》上发表了自己的简讯.一篇是迪克小组的理论文章《宇宙黑体辐射》,另一篇是彭齐亚斯和威尔逊的实验报告.彭齐亚斯和威尔逊宣称:“有效的天线噪声温度的测量,得出一个比预期高约 3.5 K 的值.在我们观察的限度以内,这个多余的温度是各向同性的、非偏振的,并且没有季节的变化.”

上述两篇简讯发表以后,引起了极大的反响.人们期待进一步确信天线的多余温度就是真正来自宇宙的背景辐射.关键是要分析这一辐射的特征,看测量结果是否与预言相符.

根据理论分析,热平衡辐射应是各向同性的而且不同频率的光辐射能量密度分布应服从普朗克定律.各向同性已基本上被彭齐亚斯等的观测初步证实了,因此检验这种辐射在不同波长的能量密度是否符合普朗克分布定律，是对天线的多余温度问题用宇宙学起源解释的一个严重考验.

1965年12月，迪克小组的罗尔和威尔金森完成了他们在3.2 cm波段的测量，结果是3.0±0.5 K.不久，豪威尔(T. F. Howell)和谢克沙夫特(J. R. Shakeshaft)在20.7 cm上测得2.8±0.6 K，随后彭齐亚斯与威尔逊在21.1 cm上测得3.2±1.0 K.但从3K黑体分布曲线看出，辐射强度高峰在波长为0.1 cm附近.而以上测量都在波长较长的范围进行的，故只有取得比0.1 cm更短的波长处的测量值，才能充分说明宇宙背景辐射是否符合普朗克分布.这个频段的实验要在高空进行，因为0.1 cm处于远红外范围，大气对它的吸收强烈，因而不能在地面上观察.康涅尔大学的火箭小组和麻省理工学院的气球小组分别进行了观测，于1972年证实在远红外区域背景辐射有相当于3 K的黑体分布.

1975年，伯克利加州大学伍迪(D. P. Woody)领导的气球小组确定，从0.25 cm到0.06 cm波段背景辐射也处于2.99 K温度的分布曲线范围内.观测数据已肯定宇宙微波背景辐射有大约3 K的黑体谱.至此3 K宇宙背景辐射得到了确证，这大大地推动了宇宙学的进展.

彭齐亚斯是犹太人，1933年4月26日出生于德国的慕尼黑，7岁时随父亲转移到了美国，1954年在美国纽约市立学院毕业，主修的是物理学.后来在军队服役两年进入哥伦比亚大学当了著名物理学家拉比的助手，后随汤斯做论文，题目就是为射电天文实验建造微波激射放大器.1961年到贝尔实验室工作，从此开始了他对射电天文学的追求.

威尔逊1936年1月10日出生于美国的休斯顿，从小就对电子学有兴趣，会装配收音机和电视机.1957年在赖斯大学获学士学位，在学校里物理学成绩优秀.1962年在加州理工学院获物理学博士学位.1963年进入贝尔实验室，在那里开始了和彭齐亚斯的合作.

负熵的简介

熵表示某些物质系统状态的量度，用来描述一个孤立系统中物质的无序程度.系统的熵值直接反映了它所处状态的均匀程度，系统的熵值越小，它所处的状态越有序，越不均匀；系统的熵值越大，它所处的状态越无序，越均匀.匈牙利物理学家齐拉德首次提出了负熵的概念.所谓负熵，即熵减少，是熵函数的负向变化量.负熵是物质系统有序化、组织化、复杂化状态的一种量度.熵代表无序，而负熵代表有序.汲取负熵，可以理解为从外界吸收了物质或者能量之后，使系统的熵降低了，变得更加有序了.

1. 熵增趋势与熵减趋势

19 世纪存在着两种对立的发展观，一种是以热力学第二定律为依据推演出的退化观念体系，另一种是以达尔文的进化论为基础的进化观念体系. 退化观念认为，由于能量的耗散，世界万物趋于衰弱，宇宙趋于“热寂”，结构趋于消亡，无序度趋于极大值，整个世界随着时间的进程而走向死亡；而进化观念认为，社会进化的结果是种类不断分化、演变而增多，结构不断复杂而有序，功能不断进化而强化，整个自然界和人类社会都向着更高级、更有序的组织结构发展. 显然，这两种观点至少表面上是根本对立的. 难道生命系统与非生命系统之间真的有着完全不同的运动规律吗？为此，苏联物理学家普利高津创立了“耗散结构论”，他认为，无论是生命物质还是非生命物质，应该遵循同样的自然规律，生命的过程必然遵循某种复杂的物理定律.

耗散结构论把宏观系统区分为三种：① 与外界既无能量交换又无物质交换的孤立系统；② 与外界有能量交换但无物质交换的封闭系统；③ 与外界既有能量交换又有物质交换的开放系统. 耗散结构论指出，孤立系统永远不可能自发地形成有序状态，其发展的趋势是“平衡无序态”；封闭系统在温度充分低时，可以形成“稳定有序的平衡结构”；开放系统在远离平衡态并存在“负熵流”时，可能形成“稳定有序的耗散结构”. 耗散结构是在远离平衡区的、非线性的开放系统中所产生的一种稳定的自组织结构，由于存在非线性的正反馈相互作用，能够使系统的各要素之间产生协调动作和相干效应，使系统从杂乱无章变为井然有序.

耗散结构论认为，人类社会的有序化发展过程（即耗散结构的有序化过程）往往需要以环境更大的无序化为代价. 从整体上讲，由人类社会本身与周围环境所组成的物质系统，仍然是不断朝无序化的方向发展，仍然服从热力学第二定律. 因此，达尔文的进化论所反映的系统从无序走向有序，以及克劳修斯的热力学第二定律所反映的系统从有序走向无序，都只是宇宙演化序列中的一个环节.

2. 熵与负熵的熵定性

对于某一事物，如果从不同的角度来研究，可以有完全不同的熵或信息的值. 例如热机，工作于一定的高温热源和低温热源之间，它有一个热力学熵值. 但制成该热机的金属材料又可以有另一个数值完全不同的熵值（也是热力学的熵）. 这是因为我们所研究的对象实际上是不同的，一种是热机本身，另一种却是金属材料. 该金属材料即使不制成热机，也有它的熵值. 同时，从构成该热机的各部件来看，其复杂程度又可表示为另一个信息或负熵的值. 这些熵或信息的值由于来自不同的水平，也就是说所描述的实际上是不同的对象（虽然表面上看来是同一部热机），是不能相互换算或相互表示的，只有在同一水平上，例如同在分子热运动水平上，即所研究的确实是同一对象时，才可以进行不同单位的换算.

由此可知，广义熵和信息是具有熵定性的. 不同的熵或信息，对于不同的对象，具有不同的意义、作用和价值. 如果混淆了不同水平上的信息耗的熵和热力学的熵，就可能会得出错误的结论.

3. 负熵与信息

负熵与信息等价.可以想象，信息同样也具有熵定性，对于不同的领域、不同的系统和不同的研究对象，信息的含义也会有不同.有些信息，对于某一个系统关系重大，而对另一些系统则可能无用或无效.

4. 负熵与价值

(1) “负熵”与“价值”之间存在着某种必然的联系.

物理学采用“熵函数”来描述系统的无序化或有序化程度，熵值增长就意味着系统的无序化提高或有序化降低，熵值减少就意味着系统的无序化降低或有序化提高.从系统的外界输入“负熵”可抵消系统的熵值增长，从而维持和发展系统的有序化.由此可见：从物理学角度来看，人类社会的一切生产与消费实际上就是“负熵”的创造与消耗；从社会学角度来看，人类社会的一切生产与消费实际上就是“价值”的创造与消耗.因此“负熵”与“价值”之间存在着某种必然的联系.

(2) 负熵不能输入输出，而价值可以输入输出.

熵与负熵都是一个状态函数，能量是可以传递的，而熵与负熵都是不能传递的，熵本身不能直接输入或输出，即“熵流”或“负熵流”是不可能单独存在的，它只能依附于一定的能量(即有序化能量)之上，或者说，熵或负熵只能以一定的能量为载体，才能进行输入或输出，即推动系统的熵函数发生变化的动力源只能是能量(即有序化能量)，而不是“负熵流”.价值不是一个状态函数，它像能量一样可以直接输入输出.

(3) 价值比负熵更复杂.

负熵是从纯能量交换的角度来考察外界事物对于系统的有序化程度的影响情况，价值则是从能量交换、物质交换和信息交换的全方位角度来考察外界事物对于系统的有序化程度的影响情况.事实上，一般生命系统与外界之间不仅会产生能量交换，还会产生物质交换与信息交换，在系统与外界进行物质交换与信息交换过程中，物质或信息的某些特性可以降低系统有序化能量的流失速度，提高系统有序化能量的利用效率等，从而在一定程度上起着替代、补偿、加强和扩展有序化能量的作用，物质或信息的这些特性必然需要消耗一定的能量才能得以形成、运行、维持和变化，由此所消耗的能量就是间接的有序化能量.

(4) 负熵和价值的内在联系.

进化价值论认为人类社会结构是不断发展的，其是一种有序化耗散结构的模式.这种耗散既有增加又有减少，即不断消费价值和减少价值，这和负熵有内在联系.

习题参考答案

第 1 章

1.1 D

1.2 A

1.3 B

1.4 $\dfrac{x^2}{b^2}+\dfrac{y^2}{a^2}=1$

1.5 $\Delta x=-1\ \text{m}$;$\bar{v}=-1\ \text{m}\cdot\text{s}^{-1}$

1.6 (1) $\boldsymbol{v}=8t\boldsymbol{j}+\boldsymbol{k},\boldsymbol{a}=8\boldsymbol{j}$;(2) $x=1,y=4z^2$

1.7 (1) $x=-48\ \text{m},v=-36\ \text{m}\cdot\text{s}^{-1},a=-12\ \text{m}\cdot\text{s}^{-2}$;(2) $t=0\ \text{s}$ 和 $t=2\ \text{s}$,$v=12\ \text{m}\cdot\text{s}^{-1}$和 $v=-12\ \text{m}\cdot\text{s}^{-1}$;(3)$x=6$

1.8 $5\ \text{m}\cdot\text{s}^{-1}$

1.9 $5000\ \text{m}\cdot\text{s}^{-2}$

1.10 $A=6$;$B=-1$

1.11 $a_n=16lt^2$;$\alpha=4\ \text{rad}\cdot\text{s}^{-1}$

1.12 $v=4\ \text{m}\cdot\text{s}^{-1}$;$a=8\sqrt{5}\ \text{m}\cdot\text{s}^{-2}$

1.13 (1) 31.8 km,13.8 km;(2) $375.4\ \text{m}\cdot\text{s}^{-1}$,11.2 km

1.14 D

1.15 $v=\sqrt{5}\ \text{m}\cdot\text{s}^{-1}$

第 2 章

2.1 $6.0\ \text{m}\cdot\text{s}^{-2}$

2.2 B

2.3 ρSv

2.4　(1) 3×10^{-3} s;(2) 0.6 N · s;(3) 2×10^{-3} kg

2.5　A

2.6　$v+\dfrac{(M-m)m}{(M+m)M}u$

2.7　1.8 m

2.8　(1) 2.42×10^{5} N;(2) 2.15×10^{6} N

2.9　$W_1=6$ J ;$W_2=18$ J

2.10　8 m · s^{-2}

2.11　36 J

2.12　路径;保守力

2.13　外力的功;非保守内力的功

2.14　(1) $v_A=\sqrt{8g}$ m · s^{-1};(2) $v_A\geqslant\sqrt{8g}$或$\sqrt{3g}\leqslant v_A\leqslant\sqrt{5g}$;(3) 在离地面高度为 1.5 m 处

2.15　$4v/r$

2.16　439 km

2.17　锐角;增大的;钝角;减小的

2.18　C

2.19　C

2.20　完全弹性;完全非弹性

2.21　$\Delta l=\sqrt{\dfrac{M(mv_0)^2}{k(m+M)(m+2M)}}$

第　3　章

3.1　惯性大小;刚体的总质量;质量分布;给定轴的位置

3.2　(1) $3ma^2$;(2) $9ma^2/2$;(3) $I-I_C=1.5ma^2$;(4) $6ma^2$

3.3　(1) 质量分布比较均匀的轮子转得快;(2) 质量聚集在边缘附近的轮子角动量大

3.4　B

3.5　$\dfrac{1}{12}ML^2$

3.6　$\dfrac{1}{12}M(a^2+b^2)$

3.7　$\dfrac{1}{3}Mb^2$;$\dfrac{1}{3}Ma^2$

3.8 MR^2

3.9 $\frac{1}{2}MR^2$

3.10 40 π N · m

3.11 0.625 kg · m^2

3.12 $\frac{2}{5}mr^2$

3.13 11.0 s

3.14 (1) 125.7 rad · s^{-2},2.5 r;(2) 47.1 N,111 J

3.15 $\frac{g}{2R}$

3.16 $a=\frac{mR^2}{mR^2+J}g\sin\theta$

3.17 A

3.18 $\frac{2}{7}\left(g-\frac{M_s}{Rm}\right)$

3.19 E

3.20 n^2

3.21 $n_2=20$ r/min;系统机械能不守恒;人的两臂收回过程中内力做了功;0.41 J

3.22 略

3.23 $\frac{1}{2}\left(\frac{1}{12}Ml^2\right)\omega^2$;$\frac{1}{2}\left(\frac{1}{3}Ml^2\right)\omega^2$;$\frac{1}{2}\left(\frac{1}{4}Ml^2\right)\omega^2$;$\frac{1}{2}l\omega$

第 4 章

4.1 $\Delta t'=1/v'_{y0}$;$\Delta t=\frac{1}{v'_{y0}\sqrt{1-v^2/c^2}}$

4.2 略

4.3 相对性;光速不变

4.4 30 m

4.5 $0.866c$ m/s

4.6 (1) $0.66c$;(2) 675 m

4.7 $0.6c$

4.8 $m=5m_0$

4.9 略

4.10　$0.976c$

4.11　C

4.12　1.25×10^{-14} m

4.13　B

4.14　(1) $0.93c$;(2) $-c$

4.15　略

4.16　$v=\dfrac{F_0\sin(8t)c}{\sqrt{(F_0\sin(8t))^2-(8m_0c)^2}}$

4.17　略

4.18　2.80×10^{-12} J

4.19　$m=\dfrac{h\nu}{c^2};p=\dfrac{E}{c}=\dfrac{h\nu}{c}$

第 5 章

5.1　B

5.2　C

5.3　E

5.4　0.5 cm,10 cm/s,200 cm/s^2

5.5　5.04 cm,82.5°

5.6　$x=\sqrt{3}A\cos\left(\omega t+\dfrac{\pi}{2}\right)$

5.7　11.76 kg,294 kg/s^2

5.8　略

5.9　(1) 0.5 m;(2) $2\pi/5$;(3) 0.0235 m;(4) 0.0153 m

5.10　$y=0.03\cos 2\pi\left(t-\dfrac{x-5}{20}\right)$

5.11　(1) 50 m/s,20 m,0.4 s,0.02 m;(2) $y=0.02\cos\pi(5t-2)$, $v=0$;(3) 0.4

5.12　图形如图1所示.

$y_0=0.2\cos\left(180\pi t+\dfrac{\pi}{2}\right)$, $y=0.2\cos\left(180\pi t-5\pi x+\dfrac{\pi}{2}\right)$

5.13　$x=2k+15(k=0,\pm1,\pm2,\cdots,\pm7)$

5.14　$y=5\cos(\pi x-\pi/3)\sin\pi t$

5.15　0.33 m/s

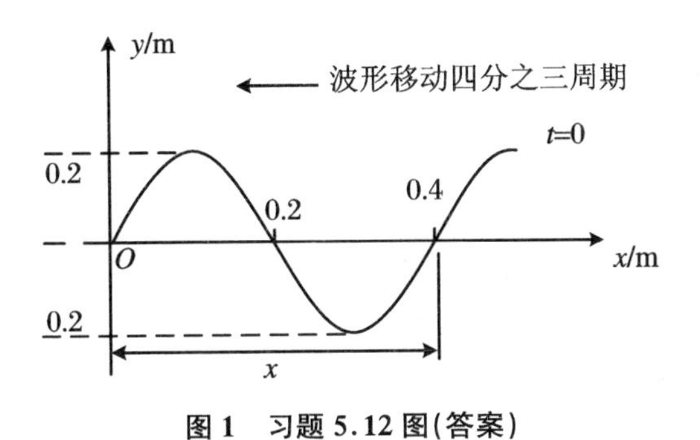

图1 习题 5.12 图(答案)

第 6 章

6.1 分子速率介于 $v_1 \sim v_2$ 之间的所有分子速率之和

6.2 氧气,氮气

6.3 32×10^{-3},氧气

6.4 1∶1.128∶1.224

6.5 D

6.6 C

6.7 B

6.8 B

6.9 656 ℃

6.10 $1.89\ \text{kg}\cdot\text{m}^{-3}$

6.11 (1) 2.4×10^{25};(2) $1.29\ \text{kg}\cdot\text{m}^{-3}$;(3) 6.21×10^{-21} J

第 7 章

7.1 功变热,热传递

7.2 对外做功

7.3 2.49×10^{4}

7.4 8.64×10^{3}

7.5 500

7.6 A

7.7　A

7.8　C

7.9　B

7.10　A

7.11　(1) 150 K;(2) $Q_{12}=W_{12}=6.98\times10^3$ J, $Q_{23}=-1.31\times10^4$ J, $W_{23}=Q_{23}-\Delta U_{23}=-3.74\times10^3$ J, $W_{31}=0$, $Q_{31}=\Delta U_{31}=9.35\times10^3$ J;(3) 0;(4) 19.8%

7.12　(1) 424 J;(2) 放热 486 J

7.13　13.1%

附录　国际单位制和量纲

物理量是用来定量描述物理现象的，它可以分为很多类，凡是可以互相比较的量，如距离、高度、波长等，都是同类的量. 在同类的量中，选出某一特定的量作为单位，这类量中任何其他的量，都可以用这个单位与一个数的乘积表示出来，这个数就称为该量的数值. 物理学中，不同的物理量有着不同的单位，由于物理量之间有一定的联系，对应这些物理量的单位之间也就有了相互的联系. 实际上，恰当地规定一些基本物理量和相应的单位（称为基本单位），任何其他物理量的单位（称为导出单位）都可以表达为这些单位的乘积，这种统一更便于研究各个物理量之间的关系.

国际单位制（International System of Units，简称 SI）是最常用的单位制. 国际单位制选择了七个物理量为基本物理量，分别用七个字母表示它们，它们是：长度（L）、质量（M）、时间（T）、电流（I）、热力学温度（θ）、物质的量（N）、发光强度（J），相应的基本单位是：m（米）、kg（千克，公斤）、s（秒）、A（安，安培）、K（开，开尔文）、mol（摩，摩尔）、cd（坎，坎德拉）.

SI 基本单位的定义如下：

米：米等于光在真空中（1/299 792 458）s 时间间隔内所经路径的长度.

千克：千克是质量单位，等于国际千克原器的质量.

秒：秒是铯 133 原子基态的两个超精细能级之间跃迁所对应的辐射的 9192631770 个周期的持续时间.

安培：安培是电流的单位. 在真空中，截面面积可忽略的两根相距 1 m 的无限长平行圆直导线内通以等量恒电流时，若导线间相互作用力在每米长度上为 2×10^{-7} N，则每根导线中的电流为 1 A.

开尔文：热力学温度开尔文是水三相点热力学温度的 1/273.16.

摩尔：摩尔是一系统的物质的量，该系统中所包含的基本单元数与 0.012 kg 碳 12 的原子数目相等. 在使用摩尔时，基本单元应予指明，可以是原子、分子、离子、电子及其他粒子，或是这些粒子的特定组合.

坎德拉：坎德拉是一光源在给定方向上的发光强度，该光源发出频率为 540×10^{12} Hz 的单色辐射，且在此方向上的幅射强度为（1/683）W/sr.

其他的物理量为导出量. 将导出量用若干个基本量的幂之积表示出来的表达式，称为该物理量的量纲乘积式或量纲式，简称量纲. 对于任意一个物理量 A，都可以写出下列量纲式：

$$[A] = \dim A = L^{\alpha} M^{\beta} T^{\gamma} I^{\delta} \Theta^{\varepsilon} N^{\zeta} J^{\eta}$$

上式右边称为物理量 A 的量纲.其中,$\alpha\beta\gamma\delta\varepsilon\zeta\eta$ 称为量纲指数.在表示时,七个量纲不一定会全部用上.量纲指数为 1 的可以省略指数,指数为 0 的可以省略对应量纲.所有量纲指数都等于零的量,其量纲积或量纲为“1”,这样的量往往称为无量纲量,它是一个单纯的数字.

例如,速度 v、加速度 a、力 F、压强 P 以及平面角 α 的量纲分别是

$$[v] = LT^{-1},[a] = LT^{-2},[F] = MLT^{-2},[P] = MLT^{-2}L^{-2} = MT^{-2}L^{-1},[\alpha] = 1$$

导出量的单位为导出单位,它是用基本单位以代数形式表示的单位.这种单位符号中的乘和除采用数学符号.如在国际单位制中,速度的单位为米每秒(m/s),加速度的单位为米每平方秒(m/s^2).属于这种形式的单位称为组合单位.

对某些 SI 导出单位,国际计量大会通过了专门的名称和符号,使用这些专门名称以及用它们表示其他导出单位,往往更为方便、明确.如力的单位牛顿(N),可以表示为“千克米每平方秒”($kg \cdot m/s^2$),热和能量的单位通常用焦耳(J)代替“牛顿米”(N·m)或“千克平方米每平方秒”($kg \cdot m^2/s^2$),电阻率的单位通常用欧姆米(Ω·m)代替“伏特米每安培”(V·m/A).

值得注意的是,弧度和球面度称为 SI 辅助单位,它们是具有专门名称和符号的量纲“1”的量的导出单位.在许多实际情况中,用专门名称弧度(rad)和球面度(sr)分别代替数字 1 是方便的.例如角速度的 SI 单位可写成弧度每秒(rad/s).

量纲服从的规律叫作量纲法则,它是物理学研究中的重要方法之一.常用的应用法则有:三角函数、指数函数、对数函数的自变量的量纲一般为 1,只有相同量纲的物理量才能相加、相减和相等.下面举两个例子:

例 1 简谐运动的运动学方程给出了振动的位移 x 与时间 t 的关系是 $x = A\sin(\omega t + \varphi)$,根据量纲法则,三角函数自变量 $\omega t + \varphi$ 的量纲是 1,所以 ωt 和 φ 的量纲皆是 1,由于 $[t] = \dim t = T$,所以 $[\omega] = \dim \omega = T^{-1}$.由于只有相同量纲的物理量才能相等,因此 $[x] = [A]$,即:若 x 表示长度,则 A 表示长度;若 x 表示角度,则 A 表示角度.

例 2 在张紧的弦线中传播的横波波速为 $v = \sqrt{\dfrac{T}{\rho}}$,其中,$T$ 是弦线的张力(N),ρ 是弦线的线密度(kg/m).试用量纲法则说明公式的正确性.

答 因为 $[T] = MLT^{-2}$,$[\rho] = ML^{-1}$,所以 $[T/\rho] = MLT^{-2}/(ML^{-1}) = L^{-2}T^{-2}$,从而有 $[\sqrt{T/\rho}] = \sqrt{L^{-2}T^{-2}} = L^{-1}T^{-1} = [v]$,故从量纲的角度看,$v = \sqrt{\dfrac{T}{\rho}}$ 是正确的.

关于量纲分析以及相关应用等问题,有兴趣的读者可参看相关文献.